Menschen
haben ein Leben lang zu tun, ihre
stammesgeschichtlich bedingten Anlagen
unter Kontrolle zu bringen.

Kurt Kotrschal

MENSCH

KURT KOTRSCHAL

MENSCH

WOHER WIR KOMMEN,
WER WIR SIND,
WOHIN WIR GEHEN

Brandstätter

Inhalt

Worum
es geht

Menschen teilen aufgrund ihrer stammesgeschicht-lichen Verwandtschaft viele Merkmale mit anderen Tieren. Aber die 7,6 Milliarden Menschen auf der Welt unterscheiden sich erheblich voneinander – gibt es daher „die Natur" des Menschen, oder kommt nicht vielmehr jeder Mensch mit seiner eigenen Natur? Von Natur aus Geisteswesen, sind Menschen dennoch keine rationalen Wesen: weil das Gehirn und alles, was Geist und Verstand ausmacht, in Verbindung mit einem höchst komplexen Sozialleben entstand. Im Grunde steht Menschsein für die soziale Zähmung der Instinkte, aber auch des Verstandes.

Zwischen ideologischer Projektion und Wissen: Menschenbilder

Was man zu Natur und Wesen des Menschen aus gescheitem Mund nicht schon alles gehört hat: Geisteswesen oder doch bloß „ratiomorphe Wesen", ein *Homo oeconomicus*, *Homo ludens* oder *Homo philosophicus*, ein ebenso nackter wie „neotäner" Affe, das Ebenbild Gottes, in seiner Zivilisationsumgebung „verhausschweint", das evolutionäre Zwischenstadium zum „wahren", also vollkommenen, Menschen, ein „Mängelwesen", von Natur aus gut, oder eine „Sau", wie es in einem Austropop-Song hieß ... – Aus ideologischen Blickwinkeln wurden zu Zeiten unzulänglichen Wissens Erklärungsversuche mit dem Anspruch auf Allgemeingültigkeit. Besser gesagt: Wie so oft in der Wissenschaftsgeschichte wurde aus der Regel von Gestern der Sonderfall im Heute. Der Mensch ist, was er ist. Aber was ist der Mensch?

Dass sich ausgerechnet ein Biologe berufen fühlt, ein Buch über die menschliche Natur zu schreiben, erklärt sich aus dem Fortschritt der Biologie. Sie trägt heute mehr zum menschlichen Selbstverständnis bei als andere Wissenschaften. Es braucht den Artvergleich, um menschliche Eigenarten aus der Stammes- und Individualgeschichte herzuleiten. Daher kommen in diesem Buch über Menschen relativ viele Tiere vor. – Aber keine Angst, der Mensch wird hier nicht über die Graugans erklärt. Das verbieten schon die wichtigsten menschlichen Alleinstellungsmerkmale Gehirn und symbolsprachliche Fähigkeiten, die wir in dieser Komplexität mit keinem anderen Tier teilen.

Dieses Buch ist Ergebnis meiner Erfahrung aus Wissenschaft, Lehre und Leben über das letzte halbe Jahrhundert. Paradigmenwechsel in diesem Zeitraum betrafen auch und vor allem Vorstellungen über die Natur des Menschen. Mein Anspruch ist es, ein „Update" zu dieser Natur zu liefern, was eben zwischen zwei Buchdeckel passt. Themenauswahl und -auslassungen sind subjektiv, ich hoffe aber, die Brennpunkte aus evolutionärer Sicht getroffen zu haben. – Und ebenso, dass selbst mein unvermeidliches Scheitern an diesem Anspruch Leserin und Leser dennoch Anregungen und Erkenntnisgewinn bereitet.

Der Vergleich rationalistischer Erklärungsversuche mit den Erkenntnissen der empirischen Naturwissenschaft macht sicher: Reale Menschen genügen keinen ideologisch-philosophischen Konstrukten. Wenn doch, dann reflektieren diese Konstrukte evolutionäre Prinzipien. Kein Wunder, sind doch ihre Schöpfer auch Menschen, die sich durch „menschliche Universalien" auszeichnen, teils komplexe Eigenschaften in Interaktion mit ihrer Umwelt, die allen Menschen, unabhängig von ihrer Kultur, qualitativ gemeinsam sind. Quantitativ variiert diese Geschichte natürlich stark: zwischen Kulturen, Geschlechtern, Jung und Alt sowie zwischen Individuen. Hunderte dieser Universalien listet die Forschung, und das ist bloß die Spitze des Eisbergs.

Dass die meisten Universalien nicht als menschliches Alleinstellungsmerkmal bestehen, liegt an unserer evolutionären Herkunft. Diese Erkenntnis ist Voraussetzung für eine realistische Sicht auf die *Conditio humana*. Im biologischen Sinn sind Menschen Geisteswesen von Natur aus. Das hebt uns nicht aus der Stammesgeschichte heraus – oder höchstens ein bisschen, in Zukunft vielleicht mehr als bisher. Wir sind im Sinne des „Darwin'schen Kontinuums" eine besondere Art von Säugetieren, mit sozialen und kognitiven Alleinstellungsmerkmalen. Irreführend wäre es, zwischen Geisteswesen und Naturwesen einen Gegensatz zu sehen.

Zudem sind Menschen die radikalsten aller sozialen Wesen.

Obwohl wir mit den Säugetieren und Vögeln die Grundemotionen teilen, scheinen Reichtum und Differenzierung der menschlichen Emotionen größer als bei allen anderen Arten. Das hat vor allem mit der menschlichen Symbolsprache zu tun. Diese entstand im sozialen Zusammenhang und befähigt uns, differenziert und begrifflich unter anderem über Emotionen nachzudenken und diese nicht nur mimisch, sondern auch verbal mit anderen zu teilen. – Ähnlich wie ein Sommelier nur durch verbales Assoziieren lernt, zwischen den Nuancen der Weine sicher zu unterscheiden. Auch das große menschliche Gehirn entstand in sozialem Zusammenhang. Wahrscheinlich beschleunigten die beginnende Sprachfähigkeit und die damit zusammenhängende soziale Komplexität vor weniger als einer Million Jahre noch einmal die Zunahme des Gehirnvolumens.

„*Der* Mensch" oder: „*Viele verschiedene* Menschen"?

„Der Mensch"? Die unter männlichem Artikel daherkommende Einzahl stammt aus der Zeit idealistisch-typologischen Denkens und suggeriert eine Wesenshomogenität innerhalb der Art, die es so nicht gibt. So sind 50 Prozent der Menschheit weiblich. Natürlich unterscheiden sich die Geschlechter biologisch, psychologisch und in der Art ihrer sozialen Netzwerke; je nach ideologischem Standpunkt betont die Gender-Debatte entweder die Gemeinsamkeiten oder die Unterschiede zwischen den Geschlechtern. Zudem kommen Menschen aufgrund ihrer komplexen Individualentwicklung noch wesentlich stärker als Individuen daher, als dies für andere Arten der Fall ist.

Wer sind wir also? Und wenn ja – wie viele?, um angemessen paradox zu beginnen. Ist es vermessen, darauf eine verbindliche, einzige oder zumindest „richtige" Antwort finden zu wollen? Gibt es nicht vielmehr so viele „richtige" Antworten, wie es Menschen gibt? Ja und nein. Ein kreativer menschlicher Geist in Verbindung mit individuellen Lebenserfahrungen sorgt zwar letztlich für – im Moment – etwa 7,6 Milliarden Selbst- und Weltbilder; diese sind jedoch nicht so individuell und „frei" in der Gestaltung, wie uns dies die rationalistischen Philosophen aller Zeiten glauben machen wollen. Denn Menschen sind – wie alle anderen Wesen – in der Evolution des Lebendigen entstanden. Damit wurzeln alle Merkmale jedes heute lebenden Menschen in hunderten Millionen Jahren Stammesgeschichte. Dazu zählen auch die Strukturen und Funktionen des menschlichen Gehirns, welches in enger Abstimmung mit dem Körper den „Geist" hervorbringt, die Denk- und Reflexionsfähigkeit, das Bewusstsein und die komplexen Persönlichkeitsmuster. Das stammesgeschichtliche Gewordensein zeigt sich in den mit Sinnesorganen und Verstand wahrnehmbaren individuellen Merkmalen. Um aber „die Natur des Menschen" zumindest in ihren Grundstrukturen zu erfassen, reichen subjektive Wahrnehmung, Intuition und Hausverstand nicht aus; dazu braucht es Wissenschaft.

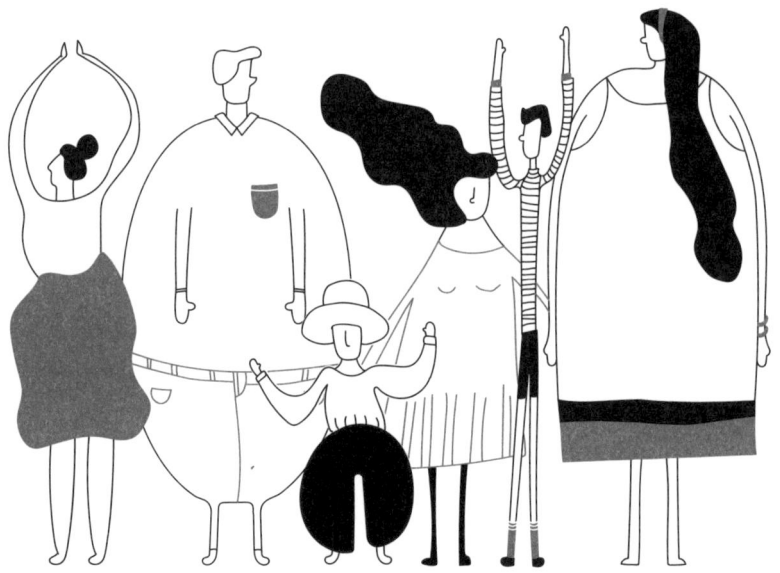

Aufgrund der evolutionären Herkunft des Menschen und der Kohärenz der modernen Naturwissenschaften existiert trotz aller Vielfalt der Selbst- und Weltbilder nur eine einzige *Conditio humana*. Sie ist definiert durch den artspezifischen Rahmen der „Reaktionsnorm", der uns als Menschen für individuelle Entfaltung zur Verfügung steht. Dieser Rahmen lässt Vielfalt zu, schließt aber

Beliebigkeit aus. Im Gegensatz zu einem klassischen Bilderrahmen sind die Normen der *Conditio humana* aber nicht aus Holz, sondern eher aus Gummi: Alle 7,6 Milliarden Menschen unterscheiden sich in ihren Genen – außer man lebt als eineiiger Zwilling – und ihren Lebenserfahrungen. Gestaltet werden die individuellen Rahmen aus den Erfahrungen der Generationen unserer Vorfahren, den Lebensbedingungen der Eltern sowie der nach der Geburt erfahrenen Fürsorge. Indem etwa Epigenom und mütterliche Effekte das Ein- und Abschaltens von Genen steuern – und damit die Ausbildung von Merkmalen.

Ein sinn- und erklärungsbedürftiges Wesen

Seit es Menschen gibt, stellen sie sich die Frage nach der eigenen Identität und den Unterschieden zu „den Anderen". Menschen wollen sich immer schon mit den Wesen und Erscheinungen dieser Welt in Beziehung zu setzen. Sogar mit jenen „höheren Wesen", die sie zwar nicht direkt wahrnehmen, von denen sie aber wunderlicherweise vermuten, dass sie die Geschicke der Welt lenken. Dieser Hang zur Transzendenz reiht sich neben den vielen anderen menschlichen Universalien ein – Merkmale, die bei allen Ethnien vorhanden sind und daher nicht nur als kulturelles, sondern als als evolutionäres Erbe gelten können. Dazu zählt auch ein spirituelles Gehirn, dessen begrenzte Rationalität dem Überleben dient, sowie das Bedürfnis zu erklären, wer man ist, woher man kommt und was nach dem Tode geschieht. Menschen sind identitäts- und erklärungsbedürftig, individuell und als soziale Gruppen.

In der frühen Menschheitsgeschichte überstieg die menschliche Denkfähigkeit zunächst das gesicherte Wissen bei Weitem. Und wer wenig weiß, muss viel glauben, um erklären zu können. Die Begierde nach Wissen und Zusammenhängen zeigt sich in der frühen Astronomie und Astrologie nach dem Sesshaftwerden in allen Kulturen. Bis in die Neuzeit blieben diese beiden Disziplinen eine Einheit, auch weil ihr Wissen zur Rechtfertigung und Absicherung von Herrschaft diente. Menschen werden vor allem durch ein ebenso wissbegieriges wie spirituelles Gehirn bestimmt. Das bietet allerdings allzu oft vorschnelle Erklärungen an, die einer kritischen Überprüfung nicht standhalten. Als „ratiomorpher Apparat" des Wiener Biologen und Philosophen Rupert Riedl hängt das menschliche Gehirn gerne Überlieferungen und Glaubensinhalten an, besonders dann, wenn es die anderen auch glauben. Immer noch – oder mehr denn je – sind die Welt- und Selbstbilder von Glauben und Mythen geprägt. Wie sehr diese in Konkurrenz zu einem naturwissenschaftlichen Welt- und Selbstbild stehen, zeigt sich an der zunehmenden Opposition gegen die Evolutionstheorie, vor allem in Ländern, wo fundamentalistische Religiosität auf autoritäre Staatlichkeit trifft.

Aber Gott ist keine testbare Hypothese. Daher wissen vernünftige Naturwissenschaftler, dass es ihnen nicht gut ansteht, Urteile über religiöse Inhalte zu fällen.

Gesellschaftlicher Wandel und Innovation

Die Art, wie sich menschliche Natur manifestiert, hängt von den gesellschaftlichen Bedingungen ab, deren Ausprägung aber wiederum nur im Rahmen der menschlichen Natur stattfinden kann. Beispielsweise „passierte" den Menschen mit der Sesshaftigkeit vor etwa 10 000 Jahren die Neolithische Revolution: Mit Ackerbau und Viehzucht entwickelten sich Herrschaftssysteme und hierarchische Gesellschaften. Mauern wurden gebaut, um Arbeitskraft drinnen- und Feinde draußenzuhalten. Heere wurden organisiert und Schrift entwickelt, um Herrschaft zu administrieren. Es wurde arbeitsteilig produziert, viel später digitalisiert. Mit Landwirtschaft und Viehzucht kam auch die Knochenarbeit in die Welt. Mit der Effizienz der Nahrungsversorgung stieg die Zahl an Menschen – denen es damit individuell allerdings nicht besser gehen musste als zuvor.

Technologische Schlüsselinnovationen ziehen immer starke gesellschaftliche Veränderungen nach sich. Dabei verändern die Menschen ihre grundlegende Natur kaum; sie erlaubt ihnen jedoch die Anpassung an die jeweiligen Verhältnisse in Form einer Vielfalt an sozialen Rollen: als Herrscher, Zuarbeiter, Untergebene. Positive Denker erwarten von jeder Innovation, dass sie zum Wohle der Menschheit wirke, was nicht immer der Fall ist. Denn technologische Neuerungen haben aber immer auch das Potenzial, die Ungleichheit zu verstärken; die sporadisch in Raum und Zeit auftauchenden Demokratien wirken zwar generell der Ungleichheit entgegen, bleiben aber labil und fragil. Kein Zufall übrigens, dass sich die Innovationsfrequenz mit dem Sesshaftwerden und der damit verbundenen Hierarchisierung der Gesellschaften beschleunigte. Jäger und Sammler waren sozial wesentlich egalitärer organisiert als die meisten Sesshaften. Wer sich geistig oder materiell über die anderen erhob, wurde zurechtgestutzt. Bis heute sind Reste dieser Mentalität in dörflichen Gemeinschaften zu spüren – oder auch in Schulen, wo Kinder durch Leistungsfähigkeit und -willen eher zu Mobbingopfern denn zu Vorbildern werden.

Ein Alien auf Erdbesuch wundert sich

Ein auf die Erde abgesetzter Alien mit dem Auftrag, die Menschen zu erforschen, hätte sich wohl zunächst gewundert, warum sich diese Wesen vor 35 000 Jahren ausgerechnet auf die Mammutjagd spezialisierten. Gab es doch genügend Tiere, die weniger gefährlich und mit weniger Aufwand zu jagen waren. Irrational im Grunde, aber sozioökonomisch begründbar. Ich will nicht behaupten, dass den Menschen die Jagd auf große Tiere *per se* in den Genen liegt; die treibenden Motive aber sehr wohl, das Streben nach Ansehen, Einfluss und letztlich Fortpflanzungserfolg. Wir kennen viele moderne Versionen der Mammutjagd: Menschen fliegen in den Weltraum, jetzt wollen sie sogar zum Mars. Sie gewinnen Selbstwert und die Erfahrung ihrer Wirksamkeit, indem sie etwa unter Lebensgefahr auf Skiern einen Berg hinunterzurasen, um Sekundenbruchteile schneller als andere im Ziel zu sein. Warum ist es wichtig, Wolkenkratzer in Kilometerhöhe zu bauen? Und wieso kauft ein österreichischer Immobilientycoon das Chrysler Building in Manhattan? – Weil Menschen von Natur aus ambitionierte Tiere sind. Nicht immer und nicht alle, aber viele, mit Hang zu Einfluss und Macht. Die Bereitschaft der Menschen zur Kooperation ist unbestritten, aber sie sind – nach bestimmten Regeln und in bestimmten Situationen – auch auf Konkurrenz ausgerichtet. Damit wäre ein Muster entworfen, aber nicht erklärt, es bedarf eines genaueren Blicks, einer Analyse des evolutionären und individuellen Gewordenseins. Dieses Buch könnte aus der Perspektive eines naturwissenschaftlich denkenden Aliens geschrieben worden sein, dem bewusst ist, dass die naturwissenschaftliche Methode zwar als Einzige zumindest vorläufig gesichertes Wissen schafft, dass es aber vermessen wäre, die Welt samt Mensch mit dem Wissensstand irgendeiner Zeit und Kultur jemals vollständig erklären zu wollen. Unser Alien würde amüsiert beobachten, dass es immer wieder Zeiten gab, in denen man meinte, man sei knapp davor, alles restlos erklären zu können, die Weltformel zu finden – um sich dann doch wieder nur in verstiegenen geistigen Konstrukten zu verlieren, wie etwa der Stringtheorie oder dem Konzept der multiplen Universen. Dieser Alien wird verblüfft feststellen, dass ihm immer dann bewusst wurde, nichts verstanden zu haben, sobald er meinte, die Welt und ihre Menschen durchschaut zu haben.

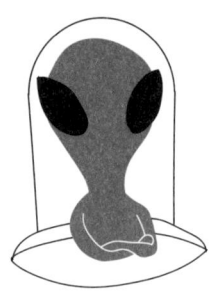

Ein Alien, der auszieht, um den Stand des Wissens der Menschen über sich selbst zu erkunden, wird den biologischen Anthropologen, Humanethologen und wie sie sich alle nennen mögen, weitgehend zustimmen, dass sie in den letzten Jahrzehnten recht weit damit gekommen sind. Dennoch – oder gerade deswegen – wird das die Menschen nicht retten, sind sie doch gerade mit den vielfältigsten Methoden dabei, die Biosphäre und damit sich selbst zu zerstören. Rasch ginge dies mittels Atomwaffen, langsam, aber nicht weniger gründlich funktioniert die ökologische Misswirtschaft. Auch das hat mit der erblichen Physis der Psyche der Menschen zu tun. Wissen schützt vor Dummheit nicht, sonst würde ja niemand mehr rauchen.

Selbst die gescheitesten Leute neigen dazu, Daten nach ihrer Weltanschauung zu interpretieren und nicht umgekehrt. Menschen wollen zwar rational erscheinen, denken und handeln aber profund emotional und irrational. Jahrhundertelang wollte man das nicht wahrhaben: Generationen von gescheiten, grauhaarigen Männern „emanzipierten" angestrengt „den Menschen" von Tier und Natur. In ihrer Vergeistigung verwechselten sie die eigene Asperger-Welt mit der Wirklichkeit der anderen – und scheiterten in groteskem Ausmaß. Gerade die Philosophie zeigt aber auch eindrucksvoll, was der Geist selbst im Irren leisten kann.

Erstaunt bemerkt unser Alien, dass gerade Vergeistigung und Empowerment des logischen Denkens zu Trugbildern führten, nicht unbedingt zu einer rationalen Selbstdiagnose der *Conditio humana*. Jede Menge Sollen wird er vorfinden, aber wenig Sein. Heute scheinen Jahrtausende formaler Philosophie im Ausklingen, was nicht für die Philosophie selbst gilt, denn sie ist den Menschen als universales Bedürfnis grundgelegt. Schade eigentlich, findet der Alien, aber die empirische Forschung siegte auf ganzer Linie im Wettstreit um Erkenntnis und die Wertigkeit in den Köpfen der Menschen gegen rationalistische Spekulation. Im pragmatischen Zeitalter schlägt die Empirie den Rationalismus, das Sein das Sollen um Längen.

Das labile Gleichgewicht zwischen diesen beiden Polen verfolgt Menschen, seit es sie gibt. Der vorläufige Siegeszug des Seins erfolgte aber nicht in offener Feldschlacht, sondern in stiller, emsiger Arbeit, auch unter dem Dach der evolutionären Theorie.

Die unglückliche Liebe des *Homo sapiens* zur eigenen Intelligenz

Die heutige Sicht auf die *Conditio humana* charakterisiert Menschen als soziale Geisteswesen von Natur aus. – Beschäftigen uns Tod und Sterblichkeit deshalb so stark? Der lebenslange Aufbau individueller Kultur und Gedächtnisinhalte mag zur Erklärung ebenso beitragen wie die Weisheit des Alters. Manche reden sich den Tod als Übergang in eine andere Existenz schön – oder zumindest erträglich. So wurden Menschen mit der Entwicklung ihrer Sprach- und Reflexionsfähigkeit auch zu spirituellen Wesen. Ich selbst tue mir mit dieser Art von Spiritualität schwer; denn Tod und Sterblichkeit sind die wohl obszönsten Scherze, die die Evolution (oder meinetwegen ein Schöpfer) mit uns getrieben hat. Daher forschen heute Wissenschaftler mit viel Aufwand und sogar reellen Erfolgsaussichten an der Vermeidung des optionalen Todes.

Aus der menschlichen Verliebtheit in die eigene Intelligenz resultiert aber auch die Überschätzung des „Geistes".

Dies geht mit einer Abwertung jenes sozialen Beiwerks einher, in dessen Zusammenhang Intelligenz und Sprache entstanden sind. Für den Menschen ist seine spezifisch reflektierende, hinterfragende Intelligenz zwar arttypisch, ihre Überbetonung desynchronisiert jedoch mit einem Leben in der realen Welt, kostet soziale <u>Resonanz</u>. Jenseits der Studierstuben werden die Potenziale der menschlichen Intelligenz erst im typisch menschlichen Rahmen aus Empathie, Emotionen und sozialen Kompetenzen optimiert.

Schwierig, „reine Intelligenz" auf jene Bedeutung zurückzuführen, die ihr im Leben zusteht, waren doch die letzten 3000 Jahre durch die Entwicklung von Philosophie und (Buch-)Religionen von „Vergeistigung" geprägt. Diese Selbstüberhöhung, ja „Transzendierung" des Menschen vom Natur- zum Geisteswesen fand ihren Höhepunkt in der Aufklärung, als manche Philosophen einen vom Körper unabhängigen Geist ausriefen. Es gab auch andere, etwa Michel de Montaigne, der ein sehr physisch-sinnliches Konzept vom Fühlen und Denken vertrat.

Basis für die neue ökologische Achtsamkeit ist aber im Gegensatz zu den Rousseau'schen Zeiten weniger die Romantik als vielmehr ein vermehrtes Wissen über den Menschen als Teil der Natur, das sich langsam in Bewusstsein ummünzt. Vielleicht kommt so ein neues, gesünderes Verhältnis zwischen der reinen Intelligenz und den uns eigenen sozialen und emotionalen Bedürfnissen zustande. Der Philosoph Peter Strasser meint, die menschliche Intelligenz sei eine über den IQ hinausgehende Kulturleistung. Kein Widerspruch, aber diese Kulturleistung wird von bio-psychologischen Bedingungen gerahmt. Einmal mehr erweist sich die Differenzierung zwischen Kultur und Natur als irrelevante beziehungsweise erkenntnishemmende Polarisierung. Schon Arnold Gehlen – er gab aus heutiger Sicht viel Problematisches von sich – meinte, der Mensch sei „von Natur aus ein Kulturwesen". Damit traf er ins Schwarze, obwohl er, verglichen mit heute, fast nichts über die Interaktion von Verhalten und Gehirn wusste.

Intelligenz, sozial gezähmt

Sorry, dass ich das jetzt behaupten muss:

Von kleinen Nischen abgesehen, sind intellektuelle Spitzenleistungen für ein gelingendes Leben nicht besonders wichtig.

Die Wissenschaft bestätigt, was vernünftige Menschen schon lange wussten: Für ein langes und gesundes Leben braucht es ausgeglichene Emotionalität und „Hausverstand". Der wird zwar von Politik und Kommerz missbraucht und ist schwer zu definieren, bleibt aber dennoch unentbehrlich. Spitzenintelligenz und die von der Konsumgesellschaft genährte Zwangsneurose der Jagd nach dem permanenten Glück spielen letztlich keine Rolle im Streben nach Zufriedenheit und langem Leben. Im Gegenteil: Intelligenz, die den sozialen Beipackzettel ignoriert, behindert. Jenseits der Sozialromantik finden Menschen als Kooperations- und Sozialtiere Sinn vorwiegend in ihren sozialen Netzen und im Erleben der eigenen Wirksamkeit. Davon profitieren heute auch und vor allem die Sozialen Medien.

Zur nebenwirkungsarmen Verträglichkeit von Intelligenz empfiehlt der evolutionäre Beipackzettel soziale Integration. Tatsächlich vermag der Intelligenzquotient den individuellen Erfolg in Schule, Beruf und Gesellschaft kaum vorherzusagen. So machen verhältnismäßig wenige Leute mit überdurchschnittlichem IQ Karriere, verglichen mit den eher mittelmäßig Begabten. Kann es sein, dass erd- und hausverstandsverbundenes Mittelmaß sozial einfacher zu integrieren ist als die Luxusausführungen von Sonderbegabung, die nicht selten mit Asperger'schen Eigenschaften einhergehen? Strahlende Intelligenz fasziniert in den Refugien des Geistes. Sie macht Mitmenschen aber oft Angst – und ihrem Träger Schwierigkeiten. Zwar bleibt sozial integrierte Intelligenz die Faustregel für Erfolg, aber keine Garantie.

Die Exekutive des Stirnhirns

Heute lichten sich die Nebel um die Beschaffenheit der sozialen Einbettung von Intelligenz. Die Forschung zum psychologischen Konstrukt der „Exekutiven Funktionen" und dessen neuronalem Substrat, dem Stirnhirn, bietet eine Fülle von Einsichten um das „typisch Menschliche".

Exekutive Funktionen machen sozial- und kooperationsfähig.

Gemeint sind damit jene geistigen Funktionen, mit denen Menschen und andere Tiere das eigene Verhalten steuern und optimieren. Mithilfe unseres Stirnhirns entwickeln wir Konzepte und bilden mentale Repräsentationen einschließlich affektiver Bewertungen. Das Stirnhirn koordiniert letztlich alle unsere Entscheidungen. Wir beurteilen damit auch, was wir anderen zumuten können und was nicht, es verwaltet also auch Gewissen und Moral.

Wenn damit die Evolution Menschen und anderen Säugetieren ein biologisches Substrat für Exekutive Funktionen und Moral mit auf den Weg gab – sind diese dann „angeboren"? Natürlich nicht! Der Zellpudding im Stirnhirn kommt vielmehr mit spezifischen Lernbereitschaften und Aufmerksamkeiten versehen zur Welt und verlangt konkrete Bedingungen für seine optimale funktionelle Entwicklung. Kein Wunder, entstand doch das menschliche Gehirn und seine Funktionalität sowohl in Anpassung an ein komplexes Sozialleben, als auch als dessen Substrat. Gut entwickelte Exekutive Funktionen fallen daher nicht vom Himmel. Dazu benötigen Kinder eine zuverlässige und sensitive Frühbetreuung. So entstehen „sichere Bindungsmuster", mit denen soziales Grundvertrauen und eine forschende Neugierde grundgelegt werden. Günstig wirken sich zudem körperliche Bewegung im sozialen Kontext aus, wie auch ein Aufwachsen mit Tieren und Natur.

Die Qualität der Exekutiven Funktionen hängt also vom angemessenen sozialen Empowerment des Stirnhirns in Kindheit und Jugend ab.

Nur so können wir das von Peter Strasser so trefflich formulierte Ziel erreichen: „Wir müssen darauf bedacht sein, dass die Eliten der Zukunft Intelligenz mit Klugheit und Mitgefühl vereinen. Dazu bedarf es eines Wahlvolks, das sich nicht für dumm verkaufen lässt."

Keine „Reiz-Reaktionsmaschine"

Menschen kommen zwar nicht als beliebig formbare Wesen zur Welt, sind aber viel mehr als genetisch determinierte Reiz-Reaktionsmaschinen. Das sind aber die anderen Tiere auch nicht. Sie kommen mit Anlagen, Bedürfnissen und Eigenschaften zur Welt, die vom Baby bis ins Greisenalter wirken. Wie alle anderen Kategorien und Individuen von Lebewesen sind Menschen letztlich als Art und als Individuen das Resultat ihrer Gene, die im Laufe der Evolution entstanden sind. Deren Aktivität wird aber wiederum von anderen Genen gesteuert, von Hormonen, und in mannigfacher Weise von der Umwelt.

Immer noch wird die Frage gestellt, ob unsere Merkmale „angeboren" oder „erworben" seien. Diese uralte Nature-Nurture-Debatte verlor im Lichte der neueren Erkenntnisse der Genetik und Epigenetik ihre Berechtigung. Vielmehr entsteht jedes unserer Merkmale im Wechselspiel von Genen und Umwelt. Von der Haarfarbe, Körpergröße über das Auftreten von genetisch grundgelegten Krankheiten bis zur Neigung, ein Glas eher als halb leer oder halb voll zu sehen: Nichts ist angeboren im Sinne von vollständig genetisch bestimmt, aber alles ist in unterschiedlichem Ausmaß erblich, also genetisch und epigenetisch fundamentiert.

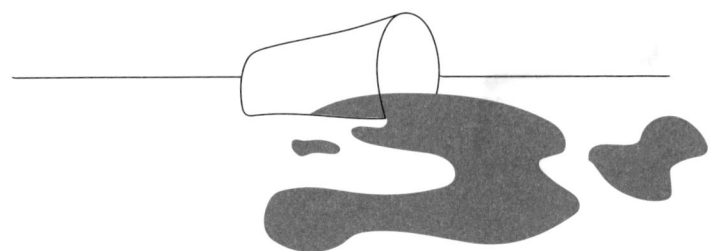

Das gilt auch für die Natur des Menschen. Diese ist als die Gesamtheit der möglichen phänotypischen Ausprägungen der „Reaktionsnorm" unserer Art zu verstehen; also all dessen, was im Rahmen der Gene und Allele verwirklicht werden kann. Diese Norm schließt den Wall-Street-Banker genauso mit ein wie dessen ländlich-bäuerlichen Onkel. Menschen können sich zwar spirituell in Jaguare oder Wölfe verwandeln, tun dies aber auf typisch menschliche Art unter Wahrung ihrer physischen und mentalen Grenzen. Fraglich, ob diese evolutionär gesetzten Grenzen jemals durch technologisches „Enhancement" erweiterbar werden.

Kapitelüberblick

Zunächst geht es um die Frage, woher die modernen Menschen kommen.

Wie können derart komplexe Wesen durch Mutation und Selektion zustande gekommen sein? Sind wir ein Zufallsprodukt? – Das sind wir schon deshalb, weil ohne den Meteoriteneinschlag vor 66 Millionen Jahren die Saurier den Säugetieren kaum den Vortritt gelassen hätten. Aber sind wir auch im Sinne des evolutionären Mechanismus ein Zufallsprodukt? Oder musste die stammesgeschichtliche Entwicklung in Richtung „Krone der Schöpfung" führen? Sind Schöpfung und Evolution unvereinbare Gegensätze? Und war es das dann mit der Evolution? Ist der Mensch, den wir morgens im Spiegel sehen, das Endergebnis oder bloß ein Zwischenschritt im evolutionären Wandel?

Gleich vorweg: Glaube und Religion sind sauber von der Wissenschaft zu trennen, sonst würden wir jenen Pallawatsch wiederholen, den die „Vitalisten" bis in die 1930er Jahre produzierten. Diese verstanden den Instinkt, also Verhalten plus zugehörigen Antrieb, als eine Art „Ausdruck göttlichen Hauchs", einer Erklärung weder zugänglich noch bedürftig. Der junge Konrad Lorenz und andere hielten dagegen, dass alles Verhalten auf „physikochemische Vorgänge im Gehirn" zurückzuführen sein müsste. – Es wäre allerdings ein (unter Fachkollegen nicht seltener) Kategorienirrtum zu meinen, dass es außerhalb des naturwissenschaftlich Zugänglichen nichts geben könne. Kann sein, muss aber nicht. Andererseits ist mangelnde naturwissenschaftliche Belegbarkeit keinerlei Beweis, dass da etwas existieren muss, wie von Esoterikern gerne behauptet wird.

Das zweite Kapitel behandelt den stammesgeschichtlichen Weg zum Menschen, von den ersten filtrierenden Chordatieren zu den Primaten.

– Wie entstand in den letzten 100 000 Jahren jene „Menschheit", die heute die Erde bevölkert? Und wieso leben in den unterschiedlichsten Weltgegenden Menschen, die sich in Hautfarbe, Physiognomie und Körperbau unterscheiden? Früher ging man von „Rassen" aus, und auch heute wieder grassiert der Rassismus. Dieses Konzept ist aber aus guten fachlichen und ethischen Gründen mega-out. Die hochauflösende genetische Analyse von DNA aus uralten Knochen in Zusammenschau mit archäologischen Befunden liefert heute Antworten in bislang unvorstellbarem Detail zur Entstehung der heutigen Menschen und ihrem Verhalten bis tief in die Vorgeschichte.

Vom „typisch Menschlichen" handelt das dritte Kapitel: Was haben Menschen aller Kulturen gemeinsam?

„Menschliche Universalien" können zwar soziologisch als Systembedingungen interpretiert werden, die in allen Gesellschaften zu parallelen Strukturen des Verhaltens und der sozialen Organisation führen. Allerdings ist es hochplausibel und heute teils auch nachweisbar, dass sie genetisch fundiert sind. Letztlich wird das soziosexuelle Leben der Menschen stark von diesen Universalien geprägt, ebenso wie von den zugehörigen psychophysiologischen Mechanismen und Gehirnfunktionen.

Kapitel vier zur typisch menschlichen Irrationalität stellt evoluierte sexuelle Strategien als Treiber für das Sozialleben vor.

Damit sind wir beim Kern des Menschseins angelangt. Warum sind Menschen höchst kooperative Wesen, und von welchen Umständen hängt es ab, ob und mit wem sie kooperieren? Warum ist das Risiko von Kindern unverhältnismäßig hoch, in der Obhut nicht genetischer Eltern zu Schaden oder ums Leben zu kommen? Was ist die biologische Basis der ewigen Konflikte zwischen den Geschlechtern? Und warum lieben Menschen manche ihrer Artgenossen, während sie andere zuweilen sogar töten? - Warum töten sie gar am häufigsten Menschen, die ihnen nahestehen?

Wie rational ist der menschlichen Zwang zur Welterklärung und Sinnfindung, die große Bedeutung von Identität und Herkunft? Oder der Glaube an die Beseeltheit der relevanten Dinge dieser Welt und das Bedürfnis, mit ihnen in Beziehung zu treten und sie sich so anzueignen? Menschen schufen sich Idole, Nymphen, Faune und Götter, und in Zusammenhang mit bestimmten Herrschaftsformen sogar „den Einen und Einzigen". Daraus lässt sich zwar nichts über Existenz oder Nicht-Existenz solch „höherer Wesen" ableiten; sehr wohl aber lässt die Projektion eines menschenähnlichen Gottes auf einen Hang zur Selbstüberschätzung und einen im Zuge der „Selbstranszendierung" sich einschleichenden Größenwahn schließen; auch das ist Teil der *Conditio humana*.

Das fünfte Kapitel setzt sich mit der Motivation für unser Handeln und Entscheiden auseinander. Wie treffen Menschen Entscheidungen?

- Zwischen ihrer alten Ausstattung mit Instinkten und dem „Freien Willen" (?), einem philosophischen Konstrukt, das die Neurobiologie etwa relativiert hat.

Selbst unser Geist ist nicht so beschaffen, als wäre er von einem intelligenten Designer entworfen; eher war über die Jahrmillionen ein Bastler am Werk. So gilt das „Darwin'sche Kontinuum" nicht nur für Körperbau und Physiologie, sondern auch für geistige Merkmale und Funktionen. Wie kam es zu den seltsamen (Dys-)Funktionalitäten des menschlichen Denkapparats? Die wichtigste Domäne der Selektion war zunächst die Beziehung zwischen Räuber und Beute, später das Sozialleben. Das ist Menschen immer noch tief eingeschrieben. Mutation und Selektion veränderten zwar das Wirbeltiergehirn auf dem Weg zum Menschen in seinem Grundbauplan nicht, rangen ihm aber zahlreiche Aus- und Umbauten ab.

Kapitel sechs behandelt die ursächlichen Beziehungen zwischen Entwicklungsbedingungen und individueller Merkmalsausprägung.

Obwohl Persönlichkeitsmerkmale in hohem Ausmaß genetisch erblich sind, bestimmen Umweltbedingungen maßgeblich, wie offen, selbstbewusst, innovativ oder konservativ sich Menschen entwickeln. Vom befruchteten Ei weg beeinflussen Reize aus der Umwelt die Genregulation und damit die Ausbildung von Merkmalen. So etwa können Lebensumfeld und Lebensstil der Eltern auf epigenetischem Weg auch die Merkmale der Nachkommen prägen.

Die Erkenntnisse der Epigenetik widersprechen einer allzu deterministischen Sichtweise. Mehr noch als andere Tiere kommen Menschen mit einem breiten Entwicklungspotenzial zur Welt. Ihre geistige, emotionale und soziale Ausprägung erfahren sie vor allem durch ihre frühe soziale Umwelt. Klingt nur scheinbar wie eine Versöhnung zwischen den lange gehegten Fronten in der Nature-Nurture-Debatte. Die Entwicklungsbiologie und -psychologie werfen mit ihren neuen Synthesen diese alte Debatte endgültig aus dem Rennen.

Im siebten und letzten Kapitel wird die Frage gestellt, ob sich Menschen seit der Altsteinzeit verändert haben – und wie es in Zukunft weitergehen könnte.

– Nicht ohne ein wenig ironisch-skeptische Distanz gegenüber jenen, die meinen, die Zukunft der Menschheit liege im Weltall oder im Cyborg-Hybriddasein zwischen biologischem Körper und Maschine. Werden wir durch die neuen Technologien in der Lage sein, die Grenzen der menschlichen Natur auszuweiten? Und wenn ja, wie harmonisiert man die Mensch-Maschinen-Cyborgs der Schönen Neuen Welt mit den menschlich-sozialen Bedürfnissen, mit Menschenrechten und Moralvorstellungen? Wird der Chip im Gehirn dem Menschen 2.0 eher Kopfschmerzen bereiten, oder wird er dazu beitragen, besser und nachhaltiger miteinander und der Welt zurechtzukommen? Und was bedeutet es für die zukünftige menschliche Evolution, wenn die optionale Unsterblichkeit zur Realität wird? Trotz – oder wegen – der recht konservativen mentalen Natur des Menschen lassen solch „infektiöse" Technologien gesellschaftlich keinen Stein auf dem anderen. Analog zum Klimawandel könnte man meinen, dass es gesellschaftlichen Wandel immer schon gab, er aber aufgrund der technologischen Entwicklung und Globalisierung noch nie so rasant erfolgte wie heute.

Ich hoffe, Sie haben beim Lesen genauso viel Freude, wie ich beim Schreiben; denn Schreiben bedeutet Kommunikation zwischen Hirn und Hand und letztlich Denken. Wahrscheinlich werden bei Ihnen während des Lesens – wie auch bei mir während des Schreibens – Zweifel und Widersprüche aufkommen. Gut so, denn als Wissenschaftler möchte ich im Gegensatz zu Dogmatikern und Ideologen die Leserinnen und Leser nicht *überzeugen*. Hier geht es um eine Zusammenschau, um Szenarien auf Basis wissenschaftlicher Erkenntnisse, also nicht um *die Wahrheit*, auch nicht im philosophischen Sinn.

Wie der deutsche Psychiater und Philosoph Karl Jaspers meint, betont man in den Naturwissenschaften den Weg, sieht die Theorie als Leitinstrument für Forschung, bleibt aber besser distanziert gegenüber allzu dogmatischen Ausformungen. Wie auch der österreichische Philosoph Karl Popper und wohl eine Mehrheit von Naturwissenschaftlern, hält Jaspers die Erkennbarkeit der Welt im Ganzen für Aberglaube. Im Marxismus, der Psychoanalyse oder den alten Rassentheorien seien Soziologie, Psychologie und biologische Anthropologie zu Weltanschauungen geworden, und somit zum „Afterbild der Philosophie", so Jaspers. Es ist daher auch nicht Ziel dieses Buches, mit Neuem zur *Conditio humana* bloß eine weitere Ideologie vom Wesen des Menschen in die Welt zu setzen. Wucht und Macht des naturwissenschaftlichen Bildes vom Menschen hängt weniger mit einer fast wasserdicht-unwiderlegbaren (!) Evolutionstheorie zusammen, sondern vielmehr mit der Fülle an empirischen Ergebnissen, die zu einem immer weiteren und tieferen Bild zusammenfließen, vor allem aber mit der Überprüfbarkeit, Revidierbarkeit und Kritisierbarkeit der Ergebnisse.

Das Buch soll zum Weiterzudenken anregen. Der Zugang zu Information war nie leichter als heute.

Die Kunst besteht offensichtlich darin, die Orientierung zu behalten und zwischen Unsinn und blanken Verschwörungstheorien – von der Homöopathie bis zu den „Chemtrails" – und vertretbaren Erkenntnissen zu unterscheiden.

Vielleicht kann dieses Buch als eine Art Kompass in Richtung eines breit aufgestellten rational-naturwissenschaftlichen Weltbildes funktionieren, vielleicht auch nicht. Vielleicht liefert es ja auch Stoff für Debatten in den sozialen Medien, auf Partys oder wo auch immer – mir soll auch diese Praxis der menschlichen Natur sehr recht sein.

Eine 600 Millionen Jahre alte Geschichte

W ie kann man wissen, was „die Natur des Menschen" ist? – Im Vergleich mit anderen Tieren sollte man dazu die richtigen Fragen stellen. Letztlich verdanken Menschen als eines der Topmodelle der Evolution ihre Existenz vielen in der Stammesgeschichte entstandenen Schlüsselinnovationen. Aber die Evolution hat nicht intelligent geplant, sondern pragmatisch gebastelt – auch und besonders am Organ des Geistes, dem Gehirn. Übrigens: Es ist gar nicht so einfach, Merkmale zu finden, in denen sich Menschen tatsächlich von den anderen Tieren unterscheiden – aber es gibt sie.

Evolutions-„Theorie"?

„Gebe Gott, dass er nicht recht hat, aber wenn er recht hat, gebe Gott, dass es niemand erfährt", soll eine Dame der viktorianischen Gesellschaft geseufzt haben, als sie von Charles Darwins These hörte, die Menschen stammten von affenartigen Vorfahren ab. Darwin war nicht der Erste oder Einzige, als er in seinem Buch „On the Origin of Species by Means of Natural Selection" 1859 für die Veränderlichkeit der Arten argumentierte. Alfred Russel Wallace entwickelte zeitgleich eine ähnliche Theorie, aber Darwin war schneller und effizienter im Kommunizieren. Schon eine Generation vor Darwin wurde Jean-Baptiste de Lamarck für sein Konzept der Vererbung erworbener Eigenschaften bekannt. Daran glaubte zwar auch Darwin, richtig war es dennoch nicht. Die Theorien zum Artenwandel lösten heftige Kontroversen aus, die in unterschiedlichen Formen bis heute anhalten: in Konkurrenz zu wörtlichen Auslegungen religiöser Überlieferungen, die auf die Unveränderlichkeit direkt geschaffener Arten pochen. Wäre es bloß um die Wandelbarkeit von Muscheln gegangen, die Debatte hätte den akademischen Elfenbeinturm wahrscheinlich nie verlassen. Zum Skandal wurde die neue Theorie, weil sie Gültigkeit für alle Arten beanspruchte – die „Krone der Schöpfung" eingeschlossen.

Heute liegen erdrückende Belege vor für das „Darwin'sche Kontinuum", die Kontinuität menschlicher Merkmale mit den stammesgeschichtlichen Verwandten:

Menschen sind Schimpansen ähnlicher als anderen Affen, Säugetieren ähnlicher als Vögeln und Fischen ähnlicher als Nicht-Wirbeltieren.

Die zu den Menschenarten der letzten paar Millionen Jahre führende Linie hatte gemeinsame Vorfahren mit den anderen Schimpansenarten vor fünf Millionen Jahren, mit der Gruppe der Fleischfresser unter den Säugetieren (Hunde, Katzen, Bären, Marder) vor sechzig Millionen Jahren, mit den Vögeln vor 220 Millionen und mit den kiefertragenden Fischen vor 400 Millionen Jahren. Schon aufgrund der unterschiedlichen zeitlichen Abstände kann man vorhersagen, dass sich die Merkmale der Menschen und der anderen Schimpansen weniger unterscheiden als die Merkmale von Arten, von denen sie sich schon länger getrennt entwickelten. So ähneln die Hände der Menschen denen der Schimpansen viel stärker als den Pfoten der Wölfe, den Hufen der Pferde, den Handschwingen der Fledermäuse oder den Brustflossen der Fische.

Herkunftsgleich – oder parallel entstanden?

Herkunftsgleiche, also „homologe", Merkmale können aus funktionellen Gründen recht unterschiedlich ausgeprägt sein: Hände eignen sich zum Greifen, Hufe zum Laufen, Handschwingen zum Fliegen. Umgekehrt führen funktionelle Zwänge bei kaum verwandten Arten zu ähnlichen Merkmalen, allerdings unterschiedlicher Herkunft. So entwickelten Fische, Fischsaurier und Wale völlig unabhängig voneinander einen „Heckantrieb" in Form von Finnen oder Flossen. Und das australische „Schnabeltier", ein seltsames wasserlebendes, eierlegendes und Milch produzierendes Wesen, verdankt seinen Namen dem entenschnabelähnlichen Vorderende. Sieht aus wie ein Entenschnabel und funktioniert auch so, obwohl Schnabeltiere nichts mit Vögeln zu tun haben. Der Schnabeltierschnabel ist also dem Entenschnabel analog: funktionsgleich, nicht aber herkunftsgleich.

Ähnliches gilt für soziale Merkmale: Monogamie, die exklusive Zweierbeziehung, gibt es häufig bei Vögeln, selten bei Säugetieren. Die Monogamie der Vögel und Säugetiere muss aber parallel entstanden sein. Denn der gemeinsame Vorfahr von Vogel und Säugetier war ein wahrscheinlich nicht besonders soziales und schon gar nicht monogames Reptil.

Monogamie entsteht, wenn beide Geschlechter – vor allem aber die Männchen – ihren Fortpflanzungserfolg optimieren können, wenn man bei der Fürsorge für die Nachkommen kooperiert.

Folglich ist Monogamie bei den Vögeln viel häufiger als bei den Säugetieren, weil sich Vogelmännchen über die gelegten Eier schon früh an der Aufzucht beteiligen können. Im Gegensatz dazu entwickeln sich die Nachkommen der Säugetiere im mütterlichen Körper und müssen nach der Geburt mit Milch versorgt werden. Die Männchen der Säugetiere können die Weibchen dabei allenfalls unterstützen. Sie tun aber meist mehr für den eigenen Fortpflanzungserfolg, wenn sie sich auf die Suche nach weiteren fruchtbaren Weibchen machen oder zu Monopolisten von Harems werden.

Je nach Tierart kommt den Männchen bei der Vermehrung die Rolle von bloßen Samenspendern zu, etwa im Arenabalzsystem der Birkühner. Dort fliegen die Weibchen ein, suchen einen Gockel aus, holen sich sein Sperma und sind wieder weg, um ihre Küken alleine aufzuziehen. Am anderen Ende des Spektrums nehmen Männchen die Rolle der Versorger der Nachkommen in Kooperation mit ihren Partnerinnen ein. Dies muss aber nicht unbedingt in sexueller Monogamie geschehen, werden doch die gemeinsam aufgezogenen Kinder nicht immer vom männlichen Paarpartner gezeugt. Tatsächlich sind Seitensprünge als „alternative Strategie" evolutionär integrativer Teil monogamer Systeme. In diesem Zusammenhang entstehen jene unterschiedlichen Strategien der Vaterschaftssicherung, die das innerartliche soziale Zusammenleben stark prägen können; Menschen sind dafür ein typisches Beispiel.

Man muss schon genau hinschauen, um zu erklären, warum bei unterschiedlichen Arten ähnliche soziale Strukturen entstehen. Dass sowohl Graugänse als auch Menschen ähnlich (seriell) monogam leben, bedeutet nicht, dass der gemeinsame Vorfahr ebenfalls monogam gewesen wäre. Die Monogamie beim Säugetier Mensch und beim Vogel Graugans muss sich also parallel, aus ähnlichen funktionellen Gründen, entwickelt haben. Dazu zählt neben der Kooperation bei der Betreuung des Nachwuchses auch die Funktion des Partners als sozialer Unterstützer in einem sozial komplexen, stressigen Umfeld. Zumindest bei den Graugänsen ist dies die Haupterklärung für die langen monogamen Partnerschaften. Wenn die Gössel schlüpfen, füttern oder hudern die Ganter nicht, aber sie sorgen dafür, dass die Familie nicht in Auseinandersetzungen gerät. So erspart die Einbettung in eine wehrhafte Familie dem Weibchen viel Energie, die als Körperfett gespeichert im Frühjahr in die Bildung von Eiern gesteckt werden kann. Der Ganter befruchtet also nicht nur die Eier, er kann als guter sozialer Unterstützer seiner Partnerin ihre Fruchtbarkeit fördern, auch im Interesse seines eigenen Fortpflanzungserfolges. Gerade in komplexer sozialer Einbettung scheint eine der wichtigsten Funktionen von Langzeitpartnerschaften in der gegenseitigen sozialen Unterstützung zu liegen – auch bei den Menschen.

Und wenn etwa Menschen und Wölfe einander sozial hinreichend ähnlich waren, um vor mindestens 35 000 Jahren zusammenzukommen und so aus Wölfen Hunde wurden, so muss das ebenfalls funktionell begründbar sein. Tatsächlich leben Wölfe und ursprüngliche Menschen in Verwandtschaftsklans, in denen man beim Jagen, beim Aufziehen des Nachwuchses, aber auch bei der oft durch Mord und Totschlag ausgetragenen Konkurrenz mit den Nachbarn kooperiert.

Der gemeinsame Vorfahr von Wolf und Mensch war vor 60 Millionen Jahren ein kleines, wahrscheinlich nachtaktives und weder besonders soziales noch kluges Säugetier.

Wölfe zeigen als Laufjäger einen ähnlichen Lebensstil wie Menschen in einer ziemlich komplexen Ökologie, welche bei beiden Arten eine loyale gruppeninterne Kooperation entstehen ließ: beim Jagen, beim gemeinsamen Aufziehen des Nachwuchses und bei der gemeinsamen Behauptung gegen gefährliche Nachbarn, egal ob feindliche Artgenossen oder hungrige Löwen, Bären oder Hyänen. Solche zur Lösung ökologischer Probleme entstandene soziale Systeme entwickeln ihre eigene Dynamik: Sie werden immer komplexer und fördern Hirngröße und Klugheit. So geht es bei Wölfen wie bei Menschen darum, wer wie viel in der Gruppe zu bestimmen hat, wie Kompetenz und Hierarchie balanciert werden – mit einem Wort: wie man Eigeninteressen verfolgt, ohne die Gruppe zu schädigen, die man zum eigenen Wohl benötigt.

Einsicht durch Artvergleich

Dieser Exkurs über herkunftsgleiche (homologe) und parallel entstandene (analoge) Merkmale hat in einem Buch über die *Conditio humana* seinen Platz. Dazu eine weitere Geschichte: Vielen Leuten ist selbst nicht ganz geheuer, wie hemmungslos sie andere Tiere „vermenschlichen". – Oder sogar ihre fahrbaren Untersätze und Computer. Alfred Brehm unterstellte in seinem „Tierleben" dem Adler Stolz, der Hyäne Feigheit und dem Kamel Hochmut, nur weil ihn deren allzu menschlich interpretierte Erscheinungsbilder daran gemahnten. Tatsächlich können Menschen hemmungslos darin sein, das Verhalten anderer Tiere – und auch das ihrer Artgenossen – unreflektiert zu interpretieren, sie als Vorbild anzunehmen oder ihnen Rollen zuzuschreiben, wie etwa Fuchs, Hase oder Igel in der Fabel. Man bewundert die „fleißigen" Bienen und Ameisen, moralisiert zur Monogamie der Graugänse und fragt, was man denn von den Wölfen lernen könne. Ist nun das Vermenschlichen ein sinnloser, narzisstischer Anthropozentrismus oder sollte es in gewissem Maß berechtigt sein, weil andere Tiere ähnlich ticken wie Menschen? Antwort darauf gibt der systematische Artvergleich, der methodische Königsweg für die evolutionäre Einordnung und letztlich Erklärung menschlicher Merkmale.

Ohne Artvergleich wäre unser Wissen zur Natur des Menschen gering.

Selbsterkenntnis durch Selbstbetrachtung ist nicht allzu erkenntnisträchtig, da braucht es schon den Spiegel der anderen. Man denke nur an die Arbeit mit Tiermodellen, denen wir es verdanken, dass man heute so viel über die Funktionsweisen des menschlichen Körpers weiß. Die experimentelle und vergleichende Entwicklungsbiologie an unterschiedlichen Wirbeltieren zeigt immer genauer, wie sich nach der Verschmelzung von Ei- und Samenzelle ein komplexer Organismus bildet. Und was die Natur der Menschen und ihr Sozialverhalten betrifft, demonstrieren relativ einfache Vergleiche von Körperbau und Sozialleben von Menschen mit den nächsten Verwandten unter den Menschenaffen grundlegende evolutionäre Prinzipien.

Die „Vier Tinbergen'schen Ebenen"

Die Methode des Artvergleichs zeichnet die evolutionäre Biologie aus. Soziologie und Psychologie benötigen sie nicht in ähnlichem Ausmaß, um soziale und mentale Verhaltensmuster zu beschreiben; „erklärbar" werden diese damit aber nicht. Dafür braucht es die „Vier Tinbergen'schen Ebenen" als Konzeptrahmen. Niko Tinbergen war der lebenslange Freund und Kollege von Konrad Lorenz. Gemeinsam mit Karl von Frisch erhielten die beiden 1973 den Nobelpreis für Medizin für ihre Verdienste um die Erklärung des Verhaltens von Menschen und Tieren. Zehn Jahre zuvor hatte Tinbergen seinen programmatischen Aufsatz „On aims and methods of ethology" zum 60. Geburtstag von Konrad Lorenz publiziert. Darin formulierte er nicht nur das bis heute gültige Forschungsprogramm der Verhaltensbiologie, sondern den Konzeptrahmen für jegliche biologische Forschung, bei der es um Organismen geht. „Natürliche", in der Evolution entstandene, Merkmale müssen auf vier unterschiedlichen, miteinander verflochtenen Ebenen untersuchbar und erklärbar sein; etwa das Grün der Blätter, die Flossen der Fische, die schleimig-giftige Haut der Frösche und ihre ohrenbetäubenden Rufe, die Pigmentierung unserer Haut und die Farbe der Iris, die menschliche Sprachfähigkeit, die Fülle der mental-psychologischen Mechanismen und Anlagen und so weiter. Also jedes reale Merkmal, das auch ohne unser direktes Zutun existiert. Solche Merkmale lenken unter anderem menschliches Handeln, im Guten wie im Bösen.

Evolution hat wenig – wenn auch nicht nichts – mit Moral zu tun, aber viel mit der Funktionalität des Seins.

Die „vier Ebenen" sind der Rahmen, um dieses Sein zu erfassen.

Will man etwa Monogamie verstehen, auch um zu klären, ob sie bloß eine von vielen Formen des Zusammenlebens ist, oder ob Menschen mit einer Voreinstellung für eine exklusive Zweierbeziehung zur Welt kommen, sollte man das Phänomen aus verschiedenen Richtungen beleuchten: 1. unmittelbare Ursachen, 2. evolutionäre Funktionen, 3. Individualentwicklung und 4. evolutionäre Geschichte. 1: Die Bindung zwischen Paarpartnern geht mit bestimmten Aktivitätszuständen des Nerven- und Hormonsystems einher, mit mentalen Zuständen und Verhalten. Die Kenntnis dieser unmittelbaren Ursachen von Verhalten gibt aber noch keinen Aufschluss über das Wozu (2). Dies können Untersuchungen auf der Ebene der evolutionären Funktion, also der letztlichen Ursachen, klären. Dazu reicht es nicht, Hormone oder die Aktivität des Nervensystems zu messen. Vielmehr kann man mittels Artvergleichen die Hypothese entwickeln, dass etwa Monogamie eine Anpassung im Dienst des kooperativen Aufziehens von Nachkommen ist. Ferner kann experimentell gezeigt werden, dass unter definierten Bedingungen ein monogames Paar eine höhere „evolutionäre Fitness" an den Tag legt – also mehr reproduktiv aktive Nachkommen großzieht –, als jeder für sich alleine. Solche Experimente verbieten sich mit Menschen, aber man kann auf „natürliche Experimente" zurückgreifen und etwa die Kinderzahl von Personen mit unterschiedlichem Bindungsstatus vergleichen.

Aber nicht alle Menschen zeigen die gleiche Neigung, sich stabil monogam zu binden. Das Spektrum menschlicher Beziehungsmuster reicht von Single über unterschiedlich ausdauernde Paarbindungen bis hin zur Polygynie (ein Mann, mehrere Frauen), Polyandrie (eine Frau, mehrere Männer) bis hin zur Promiskuität. Bindungsmuster können auch wechseln. Wie sehr oder wenig Menschen dazu neigen, monogam zu leben, hängt aber unter anderem von der individuellen Entwicklung ab (3); auf dieser Ebene zeigt sich der Einfluss genetisch erblicher Komponenten der Persönlichkeitsstruktur, der Qualität der Frühbetreuung, sozialer Traditionen etc. Besonders faszinieren diesbezüglich die Erkenntnisse der Epigenetik.

Das soziale Umfeld prägt Verhalten und Physiologie nicht nur der betreffenden Individuen, sondern auch der nachfolgenden Generationen.

Würden Untersuchungen auf diesen Ebenen die Annahme einer „natürlichen menschlichen Anlage" für Monogamie stützen, wäre der Wissensdurst noch nicht gestillt. – Außer man glaubt, monogame Menschen wären, so wie sie sind, vom Himmel gefallen. Vor dem Hintergrund des Artenwandels stellt sich jedoch die Frage (4), *wie* es zu dieser menschlichen Universalie kam – wenn es denn eine ist. Erste Anhaltspunkte gibt wiederum ein Artvergleich: Schimpansen und Bonobos sind stammesgeschichtlich mit Menschen am engsten verwandt. Beide leben in unterschiedlicher Form sexuell promisk, wenn auch mit deutlichen Präferenzen für bestimmte Partner. Monogamie kann also nicht von einem gemeinsamen Vorfahren abgeleitet werden. Es ist naheliegend, dass sie mit der speziellen Ökologie und sozialen Organisation der Menschen zu tun hat. Diese Hypothese wird durch einen Blick auf die ökologisch und sozial ähnlich organisierten Wölfe gestützt.

Auch ein kulturgeschichtlicher Vergleich hilft, die Frage nach der Monogamie als „natürlicher" Voreinstellung zu beantworten. Er kann die Bedingungen für die Ausprägung monogamer Lebensweisen von der Frühgeschichte bis heute zeigen. Also doch alles kulturell bestimmt? Na ja. Kultur kann sich nur im Rahmen und auf Basis der menschlichen Reaktionsnorm entfalten, und die ist immer evolutionär-biologisch fundiert. Ein gutes Beispiel dafür, dass „menschliche Universalien" differenziert zu sehen sind. Auf der Ebene der sozialen Handlungsbereitschaften handelt es sich dabei nicht einfach um „angeborene" menschliche Eigenschaften. Vielmehr geht es um situationsabhängige Reaktionsbereitschaft, wie später noch gezeigt wird.

Dieser methodische Exkurs zu den „Vier Ebenen" sollte mit der Denk- und Forschungsweise der organismischen Biologie vertraut machen, um das Verständnis der hier erörterten Ergebnisse zu erleichtern. Erfunden hat Niko Tinbergen dieses Konzept aber nicht. Schon Aristoteles und später David Hume dachten in diese Richtung. Vor einer unkritischen Vermischung der Ebenen sei aber gewarnt: So ist es die evolutionäre Funktion von (männlichen) Seitensprüngen, mehr Nachkommen zu zeugen. Seltsam, sind doch Lust und Leidenschaft als unmittelbare Ursachen für sexuelle Untreue viel präsenter als ein abstraktes evolutionäres Prinzip. Dennoch trifft beides zu, obwohl kaum jemand bewusst zum Zwecke des Kinderzeugens seitenspringen wird. Es liegt im Wesen evolutionärer Strategien, Verhalten zu treiben, ohne bewusst zu werden.

Der Weg vom Wirbeltier zum Menschen ist mit Innovationen gepflastert

Die Entstehung der ersten vormenschlichen Primaten – im Deutschen patriarchalisch als „Herrentiere" bezeichnet – aus affenartigen Vorfahren begann vor 16 Millionen Jahren. Erst vor etwa 6 Millionen Jahren trennten sich zögerlich Menschen von den anderen Schimpansen. – Wimpernschläge aus Sicht der Erd- und Stammesgeschichte, aber eine unvorstellbare Ewigkeit für uns Menschen. Die Menschwerdung aber erst bei den Affen beginnen zu lassen, wäre Willkür; sie begann wie die Evolution aller Tiere und Pflanzen mit der Entstehung des Lebens auf der Erde vor Milliarden von Jahren.

Diese „Ursuppe" werden wir uns hier sparen.

Konkreter wird die stammesgeschichtliche Entwicklung vor etwa 450 Millionen Jahren. Da tauchten Schlüsselinnovationen auf, die bei den Menschen immer noch wirksam sind.

Chordatiere waren die ersten wurmförmigen Organismen, ausgestattet mit einem mit Flüssigkeit prall gefüllten Achsenstab zur Verstärkung der Körperachse. Diese sogenannte *Chorda dorsalis* ist eine erste, bedeutende Landmarke auf dem Weg über die Wirbel- und Säugetiere zu den Primaten. Ihre turgeszente Gallerte wandelte sich später, durch Knochen verstärkt, zur Wirbelsäule. Sie trägt bei Vierfüßern das Körpergewicht, übersetzt den Schub der Hinterhand in Vortrieb und erlaubte es den frühen Menschen sich aufzurichten. – Eine der wichtigsten Innovationen auf dem Weg zu leistungsfähigen Händen und einem noch erstaunlicheren Gehirn bei modernen Menschen. Die Reste der *Chorda* finden sich bei den Säugetieren einschließlich Mensch übrigens als gallertige Kerne der Bandscheiben. Die Reste der Stammesgeschichte in unseren Bandscheiben mag man faszinierend finden. Das tröstet aber nicht besonders, wenn diese gallertigen Kerne durch zu starke Belastung ausgequetscht werden und die Wirbelkörper Nerven einklemmen. Auch so ein Merkmal, das zeigt, dass in der Evolution eher ein Bastler, nicht aber ein „intelligenter Designer" am Werk war.

Andere Schlüsselinnovationen sollten folgen. An ihrem Beispiel wird verständlich, wie sich der Mensch zwar von anderen biologischen Arten unterscheidet, mit ihnen aber dennoch viele gemeinsame Merkmale teilt – sogar mit den filtrierenden, kieferlosen Chorda-Würmchen.

Aus Kiemenbögen werden Kiefer

Eine wahre Revolution ging mit der Bildung echter Kiefer aus Kiemenbögen vor etwa 440 Millionen Jahren im Silur einher. Das eröffnete die Möglichkeit, sich größere Beute einzuverleiben und legte die

Basis für eine gewaltige „adaptive Radiation", also eine Artexplosion durch unterschiedliche Anpassungen, die bis heute anhält. Sehr spät in der Stammesgeschichte gingen daraus die Säugetiere mit ihrem „heterodonten" Gebiss hervor.

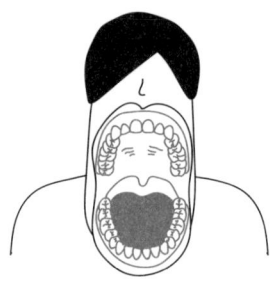

Noch bei Säugetierembryonen – auch beim Menschen – werden Kiemenbögen angelegt, um während des Wachstums wieder zu verschwinden. Wohl aus entwicklungsmechanischen Gründen und nicht, um uns ständig an die Abstammung von den Fischen zu erinnern. Auch wenn wir heute manches am Werk von Ernst Haeckel kritisch sehen, hat seine Regel etwas für sich, wonach die Individualentwicklung die Stammesgeschichte in groben Zügen widerspiegelt. Schon die kieferlosen und filtrierenden Chordatier-Vorfahren der Wirbeltiere entwickelten vor etwa 500 Millionen Jahren eine Serie von Knorpelspangen zur Aussteifung des Vorderdarms, in diesem Fall „Kiemendarm" genannt. Seine mit Flimmerhärchen besetzten Hautzellen halten einen Wasserstrom in Bewegung: durch die Mundöffnung hinein, durch die Kiemenspalten hinaus. So wurde der Kiemendarm mit sauerstoffreichem Wasser durchströmt, das auch Nahrungspartikel transportierte.

Das Entwicklungspotenzial der genial einfachen Konstruktion seriell angeordneter Kiemenbögen war groß. In der Folge prägt sie die Schädelkonstruktion der Säugetiere und damit auch der Menschen. „Präadaption", also Voranpassung, nennt man das in der Biologie.

Als evolutionäres Grundprinzip entsteht das Neue nicht einfach aus nichts, sondern durch das Umbauen von bereits Bestehendem.

Dies gilt auch für die Bildung „echter Kiefer". Ihre Träger heißen im Biologensprech „Kiefermäuler" (Gnathostomata). Die aus Kiemenbögen entstandenen echten Kiefer sind eine Erfolgsgeschichte: 54 000 Arten, also 99,8 Prozent aller Wirbeltiere, sind damit ausgestattet. Nur ein paar Arten aus dem Erdaltertum übrig gebliebener Schleimaale und Neunaugen leben als Wirbeltiere bis heute zumindest formell kieferlos.

Der ursprünglich dritte Kiemenbogen, der sogenannte Mandibularbogen, schwang sich zum zahntragenden Pförtner des Mundrandes auf. Die ehemals ersten und zweiten Kiemenbögen gingen in der frühen Stammesgeschichte verloren. Das ist in der Evolution nicht selten: Menschenaffen etwa stammen von schwanztragenden Affen ab. Menschen haben nur noch einen kümmerlichen Rest als Steißbein, auf das zu fallen schmerzhaft ist –

auch so eine Fehlkonstruktion der evolutionären Bastelei.

Selten tragen Menschen noch den sichtbaren Rest eines Schwänzchens. „Atavismus" nennt man so ein Wiederauftreten eines in der Stammesgeschichte verloren gegangenen Merkmals. Ein Hinweis darauf, dass das Merkmal zwar nicht mehr ausgebildet wird, die zugehörigen Gene aber immer noch vorhanden sind und gelegentlich reaktiviert werden.

Fast zeitgleich mit dem Funktionswandel des Mandibularbogens zum Kieferträger entstanden echte Zähne, vielleicht aus Knochenschuppen. Diese „primären Kiefer" gehören als Erfolgsmodell zur Ausstattung der Fische, Lurche, Reptilien und Vögel (die sie wieder verloren), also aller Wirbeltiere mit Ausnahme der Säugetiere. Denn am Übergang von den Reptilien zu den Säugetieren entstanden beim Umbau des primären Kiefers in andere Strukturen „sekundäre Kiefer" aus Hautknochen. Damit können Tiger, Kühe, Wölfe und Menschen kräftig zubeißen und kauen. Passend zu diesem neuen Kiefer entstanden auch die harten Schädel der Säugetiere. Ein Vorteil, da sich damit auch ein heterodontes Gebiss mit unterschiedlich spezialisierten Zähnen entwickelte. Es entwickelten sich erfolgreiche Beutegreifer sowie höchst effiziente Pflanzenfresser. Letztere erledigen einen erheblichen Teil des Aufschließens der Nahrung bereits im Mundraum. Das erlauben die Mahlzähne in Verbindung mit den Wangen. Sie ermöglichen nicht nur Babys das Säugen, sondern gewährleisten auch, dass der Nahrungsbrei im Mund bleibt und geschluckt werden kann.

Das sekundäre Kiefer der Menschen und ihrer Säugetierverwandtschaft erlaubt also, mit einem breiten Nahrungsspektrum zurechtzukommen. Die direkten Vorfahren des *Homo sapiens* hatten im Vergleich zum modernen Menschen noch recht massive Kiefer und Zähne. Die relativ zarten Gebisse von heute könnte man als Anpassung an eine seit der Altsteinzeit veränderte Nahrung und ihren vermehrten Aufschluss durch Kochen und Braten erklären;

oder auch als Symptom und Folge der „Selbstdomestikation" des modernen Menschen.

Primäre Kiefer und die beweglichen Schädel der Fische, Amphibien, Reptilien und Vögel bestimmten die ersten 300 Millionen Jahre Wirbeltier-Evolution. Die sekundären Kiefer und ihre Träger mit den leistungsfähigen Gehirnen und den anspruchsvollen Sozialbeziehungen entstanden dagegen erst in den letzten 200 Millionen Jahren. Die primären Kiefer verschwanden aber bei den Säugetieren nicht einfach, sie übernahmen – bis zur Unkenntlichkeit umgebaut – neue Funktionen. Die könnte man nicht verstehen, würde man auf den ursprünglich vierten (bei den Wirbeltieren also der funktionell zweite) Kiemenbogen vergessen. Denn die primären Kiefer der Fische, Lurche, Reptilien und Vögel waren nicht einfach an den Unterseiten der Schädelkapseln befestigt. Dieser „Zungenbein- oder Hyoidbogen", ein dem kiefertragenden Mandibularbogen schwanzwärts folgender Kiemenbogen, beteiligte sich an der Aufhängung und Verankerung des Kiefers an der Schädelkapsel.

Was Hören mit dem Weißen Hai zu tun hat

Weiße Haie sind wunderschön – aber auch gruselig, wenn man sieht, wie sie beim Zubeißen ihr Kiefer aus dem Körper förmlich herausklappen. Die rasiermesserscharfen Zähne greifen geradezu nach der Beute. Es ist die Aufhängung des Kiefers über den Hyoidbogen, welche die große Beweglichkeit solcher Kiefer ermöglicht, allerdings auf Kosten der Stabilität – was Haie aber nicht daran hinderte, enorme Beißkraft zu entwickeln. Die Kiemenspalte zwischen Kiefer- und Hyoidbogen gibt es noch als „Spritzloch". Bei den bodenlebenden Haien und Rochen ist es groß, weil es der Atmung dient, bei hochseeschwimmenden Haien dagegen verkümmert es. Aus dem Hyoidbogen wurde im Zuge des Weges an Land ein Gehörknöchelchen, das Schallwellen vom außen liegenden Trommelfell an das Innenohr überträgt. Dieses sogenannte Säulchen (Columella) wurde bei den Säugetieren zum „Steigbügel", eines der drei Gehörknöchelchen. Aus dem restlichen Hyoidbogen wurde das Zungenbein, aus dem Spritzloch der äußere Gehörgang.

Woher kamen die beiden restlichen Gehörknöchelchen der Säugetiere? Als ein stabiles sekundäres Kiefer samt robustem Gelenk entstand, waren die Elemente des primären Kiefergelenks für andere Funktionen frei. Daraus entstanden „Hammer" und „Amboss": jene zwei Gehörknöchelchen, die charakteristisch sind für Säugetiere. Amphibien, Reptilien und Vögel müssen mit einem einzigen auskommen, der Columella. Wieder einmal zeigt sich:

Evolution ist kein auf ein Ziel hin orientierter Prozess, Komplexität und Funktion entstehen sozusagen nebenbei.

Ohne Selektionsvorteil wäre natürlich ein derart komplizierter Umbau vom Kiefergelenk zum Gehörknöchelchen kaum vorstellbar.

Einen starken Hinweis auf die Funktionalität der Gehörknöchelchen liefern die Karpfenfische und Welse. Sie entwickelten ein analoges System zur Übertragung von Schwingungen von der Schwimmblase zum Innenohr. Dieser aus Wirbeln und Rippen entstandene „Weber'sche Apparat" besteht ebenfalls aus einer Kette von drei Knöchelchen. Eine solche Konstruktion verhilft dem Gehörsinn nicht nur zu mehr Sensibilität, sondern auch zum Wahrnehmen eines breiten Frequenzspektrums. So sind die drei Gehörknöchelchen der Säugetiere eine wichtige Voranpassung für komplexe soziale Kommunikation sowie für die menschliche akustische Kulturentwicklung. Musik braucht offenbar drei Gehörknöchelchen.

Zu Wasser, zu Lande – oder in der Luft?

Beim Säugetierschädel wurden die Knorpel und Knochen der Ahnen durch die viel stabileren Hautknochen ersetzt. Damit trotzt er nicht nur den beim Kauen auftretenden Kräften, er ist auch gut gepanzert: Die massiven Überaugenwülste unserer Vorfahren und der harte menschliche Schädel bis heute, sind Schutz im Kampf. Auch Schimpansenmännchen werfen mit Steinen und Ästen und prügeln auf andere ein, zielen dabei aber nicht sehr präzise. Menschen dagegen verloren im Vergleich zu ihren nächsten Verwandten zwar an Muskelkraft, gewannen aber enorm an Präzision. Der aufrechte Gang befreite Arme und Hände. Damit kann man nicht nur kleine Dinge präzise halten und untersuchen, man kann auch Speere schleudern oder die Hand zur Faust ballen.

Tatsächlich scheint Boxen – neben Laufen und Speerwurf – eine der Grundsportarten der Menschen zu sein.

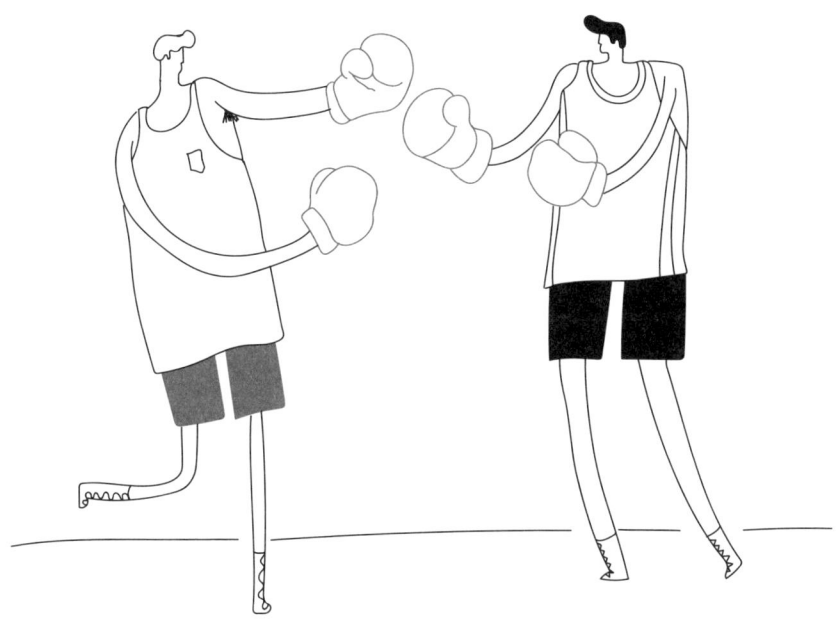

Der massive Säugetierschädel war im Wesentlichen eine Entscheidung für die Lebensräume Land und Wasser. Zu ebener Erde oder untergetaucht zählt Gewicht weniger als in der Luft. Vögel entwickelten nur sehr zarte Schädel; ihre dennoch höchst stabilen Knochen werden anders gebildet und enthalten Luftkammern, sie sind „pneumatisiert" und damit genial federleicht. Von den Säugetieren schafften es nur die Fledermäuse, den Luftraum zu erobern. Dazu mussten sie zarte, aber widerstandsfähige Skelette entwickeln. Sie sparten nicht nur an Masse, sondern entwickelten selbst im Vergleich mit den Vögeln einen Hochleistungs-Flugapparat, was nicht trivial war. Denn bei Säugetieren endet der Atemluftstrom in den Sackgassen der Lungenbläschen. So entsteht ein Gas-Totvolumen, das beim Atmen nicht ausgetauscht wird. Die Lungen der Vögel sind kleiner und leistungsfähiger, weil sie mit den im Körper verteilten Luftsäcken linear durchströmt werden und daher ohne Totvolumen auskommen. Manche Zugvögel schaffen es, in Höhen von bis zu 8 000 Meter zu fliegen – was Fledermäuse weder können, noch müssen.

Apropos Atmung: Kiemen sind die ursprünglichen Atmungsorgane der Wirbeltiere. Ursprünglich atmete man mit dem Kiemendarm und filtrierte damit Nahrung. Der Sauerstoffbedarf dieser noch kieferlosen Wirbeltiere war gering, da man sich kaum bewegte und der Gasaustausch auch über die Haut erfolgte. Aber schon die Panzerfische und Stachelhaie im Silur waren als erste kiefertragende Fische recht beweglich. Sie entwickelten bereits Kiemen, bei denen die Diffusionsbarriere zwischen Blut und Wasser auf wenige tausendstel Millimeter minimiert worden war. Letztlich trennen Blut- und Wasserstrom nur zwei dünne Schichten von Epithelzellen: eine als Auskleidung des Blutgefäßes, die andere als Hautoberfläche gegen das Wasser, der Gasaustausch erfolgt per Diffusion.

Das fesselte die frühen Wirbeltiere ans Wasser, denn mit Kiemen kann man an Land wenig anfangen, wenn man sie nicht, wie manche Krebse, mühsam vor Austrocknung schützt. Hatten also die vierbeinigen Knochenfische beschlossen, ihre Kiemen einzuschmelzen und sich Lungen zuzulegen, bevor sie im Devon als Lurche an Land krochen?

Die Evolution macht oft Umwege.

Wozu eigentlich hatten Fische schon vor dem Devon Schwimmblasen entwickelt? Die Schwimmblasen heutiger Knochenfische werden meist mittels Gasdrüse gefüllt. Da eine solche den Fischen vor mehr als 400 Millionen Jahren noch fehlte, regulierten sie den Inhalt ihrer Schwimmblasen durch Luftschlucken oder -ablassen. Wahrscheinlich war bei vielen ursprünglichen Arten die Sauerstoffaufnahme die Hauptfunktion der Schwimmblase. Es wurden also eher aus Lungen Schwimmblasen, als umgekehrt. Noch vor dem Gang an Land eroberten vierfüßige Lungenfische die sauerstoffarmen Sumpfgewässer der Steinkohlewälder des Erdaltertums. Den Vierfüßergang der Fischamphibien (*Labyrinthodontia*) sieht man bei den Salamandern noch heute. Fischamphibien hatten massige Schädel, konnten recht groß werden und heißen wegen ihrer komplexen Zähne „Labyrinthzähner". Funktionell gesehen waren sie, als erste große Sumpf- und Landraubtiere, die Krokodile ihrer Zeit.

Dicke Haut, landtaugliche Eier

Für das Landleben braucht es nicht nur Lungen, sondern auch eine feste Haut zum Schutz vor Austrocknung und Verletzungen. Amphibien schaffen das noch nicht. Manche Frösche erobern zwar Wüsten, verbringen aber lange Trockenphasen, vor völliger Austrocknung geschützt, im Boden vergraben. Blindwühlen, Salamander und Frösche nutzen feuchte Lebensräume, da ihre schleimig-feuchte Haut nur eine dünne Hornschicht schützt. Als erste Landwirbeltiere sind die Amphibien aber auch zur Eiablage noch vom Wasser abhängig.

Aus den Amphibien gingen – als erste gut ans Landleben angepasste Wirbeltiere – die Reptilien hervor.

Deren wahrhaft innovativer Geniestreich war ein landtaugliches Ei.

Da alle Wirbeltiere in der Eientwicklung auf ein wässriges Milieu angewiesen sind, entstanden Hüllen, die das Wasser innerhalb des Eies hielten. Innerhalb dieser Hülle namens Amnion entwickeln sich die Embryonen der Reptilien, Vögel und Säugetiere im Fruchtwasser. Daher werden diese drei Stämme der Landwirbeltiere als „Amnioten" bezeichnet. Weil die Stoffwechselprodukte des Embryos das Fruchtwasser rasch vergiften würden, entstand mit der Allantois ein Säckchen für die Ausscheidungen. Bei Säugetieren werden die heranwachsenden Embryonen zudem über eine Plazenta ernährt, aber auch sie wachsen in den von den Reptilien erfundenen Strukturen von Amnion und Allantois heran.

Als eine weitere Schlüsselinnovation brüten Säugetiere ihre Eier im Körperinneren aus und versorgen die heranwachsenden Embryonen über eine Plazenta mit mütterlichen Nährstoffen. Nach der Geburt übernimmt die Ernährungsfunktion ein Hautdrüsensekret: die Milch. Aufgrund der plazentalen Ernährung können die Eier der Säugetiere – im Gegensatz zu den Eiern der Vögel – klein sein und müssen nur geringe Ressourcen enthalten: um die Embryonalentwicklung zu starten und die Einnistung zu ermöglichen.

Dorsche etwa setzen pro Laichvorgang Millionen von winzigen Eiern frei, die sie den Meeresströmungen und ihrem Schicksal überlassen. Im Gegensatz dazu setzen Säugetiere auf aufwendige Fürsorge für den Nachwuchs. Die Frauen unserer Jäger-und-Sammler-Vorfahren brachten über ihre reproduktive Lebenszeit im Schnitt sechs Kinder zur Welt und betreuten diese jahrelang. Obwohl die Kindersterblichkeit hoch war, blieb sie im Vergleich zu den Dorschen natürlich verschwindend gering. Einmal erwachsen geworden, war die Lebenserwartung relativ hoch: 70 bis 80 Jahre sind bei Jägern und Sammlern keine Seltenheit.

Eine der großen biologischen Besonderheiten des Menschen ist das postmenopausale Überleben der Frauen. Während bei unseren nächsten Menschenaffen-Verwandten die Weibchen bis zum Tod fruchtbar sind, können Menschenfrauen spätestens um das 50. Lebensjahr nicht mehr schwanger werden, obwohl sie danach noch Jahrzehnte weiterleben.

Die „Großmutter-Hypothese" besagt, dass Großmütter viel für das Überleben ihrer Enkel tun können, indem sie ihre Töchter unterstützen.

Tatsächlich fand der deutsche Anthropologe Eckart Voland durch genaue Analyse alter norddeutscher Kirchenbücher eine höhere Fruchtbarkeit und geringere Kindersterblichkeit, wenn die Kindesmutter im Haushalt lebte. Bei den vielen Helfersystemen im Tierreich unterstützen Nachkommen ihre Eltern beim Aufziehen der jüngeren Geschwister; das kommt auch beim Menschen vor. Viel wichtiger aber wurde bei diesem die Unterstützung der Reproduktion der eigenen Kinder durch die Eltern, Großmütter und natürlich auch Großväter. Diese Funktion war offenbar so wichtig, dass in Anpassung daran das frühe Ende der Reproduktion bei Menschenfrauen entstand.

Der Geniestreich zur Besiedlung kalter Klimazonen und zur permanenten Einsatzfähigkeit von Gehirn und Körper war die Entwicklung der Homöothermie am Weg zu den Sägetieren und Vögeln. Dagegen blieb die evolutionäre Schwachstelle der meisten Reptilien ihre Abhängigkeit von der Außentemperatur. Eidechsen und Schlangen regulieren die Körpertemperatur, indem sie sich morgens durch ein Sonnenbad auf Betriebstemperatur bringen, während der heißesten Stunden des Tages einen Unterschlupf aufsuchen und für die kalte Jahreszeit ein frostfreies Winterquartier. Gegen die Pole hin dünnen daher die Reptilienarten aus; den Permafrost in Polnähe oder auf Bergen können sie nicht besiedeln.

Körper und Gehirn konstant warm zu halten, bringt große Vorteile, wie etwa eine ständige Reaktionsbereitschaft. Aber das gibt es nicht zum Nulltarif, denn heizen kostet viel Energie. Daher müssen Körper vor allem in kalten Klimaten gut isoliert werden, wie jeder Häuslbauer weiß! Diese Funktion erfüllen zu Lande Haare und Federn, vor allem aber große Körper, denn viel Volumen bei geringer Körperoberfläche verhindert Wärmeverlust am besten. Die wasserlebenden Wale, Robben und Pinguine legen sich einfach eine Fettschicht zu, die thermisch isoliert sowie Stromlinienform und Auftrieb verleiht.

Wie aus Dinos Vögel wurden

Landwirbeltieren dagegen bleibt es – vor allem wegen der hohen Transportkosten – verwehrt, zu viel Speck mitzuschleppen. Daher erfand man parallel bei den frühen Säugern und späten Dinosauriern flauschiges Isoliermaterial in Form von Haaren und Federn. So unterschiedlich diese sein mögen – heute weiß man, dass es homologe Strukturen sind. Die Schuppen der Reptilien entstehen aus sogenannten Plakoden, verhornenden Verdickungen der Oberhaut. Haare und Federn ebenso, sogar unter Aktivierung derselben Gene. Es macht Sinn, dass sich Vögel Federn wachsen lassen, sollte man meinen, denn mit Haaren ließe es sich schlecht fliegen. Aber man braucht zum Fliegen keine Federn. Sowohl die großen Flugechsen des Erdmittelalters als auch die heutigen Fledermäuse waren beziehungsweise sind großartige Flieger mittels ihrer zwischen Arm- und Handknochen ausgespannten Flughäute. Ebenfalls ein Grund, warum man heute annimmt, dass bei jenen Dinosauriern, von denen es zu den Vögeln weiterging, die Federn nicht zum Fliegen, sondern zur Wärmeisolation entstanden sind. Aber eine gute Voranpassung für das Fliegen waren Federn allemal.

Die frühen Säugetiere hatten es von Anfang an nicht so mit dem Fliegen. Sie waren nachtaktiv und hausten überwiegend unterirdisch;

Federn wären da störend gewesen. Also ließ man sich Haare wachsen, denn die isolieren hervorragend gegen Kälte und Hitze sowie Nässe. Und mit einem Haarkleid schlüpft man auch wie geschmiert durch unterirdische Gänge. Dass den Menschen in der Regel immer noch Haare auf dem Kopf – und an anderen Körperstellen – wachsen, hatte wohl ursprünglich den Grund, den Schädel des aufrecht gehenden Primaten vor der sengenden Sonne Afrikas zu schützen.

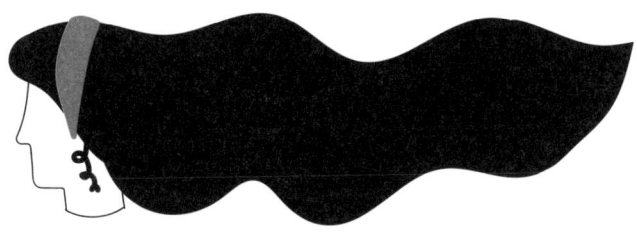

Manche Saurier jedenfalls verschafften sich einen erheblichen ökologischen Vorteil, indem sie ihre Körper zu heizen begannen. Das schuf einen starken Selektionsdruck auf die Entwicklung von Isoliermaterial; aber warum aus einfachen Schuppen ausgerechnet komplex gebaute Federn entstanden, entzieht sich der logischen Erklärung. –

Auch eine Eigenheit der Evolution: Zwar entsteht nichts aus nichts, aber das Neue aus dem Alten nimmt gelegentlich unerwartete Formen an.

Die ersten befiederten Dinos liefen auf ihren Hinterbeinen, ähnlich wie der viel größere *Tyrannosaurus*. Man nimmt an, dass sie ihre befiederten Arme zum Niederklatschen der Beute – fliegende Insekten oder kleine laufende Saurier – einsetzten.

Der schon lange bekannte, im Solnhofener Plattenkalk gefundene „Archaeopteryx" hatte starke Beine mit Krallen (wahrscheinlich auch zum Klettern), Flügel für kurze Gleit- und Flatterflüge und immer noch einen bezahnten Schnabel. In den letzten Jahrzehnten tauchten in Fossilfunden in China weitere „missing links" auf. Demnach waren die „Beuteklatscher" bald zu kurzen Gleitflügen fähig, bevor sie sich unter Reduktion vor allem des Schädelskeletts schrittweise in die Luft erhoben. Von dieser Dino-Vogelmischung war es nur noch ein kleiner Schritt zu den modernen Vögeln.

Die Komplexität nach dem Kahlschlag

Dass es heute Säugetiere einschließlich Menschen gibt, hängt eng mit den Dinosauriern zusammen. Jene Reptilien, die als Vorläufer der Säugetiere gelten, entstanden bereits früh, fast parallel zu den noch urtümlichen Sauriern. Die aber gewannen in Konkurrenz um die Lebensräume zunächst gegen die Säugetiere. Dadurch wurden die ersten Säugetiere zum Nachtleben, in den Untergrund und zu geringer Körpergröße gezwungen. Sie überlebten dank ihrer Anpassungsfähigkeit und entwickelten Merkmale, die Säugetiere heute noch ausmachen: neben einem gleichwarmen, mehr oder weniger behaarten Körper ein gutes Gehör, einen sich immer besser entwickelnden Geruchssinn sowie ein großes Gehirn. Das alles half vorerst, den Sauriern nicht ganz zu unterliegen.

Auch unsere Reptilien-Ahnen waren als vorwiegend tagaktive Tiere zunächst visuell orientiert; Sehzellen mit maximalen Empfindlichkeiten in unterschiedlichen Spektralbereichen des Lichtes verliehen ihnen ein gutes Farbsehen. Dann wurde in Anpassung an das Leben in der Nacht und in den Höhlen der Sehzellentyp mit maximaler Empfindlichkeit im roten Bereich stillgelegt; die Gene dafür blieben aber erhalten. Die ursprünglich kleinen Säugetiere sahen daher nur noch im Blau-grün-Bereich und entwickelten ein *Tapetum lucidum*, eine lichtreflektierende Schicht im Augenhintergrund, eine Art Restlichtverstärker, über die heute noch die meisten Fleischfresser verfügen. Man spezialisierte sich auf das Sehen im Dunkeln, Geruchssinn und Gehör wurden ausgebaut.

Säugetiere erlangten solchermaßen mannigfache Voranpassungen, die ihre Artenzahl nach Verschwinden der Dinos geradezu explodieren ließ. Dieser erzwungenen „ökologischen Diaspora" verdanken die Säugetiere, dass sie bei Tag und Nacht und in so ziemlich allen Gebieten und Lebensräumen der Erde leben können. Letztlich verdanken wir der unfreundlichen Behandlung unserer Säuger-Vorfahren durch die Dinos auch die unglaublichen Sinnesleistungen der Hunde. Das Farbsehen der Säugetiere blieb zunächst auch nach der Befreiung von den Dinos dürftig. Erst bei den vor allem tagaktiven Primaten wurde der dritte Photorezeptor für Rot reaktiviert, wohl im Zusammenhang mit der wichtigen Rolle reifer Früchte in unserem Nahrungsspektrum.

Über 170 Millionen Jahre entkamen die frühen Säugetiere im Erdmittelalter den Dinos dank solcher Anpassungen, vor allem aber mit Köpfchen. Ein Meteoriteneinschlag samt erhöhtem Vulkanismus bereitete den land- und wasserlebenden Dinosauriern vor 66 Millionen Jahren ein jähes Ende, es überlebten bloß einige Ahnen der heutigen Vögel. Die Katastrophe am Ende der Kreidezeit löschte nicht nur die Saurier aus, sondern hatte eines der größten Artensterben der Erdgeschichte zur Folge: Die Hälfte aller Gattungen und ein Fünftel der Familien waren plötzlich weg, die Individuendichte der Überlebenden gering. Damit war der Weg frei für die Säugetiere, die Lebensräume der Erde noch gründlicher zu besiedeln, als die Dinosaurier dies je geschafft hatten.

Wie schon fünf Mal zuvor in der Erd- und Stammesgeschichte löste ein Massenaussterben die fast explosionsartige Entwicklung neuer Arten aus.

Insekten und Blütenpflanzen entstanden im Gleichklang, und im Wasser kam es zu einer raschen „adaptiven Radiation" der modernen Knochenfische. Viele Arten von Säugetieren und Vögeln entstanden. Die Welt wurde so wesentlich komplexer, es gab es mehr Räuber-Beute-Interaktionen, aber auch vielfältigere Möglichkeiten zur Kooperation innerhalb und zwischen den Arten. Diese ökologische Komplexität beflügelte die soziale Komplexität und vor allem die Entwicklung eines großen, leistungsfähigen Gehirns. Etwas platt formuliert könnte man sagen, dass Menschen ihre Existenz letztlich den Dinosauriern und einem Schicksalskometen verdanken.

Das menschliche Gehirn: Schlüsselinnovationen und viel Bastelei

Zu Beginn der Erdneuzeit begann nach dem Ende der Dinosaurier auch die soziale Periode der Erd- und Stammesgeschichte; mit komplexen Interaktionen zwischen und innerhalb der Arten, mit ausgefeilter Jungenfürsorge und mehr Kooperation beim Jagen, beim Aufziehen des Nachwuchses und beim Verteidigen gegen Fressfeinde. Dabei ist Kooperation eigentlich die infamste Art der Konkurrenz: Man arbeitet mit Verbündeten zum eigenen Wohl, aber auf Kosten anderer zusammen.

Eine derart fordernde Ökologie und ein immer komplexeres Sozialleben ließ „großhirnige" Säugetiere entstehen, mit Gehirnen, bei denen die Oberfläche des Großhirns nicht, wie bei Igeln oder Ratten, glatt wie ein Babypopo erscheint, sondern in Falten liegt wie bei den Katzen, Hunden, Walen – und Menschen. Im Gegensatz zu den Vögeln wurde bei den Säugern das Dach des Großhirns bereits von frühen Reptilienzeiten an als Kortex angelegt, also als geschichtete Struktur aus Nervenzellen und Fasern. Diese Art von Standardverschaltung, wie man sie auch in der Retina des Auges findet, kann rasch an veränderte Bedürfnisse angepasst werden. Braucht man mehr Kapazität, wächst der Kortex in die Fläche, die Oberfläche legt sich in Falten. Auf dieser flexiblen Bauweise beruht unter anderem die ungeheure Leistungsfähigkeit des menschlichen Gehirns. Benötigt man mehr Rechenkapazität, etwa im Zusammenhang mit den Fertigkeiten von Fingern und Hand, vergrößert man jene Kortexfläche, die mit der Steuerung dieser Körperteile befasst ist. Bekannt ist der Homunculus, den man dem Neokortex einschreiben kann, welcher die Repräsentation der Körperoberfläche auf der Kortexoberfläche abbildet. Er zeigt, dass Hand, Lippen und Genitalien besonders viel Kortexoberfläche einnehmen. Fällt ein bestimmter Bereich aus, etwa durch Verletzung oder Krankheit, endet das selten tödlich. Meist können benachbarte Areale – mit viel Training – die damit verbundenen Ausfälle, etwa der Sprache, der Beweglichkeit der Finger etc. kompensieren.

Benötigen Vögel ein leistungsfähigeres Assoziationshirn, wird nicht wie bei Säugern die Fläche, sondern das Volumen vergrößert. Hirngröße stößt bei den fliegenden Vögeln aber rasch an Grenzen; wohl ein Grund, warum Vögel wie Raben oder Papageien Nervenzellen dichter packen als Säugetiere.

> Bei den Vögeln passt sich daher das Gehirn an eine größenlimitierte Schädelkapsel an, bei Säugetieren ist das eher umgekehrt.

Unterschiedliche Bereiche des aus redundanter neuronaler Struktur bestehenden Kortex sind unterschiedlich verkabelt. Auch diese flexible Zuordnung von Funktionen zu Nervengewebe begründet die enorme Anpassungsfähigkeit des Säugetiergehirns.

Menschen zeichnet ein extrem großer, hochflexibler Kortex aus, wodurch die stark ausgeprägte Fähigkeit zur Individualisierung und zur Flexibilität in Wahrnehmung und Interpretation der Umwelt möglich wird. Fläche und Volumen sind aber nicht alles, es kommt auch auf die Dichte der Nervenzellen an. So beeindrucken Wale mit ihren sehr großen, stark gefalteten

Gehirnen eher weniger durch die Dichte ihrer Nervenzellen. Im Gegensatz dazu mögen Hunde mit ihren kleinen Gehirnen im Vergleich zu anderen Fleischfressern wie etwa den Bären oder Hyänen enttäuschen, liegen aber bei der Zahl und Dichte der Nervenzellen im Kortex im Spitzenfeld – ganz im Gegensatz zu den Hauskatzen. Menschen sind aber auch in dieser Beziehung einsame Spitze.

Enthält der Kortex von Hunden weniger als eine Milliarde Nervenzellen, so sind es fast 40 Milliarden beim Menschen.

Experten diskutieren immer noch, ob die absolute, oder vielmehr die relative Größe des Gehirns dessen Leistungsfähigkeit bestimmt. Beides ist richtig, sonst wären etwa Raben mit ihren nur walnussgroßen Gehirnen blitzdumm – was sie sicher nicht sind. Selbst die kaum mehr als zehn Zentimeter kleinen Putzerfische der Korallenriffe mit ihren winzigen Gehirnen sind geistige Hochleister, weil sie es schafften, ihre Nervenzellen zu miniaturisieren. Innerhalb der Primaten besteht allerdings ein Zusammenhang zwischen absoluter Gehirngröße und sozialer Komplexität. Und bei den Hunden sind Mini-Rassen wie die Schoßhündchen mit ihren kleinen Gehirnen zwar nicht „dümmer" als die großen Hunde, haben aber eine geringere Impulskontrolle.

Von Menschen und anderen Menschenaffen

Viele Schlüsselinnovationen auf dem Weg zu den Menschen entstanden bei den Säugetieren. Sicher ist es spannend, was Menschen mit Mäusen, Elefanten oder Hunden verbindet, relevanter ist hier aber, was Menschenaffen von den anderen Säugetieren – und Menschen von anderen Menschenaffen – unterscheidet. Oder wo die gruppeninternen Besonderheiten liegen. Bei allen Menschenaffen einschließlich *Homo sapiens* sind die Männchen größer und oft wesentlich schwerer als die Weibchen. Das hat mit dem Sozialsystem zu tun und mit männlichen und weiblichen Reproduktionsstrategien. Bei allen Menschenaffen fehlt ein Schwanz, das Becken ist breit, die Zahl der Lendenwirbel geringer als bei anderen Säugetieren: eine Voranpassung an den aufrechten Gang, den es – voll ausgeprägt – nur beim Menschen gibt.

Im Vergleich zu den anderen Menschenaffen verfügen Menschen über eine eher schwache Körperbehaarung. Ausnahme davon ist das Haupthaar, mit seiner wichtigsten Funktion als Sonnenschutz. Scham- und Achselbehaarung sowie männlicher Bartwuchs sind, wie auch der muskulösere männliche Körper, vor allem der sexuellen Selektion geschuldet.

Das heißt nicht, dass alle Frauen barttragende Muskelprotze attraktiv finden, denn es gibt ja auch die „intrasexuelle Selektion".

Sie fördert all das, was Männer gegen gleichgeschlechtliche Mitbewerber durchsetzungsfähig macht – auch wenn das Ergebnis nicht immer besonders gescheit daherkommen mag. Dieser Selektion ist auch der Geschlechterunterschied in der Körpergröße geschuldet. Dass Männer etwa 15 Prozent größer oder schwerer sind als Frauen, hat mit Vaterschaftssicherung zu tun und damit, dass es beim Menschen mit der Monogamie nicht so weit her ist, wie es manche gerne hätten.

Obwohl Menschen den anderen Schimpansen unglaublich ähnlich sind, unterscheidet sie eine ganze Menge, wie ein Blick in den Spiegel, der Besuch einer Schulklasse oder ein Spaziergang durch die Stadt belegen. Wie groß die Unterschiede sind, für wie wichtig sie gewertet werden, ist eine Frage des Standpunkts. So pflegen Leute mit geistes- und kulturwissenschaftlichem Hintergrund die Unterschiede zwischen den Menschen und „den Anderen" eher überzubetonen, während viele Biologen sie kleinzureden versuchen. Diese Unterschiede zwischen Menschen und den anderen Schimpansen sind überwiegend eher quantitativer denn qualitativer Natur; dennoch sind sie bedeutend.

Ich möchte in diesem Buch nicht in die ideologische Falle „Menschen sind ja auch *nur* Tiere" tappen.

Das würde weder den Menschen noch den anderen Tieren gerecht. Als biologische Art zeigen Menschen – wie alle anderen Arten – Alleinstellungsmerkmale. Aufgrund der Ähnlichkeiten mit den anderen Menschenaffen kam im 18. Jahrhundert Carl von Linné daher nicht umhin, den Menschen in die Primaten einzuordnen. Aber immerhin unterschied man damals noch aus Rücksicht auf seine recht anthropozentrischen Mitmenschen trotz unzureichender Unterscheidungsmerkmale die Familie der Menschenaffen (Pongidae) von der Familie der Menschenartigen (Hominidae). Erst im 20. Jahrhundert wurden beide in eine taxonomische Gruppe zusammengefasst. Aufgrund der in den Buchreligionen festgeschriebenen Sonderstellung des Menschen tat man sich jahrhundertelang schwer, die enge Verwandtschaft innerhalb der Menschenaffen auch wissenschaftlich einzugestehen. Das gelang im Gefolge des zunehmenden Einflusses der Naturwissenschaften erst im 20. Jahrhundert.

Tatsächlich mangelt es an „harten" Abgrenzungsmerkmalen zwischen der Gattung *Homo* (Mensch) und der Gattung *Pan* (Schimpansen). Immerhin enthalten die Zellkerne der Menschen 46 Chromosomen, die der Menschenaffen 48. Anatomisch unterscheiden wir uns eher graduell, beträchtlich aber im Gehirnvolumen, das bei Menschen bei um die 1300 Kubikzentimeter liegt, bei unseren nächsten Verwandten bei vergleichbarer Körpermasse bei unter 500. Zudem unterscheidet uns der Grad an Differenzierung gemeinsamer Merkmale: Menschen zeigen einen feingliedrigeren Körperbau, ein weniger robustes Gebiss, Greifhand und Standfuß sowie ein geringfügig anders gelagertes Hinterhauptloch und eine geschwungene Wirbelsäule. – Nicht viel, eigentlich.

Kurioserweise trug ausgerechnet Johann Wolfgang von Goethe zur stammesgeschichtlichen Nähe zwischen Menschen und Menschenaffen bei.

Er entdeckte bei seinen anatomischen Studien das „Intermaxillare" auch beim Menschen, einen Oberkieferknochen, dessen scheinbares Fehlen bis dahin als Unterscheidungsmerkmal diente. Die Abgrenzung vom Tierreich muss ein großes Bedürfnis gewesen sein, wenn ein solch unbedeutender Knochen als Abgrenzungsmerkmal herhalten musste.

Im Genom versteckte Neuerungen

So manche Neuerung verbirgt sich im Genom: Obwohl Menschen mit Schimpansen zu etwa 99 Prozent genetisch übereinstimmen, trennen sie dennoch viele Millionen Basenpaare, die teils für phänotypische Unterschiede kodieren. Das Gehirn nahm am Weg zum Menschen nicht nur an Größe zu, auch für das Gehirn relevante Gene und ihre Expression änderten sich: Mehr als 50 kamen im Vergleich zu den Schimpansen dazu – das veränderte auch die Proteine des Gehirns in Aufbau und Anzahl. Entscheidend waren mutationsbedingte Veränderungen in den Aminosäuresequenzen der kodierten Proteine. Unsere Sprachfähigkeit etwa beruht weniger auf der speziellen Anatomie des Kehlkopfes, wie man früher dachte, als vielmehr auf feinmotorischen Fähigkeiten, die den nächsten Verwandten fehlen. – Es wird diskutiert, dass für diesen Unterschied in der Feinmotorik vor allem eine Mutation des Gens FOXP2 verantwortlich war, dessen Veränderung oder Ausfall bei Menschen und anderen Tieren auch zu schweren Problemen beim artikulierten Sprechen führte. FOXP2 entfaltet breite „pleiotrope" Wirkungen, beeinflusst also viele unterschiedliche Merkmale. Kein Wunder, ist es doch an der Steuerung der Expression von gut 1 000 anderen Genen beteiligt. Allerdings ist FOXP2 nicht das einzige Gen, das die Sprachfähigkeit beeinflusst – was die Sache nicht einfacher macht.

Paläogenetische Berechnungen ergeben ein maximales Alter der typisch menschlichen FOXP2-Genvariante von etwa 200 000 Jahren. Das passt gut mit der „Geburtsstunde" des modernen *Homo sapiens sapiens* zusammen. Plausibel ist, dass sich diese Genvariante deswegen so rasch in den frühen Menschen verbreitete, weil die komplexe, mit symbolischem Denken gekoppelte Sprachfähigkeit kulturelle und ökologische Vorteile brachte. Wahrscheinlich war sie die zentrale Schlüsselinnovation für die Eroberung der Erde. – Und weil ein wohl damals schon sehr potentes Gehirn mit hohen vorsprachlichen Fähigkeiten, über die auch die Schimpansen verfügen, darauf wartete, angemessen in den Dienst genommen zu werden.

Diese Anmerkung bezieht sich auf die „Voranpassungen", die Säugetier- und Hominidengehirne unter zunehmend komplexen ökologischen Bedingungen erfuhren. Beim Menschen führten sie mit der Entwicklung einer komplexen Sprachfähigkeit zu einer Explosion von Möglichkeiten. Obwohl die „FOXP2-Hypothese der Menschwerdung" breit akzeptiert scheint, fanden vergleichende Untersuchungen an einer Reihe von Arten keinen Zusammenhang zwischen Mutationen des Gens und der Fähigkeit und der Qualität der Lautgebung. Gerade *wegen* der Plausibilität der FOXP2-Geschichte ist hier also Vorsicht geboten – mal sehen, was künftige Forschungen ergeben werden.

Letztlich liegen die maßgeblichen Unterschiede zwischen Menschen und den anderen Schimpansen im „weichen" Bereich des Verhaltens und der biopsychologisch-mentalen Konstruktion: in den verbalen, geistigen und kulturellen Fähigkeiten. In den biologischen Grundlagen für diese menschentypischen Merkmale unterscheiden wir uns von den nahen Verwandten nur quantitativ. Schimpansen oder Hunde verfügen über ähnliche vorsprachliche Fähigkeiten, können in Konzepten denken und legen mentale Repräsentationen über relevante Dinge an, ähnlich wie Menschen das tun. Wie bei Menschen bilden auch bei diesen Tieren affektive Bewertungen im Abgleich mit den Vorerfahrungen die Grundlage für Entscheidungen, und wie bei Menschen sind Instinkte in unterschiedlichem Ausmaß daran beteiligt. Zudem: Je komplexer das Sozialleben, desto mehr „Bewusstseinsfähigkeit" wird offenbar entwickelt.

So falsch die klassischen Behavioristen, wie etwa B. F. Skinner, mit ihrer Überzeugung auch lagen, Individuen kämen als „Tabula rasa" zur Welt und würden alles erlernen müssen – richtig war ihre Einschätzung, dass in der Stammesgeschichte nur ein begrenztes Set an Lernmechanismen entwickelt wurde: Habituation, Pawlow'sche Konditionierung, Operante Konditionierung (Versuch-und-Irrtum-Lernen) sowie verschiedene Formen sozialen Lernens.

Menschen und andere Tiere denken, entscheiden und handeln mittels weitgehend identischer Mechanismen, weil das menschliche Gehirn und seine Funktionen nicht vom Himmel fielen, sondern hunderten Millionen Jahren gemeinsamer Stammesgeschichte mit anderen Arten geschuldet sind.

Dennoch unterscheiden wir uns in manchen Bereichen gewaltig, in der komplexen Symbolsprache sowie in manchen Fähigkeiten und Konstrukten des Geistes und Willens, über die andere Tiere kaum verfügen: Symbolismus, Spiritualität, den Drang nach dem Höher–Schneller–Weiter–Besser, nach Wissen und der Erweiterung von Grenzen ...

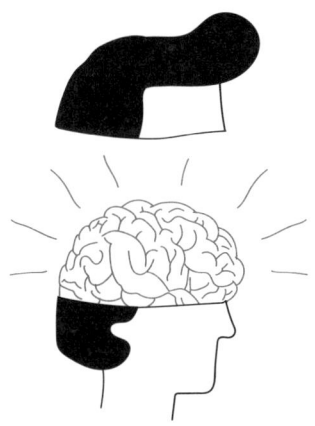

Kein Nutzen ohne Kosten

Auch das ist ein evolutionäres Prinzip: Weil Ressourcen immer limitiert sind und auch im Zusammenspiel der molekularen Mechanismen von Genen und Zellen nicht alles geht, stehen Optimierungen in bestimmten Funktionsbereichen immer in Konflikt mit der Leistungsfähigkeit in anderen Bereichen. So ging die „Vergeistigung" des Menschen und seine größere motorische Präzision mit einer Verringerung der Muskelkraft einher. Aber während Menschenaffen im Freiland kaum älter als 40 Jahre werden, leben ursprüngliche Jäger und Sammler oft länger als 80 Jahre. Diese Langlebigkeit entwickelte sich im Zusammenhang mit dem großen Gehirn und einem komplexen Sozialleben. Doch die Evolution des Menschen zum „Gehirntier" schlägt sich mit der Entwicklung zum zweibeinigen Laufjäger: Das große Gehirn beschert uns Babys mit einem durchschnittlichem Geburtsgewicht von 3,4 Kilogramm, während dieses bei Menschenaffen zwischen 1,5 und 2,2 liegt. Diese größeren Neugeborenen stehen in Konflikt mit der effizienten zweibeinigen Fortbewegung, die ein schmales Becken erfordert; für eine reibungslose Geburt sollte das Becken aber breit sein. Die heutige weibliche Beckenbreite ist ein Kompromiss aus beiden.

Man könnte sagen, dass eine männerbegünstigende Evolution Menschen zu Denkern und Jägern machte, der Preis dafür aber den Frauen aufgebürdet wurde:

Sie tragen die Hauptlast des Betreuungsaufwandes. Aber keine Bange, ungeschoren kamen die Männer nicht davon. Die innergeschlechtliche Konkurrenz und die Vorlieben der Frauen bei der Partnerwahl verpasste ihnen etwa ungesund hohe Spiegel an Testosteron. Das tut ihrer Physiologie nicht gut, macht sie im Vergleich zu den Frauen zu sozial weniger begabten Wesen und treibt sie über eine erhöhte Risikobereitschaft nach dem Motto „Live fast – die young" in einen früheren Tod.

Tatsächlich kommen junge Männer bis zu 26 Jahren bedeutend wahrscheinlicher ums Leben, als die jungen Frauen.

Und weltweit ist die Lebenserwartung der Männer um Jahre geringer als die der Frauen; das mag allen möglichen direkten Ursachen geschuldet sein – Alkohol, Geschlechterrollen, – der letztliche Grund dafür aber liegt in den männlichen Geschlechtshormonen. So betreffen die „Konstruktionsfehler" der Evolution, die ja immer auch die Kosten für Anpassung spiegeln, in unterschiedlicher Weise beide Geschlechter.

Unglaublich ähnlich – und doch so verschieden

Als Universalien bezeichnet man jene vielen Merkmale, die allen Menschen gemeinsam sind. Sie erlauben uns in typisch menschlicher Art zu kommunizieren, uns mit den Dingen der Welt in Beziehung zu setzen und menschentypische Gesellschaften zu bilden. Das Paradoxe daran: Diese Universalien machen uns nicht zu standardisierten Einheitswesen. Vielmehr sind sie Substrat für eine ungeheure Vielfalt: an Individuen, Lebensformen, Kulturen und Gesellschaften. Diese Universalien sind auch in der Art der Besiedelung der Erde erkennbar, einem Krimi, bei dessen Aufklärung die „ancient DNA" eine führende Rolle spielt. Und letztlich verursachen diese Universalien auch die aktuellen Traumata, die Menschen der Biosphäre und sich selbst zufügen.

Was Menschen gemeinsam ist

Das Korsett aus Mutation und Selektion ließ die Menschen über die Stammesgeschichte einander immer ähnlicher werden und weitgehend in ihren Genomen übereinstimmen – wie es sich für Angehörige einer biologischen Art gehört. Andererseits führen Anpassungen an die Gegebenheiten der vielen unterschiedlichen Lebensräume der Menschen auch zu entsprechenden genetischen Unterschieden. Natürlich zeigen Menschen innerartlich eine höhere genetische Übereinstimmung als etwa mit den Schimpansen. Zwei zufällig ausgewählte Menschen unterscheiden sich im Schnitt um vier Millionen Basenpaare. – Ein Faktum und gleichzeitig gefundenes Fressen für Ideologen: So lässt sich behaupten, Menschen würden sich zwar genetisch von den Menschenaffen, untereinander aber kaum unterscheiden. Diesen Standpunkt vertrat man in der Steinzeit der Humangenetik, also noch vor zehn Jahren. Genauso kann man heute aber begründet behaupten, dass sich Menschen untereinander genetisch relativ stark unterscheiden.

Dieser evolutionäre Mechanismus von Mutation und Selektion schuf jedoch auch das Potenzial für eine ungeheure individuelle und kulturelle Vielfalt, die wiederum auf die Evolution des Menschen rückwirkt. Darauf weist etwa die israelische Evolutionsbiologin Eva Jablonka hin.

Aber die Gemeinsamkeiten zwischen Menschen sind größer und bedeutender als die Unterschiede, auch wenn das viele Zeitgenossen nicht gerne so sehen.

Obwohl ein genauer Blick bedeutende genetische Unterschiede zwischen Menschen zeigt, teilen sie mit den „menschlichen Universalien" eine große Anzahl an „weichen" sozialen Merkmalen. Diese werden auch als „kulturelle Universalien" bezeichnet, denn es wird seltsamerweise immer noch debattiert, ob Sozialverhalten erlernt oder doch auf erbliche Komponenten zurückzuführen wäre. Wenig überraschend argumentiere ich für beides, wobei das Fundament in der genetisch-epigenetischen Erblichkeit liegt – die Fakten sprechen dafür.

Wie nähern uns dem Kern der menschlichen Natur, von dem der große Biologe Edward Wilson in seinem Buch „Die soziale Eroberung der Erde" meinte: „Vielleicht möchten die meisten Menschen einschließlich vieler Gelehrter die Natur des Menschen zumindest teilweise lieber im Dunkel halten. Sie ist das Ungeheuer im Fiebersumpf des öffentlichen Diskurses." Wilson bezieht sich darauf, dass sich Menschen eher als zivilisierte Geisteswesen und Lichtfiguren sehen denn als Jekyll-und-Hyde-Kreaturen, denen das Gute, aber auch das Böse systemisch eingeschrieben ist. Was davon zum Ausdruck kommt, bestimmen Entwicklung und Kontext. Unangenehmes blenden Menschen gerne aus; womit schon eine der vielen menschlichen Universalien skizziert wäre. 1945 listete der US-Anthropologe George Murdock 67 solcher Universalien auf. Donald Brown, ebenfalls US-Anthropologe, definierte sie 1991 als jene Merkmale der Kultur, Gesellschaft, Sprache, des Verhaltens und der Psyche, die alle Menschen teilen.

Viele Universalien sind allerdings nicht mit Alleinstellungsmerkmalen der Art *Homo sapiens* gleichzusetzen, denn sie zeigen sich auch bei anderen Arten. Zudem Vorsicht: Einige Universalien sind nicht in allen Gesellschaften gleich ausgebildet. Für Donald Brown, Steven Pinker und viele andere sind Universalien der Beleg für die mentalen Anpassungen des Zusammenlebens im Laufe der evolutionären Entwicklung.

Die Universalie, die uns in ernsten Fällen von Konkurrenz aggressiv reagieren lässt, ist stammesgeschichtlich uralt.

Andere sind nur wenige (hundert-)tausend Jahre alt: etwa die Veranlagung, differenziert sprechen zu lernen.

Instinktive, soziale und komplexe Universalien

Zu den von Murdock gelisteten Universalien zählen, alphabetisch gereiht: Aberglaube, altersabhängige Sozialfunktionen, Arbeitsteilung, Begräbnisriten, Besänftigung übernatürlicher Wesen, Bestrafen, Besuchen, Brautwerbung, Chirurgie, Eheschließung, Eigentumsrechte, Erbschaftsregeln, Erziehung, Eschatologie, Ethik, Ethnobotanik (Pharmazie), Etikette, Familienfeiern, Folklore, Gastfreundschaft, Geburtshilfe, Geistheilung, Gesetze, Gesten, Grußsitten, Haartracht, Handel, Hellseherei, Religionen, Hygiene, Inzesttabus, Kalender, Kochen, kooperative Arbeit, Körperschmuck, Kosmologie, Magie, Mahlzeiten, Medizin, Feuer, Organisation der Gemeinschaft, Personennamen, Regierung, religiöse Riten, Sauberkeitstraining, Schenken, Scherzen, Schmuck, Schwangerschaftsbräuche, Seelenbegriff, sexuelle und andere Tabus (Nahrungsmittel), Spiel, Sport, Sprache, Statusdifferenzierung, Tanz, Todesvorstellungen und Riten, Traumdeutung, Übergangsrituale, Verwandtenklans und -namen, Weben, Werkzeugherstellung, Wetterbeobachtung, Wochenbettfürsorge, Wohngesetze, Wohnstätten ...

– also nahezu alles, was Menschen ausmacht.

Die moderne Wissenschaft verlängert die Liste kontinuierlich. Ich würde außerdem Emotionen und ihren Ausdruck durch Körpersprache und Mimik ergänzen, ebenso menschliches Kommunikationsverhalten. Eine grundlegend „biologische" Universalie wäre auch die weltweit ähnliche, kulturunabhängige Variabilität der Persönlichkeitsmuster. Zu den Universalien zählen weiters die Mechanismen des Vermenschlichens und Mentalisierens, die dazu dienen, sich mit der Welt, anderen Tieren und der Natur in Beziehung zu setzen. Ebenso die typisch menschliche „Biophilie", also das besonders bei Kindern feststellbare instinktive Interesse an Tieren und Natur. Es liegt stammesgeschichtlich und im Gehirn nahe an den spirituellen Merkmalen: etwa dem Bedürfnis, sich zu „transzendieren", sich zu „vergeistigen", oder sich in etwas anderes zu verwandeln, beispielsweise Tiergestalt anzunehmen.

Die Veranlagung zum Erlernen einer menschlichen Symbolsprache kann *per se* als Universalie gelten, zudem stehen viele Universalien in enger Beziehung zur Sprache. Auch dass Sprache zumindest subjektive Realität erzeugt, ist eine Universalie: Aggressive Sprache erzeugt feindliche Einstellungen und bereitet so aggressives Handeln vor.

Seit es Menschen gibt, attackieren sie gelegentlich ihre Nachbarn und bereiten deren Tötung durch verbale Entmenschlichung vor.

Als menschliche Universalien „höherer Ordnung" können die regelhaften Parallelen in der Entstehung von Staatlichkeit in den unterschiedlichsten Gesellschaften gelten: von relativ egalitären Stammes- und Heldengesellschaften zu unterschiedlich absoluten Herrschaftssystemen, samt stets ähnlicher Verquickung mit Religionsausübung. Sie werden von einem immer gleichen, begrenzten Inventar an evolutionären Motiven getrieben.

Manche dieser „Universalien", etwa den Ausdruck der Emotionen oder die Anlage zum Spracherwerb, könnte man als Instinktverhalten abhandeln, als arttypisches menschliches Verhalten. In ihrem Fall ist eine ziemlich unmittelbare Beteiligung der Gene plausibel, etwa bei der menschentypischen Mimik zum Ausdruck von Emotionen. Für andere Merkmale, etwa Gastfreundschaft oder Hellseherei, ist der Nachweis einer direkten Genbeteiligung weniger gut möglich, ist doch der Weg vom Gen zum Verhalten – und erst recht zu sozialen Gepflogenheiten – weit. Gene kodieren für Proteine, deren Struktur wiederum ihre Funktion und Fähigkeit bestimmt, Strukturen höherer Ordnung – also Zellen und Gewebe – aufzubauen. Zudem entfaltet eine Mehrzahl von Genen „pleiotrope" Wirkungen, ihre Expression beeinflusst viele Merkmale gleichzeitig – was auch bedingt, dass die meisten Merkmale ihre Ausbildung der Aktivität vieler Gene schulden. Das erschwert den Nachweis eines genetischen Zusammenhangs komplexer sozialer Universalien, wie etwa der Gastfreundschaft, der beim Menschen über Zwillingsforschung geführt werden müsste. Zudem wird die Aktivität von Genen von den Interaktionen der Zellen, Gewebe und Organismen mit ihrer Umwelt beeinflusst, was zur epigenetischen „Vererbung erworbener Eigenschaften" über Generationen führen kann.

Mit einem Wort: Die Sache ist kompliziert. Edward Wilson argumentiert, dass es unwahrscheinlich sei, dass es das Spektrum menschlicher Universalien ohne biologische Erblichkeit gäbe, zumal die Gepflogenheiten sozialen Zusammenlebens auch anders ausgeprägt sein könnten. Trotz der oft beträchtlichen Variabilität der Universalien zwischen den Kulturen sind sie doch als solche erkennbar. Wilson brachte es auf den Punkt: „Die Natur des Menschen besteht in den ererbten Regelmäßigkeiten der *mentalen Entwicklung* (Kursivierung von mir), die für unsere Art typisch ist. Gemeint sind damit die „epigenetischen Regeln", die über einen langen Zeitraum der frühen Vorgeschichte durch die Wechselwirkung von genetischer und kultureller Evolution entstanden sind." –

Entwicklungsprogramme führen also zur Ausprägung von individuellem und Gruppenverhalten im Sinne der Universalien, nicht einfach deren genetische Programmierung.

Diese evolutionär vorgesehenen Fenster, durch welche die Umwelt Einfluss auf die Individualentwicklung nimmt, erklären die individuelle und kulturelle Flexibilität vieler Universalien – bei Unveränderlichkeit des Grundprinzips: Die Form variiert, das Thema bleibt erkennbar.

Menschliche Universalien beruhen also mehr oder weniger direkt auf „bio-psychologischen Mechanismen", schließen Instinktverhalten mit ein und reichen bis hin zu typisch kulturellen und geistigen Leistungen. Entlang dieses Kontinuums könnte man sämtliche Universalien in die Schubladen von Kategorien stecken, eine erste etwa mit der Aufschrift „Instinkte". Eine benachbarte Schublade wäre jene mit „sozialen Interaktionen zwischen Individuen". Sie enthielte die Universalien des Sich-in-Beziehung-Setzens, sozial und mit der Welt. Nicht weit wäre die Schublade „Regeln und Normen" zu finden sowie jene des „spirituellen und philosophischen Reflektierens". Aber Schubladen würden nicht reichen – man könnte Bibliotheken füllen. Ich werde in Folge bloß ein paar dieser Universalien exemplarisch herausgreifen, beginnend mit den Emotionen. Daran schließen sich die Muster der Persönlichkeit an, der Biophilie und des Vermenschlichens. Was wiederum recht direkt zum tiefgreifenden Wandel in den menschlichen Beziehungen und Gesellschaften mit dem Sesshaftwerden in der sogenannten „neolithischen Evolution" führt. Und zur regelhaften Entstehung von Staatlichkeit.

Lust auf ein wenig Stammesgeschichte? – Mentale Mechanismen

Als wir 2014 unser an der Konrad Lorenz Forschungsstelle in Grünau im Almtal stattfindendes „Biologicum" mit dem Generalthema „Biologie der Emotionen" begannen, sprang ein möglicher Sponsor ob des „esoterischen" Themas ab. Was für ein Missverständnis! Gefühle, ihre Funktionen und Stammesgeschichte sind wichtige Themen, will man verstehen, wie Menschen und andere Tiere ticken.

In unserer Technokratengesellschaft aber herrscht Verunsicherung, wenn es um Gefühle geht.

Das ist verständlich, sollten doch Politik und öffentliche Verwaltung rational betrieben werden. Politik, die sich stark an Gefühlen orientiert, nennt man bekanntlich Populismus. Die Zwickmühle besteht darin, dass es sich bei Emotionen – wenn nicht klar ist, ob es sich um bewusste Gefühlslagen handelt, besser „Affekte" genannt – um jene Antriebe handelt, mit denen Individuen aller Arten ihre evolutionären Strategien und Taktiken verfolgen. Um evolutionär zu funktionieren, dürfen diese nicht bewusst zugänglich sein: Sich vermehren und Kinder aufziehen ist zwar schön, objektiv betrachtet aber anstrengend und teuer. –

Ohne Gefühle als Verhaltensantrieb wären nicht nur die Menschen schon seit Langem ausgestorben …

Wenn wir wütend werden, etwa bei ungerechter Behandlung, kann eine gewisse Aggressionsbereitschaft, gepaart mit situationsangemessenem Handeln die gerechte Balance wiederherstellen. Unbeherrschte Aggression hingegen befördert Menschen ins soziale Out, füllt Frauenhäuser – und Gefängnisse (mit vorwiegend männlichen Insassen). Unkontrollierte Emotionen sind dem Fortkommen in Schule und Gesellschaft nicht förderlich. Balancierte Emotionalität, die auch in den sozialen Kontext passt, ist nicht nur die wichtigste Zutat für soziale Kompetenz, sie ist auch der Hauptfaktor für ein langes und gesundes Leben, wie der US-Psychologe James Coan herausfand. Emotionen können einerseits töten, andererseits charakterisieren sie ein gelingendes Leben. Gelegentliche Aufwallungen sind in Ordnung, solange die Grundstimmung passt. Soziale Kompatibilität entsteht im angemessenen Management der eigenen Gefühle. Emotionen nehmen jedoch auch einen direkten Einfluss auf Bewusstsein und Denken.

Menschen sind die wohl emotional komplexesten Wesen.

Das belegt ihre immense emotionale Bedürftigkeit das ganze Leben hindurch, vor allem aber an seinem Beginn. Babys können sterben oder schwere emotionale Schäden davontragen, wenn sie zwar „satt, sauber und trocken", aber ohne die von ihnen benötigte soziale Zuwendung aufgezogen werden. Ein weiterer Beleg ist unsere höchst komplexe Gesichtsmuskulatur, die kein anderes Tier derartig reichhaltig ausbildet. Ihre Hauptfunktion liegt im Ausdruck von Gefühlen. Dass Menschen Spitzenleister im Ausdruck ihrer Emotionen sind, ist ihrem komplexen Sozialleben geschuldet.

Die Komplexität des Gefühls- und Soziallebens scheint mit der bei Menschen wahrscheinlich stärker als bei allen anderen Tieren ausgeprägten Fähigkeit zusammenzuhängen, sich der eigenen Gefühle bewusst zu werden, weil man sie verbal benennen kann. Wein- oder Teeverkoster lernen komplexe Aromen durch das verbales Assoziieren zu unterscheiden. Analog dazu führt der wichtigste Weg heraus aus dem „emotionalen Analphabetentum" über das Verbalisieren der Gefühle.

Wenn Kinder frühzeitig lernen, sich ihrer Stimmungslagen bewusst zu werden, indem sie darüber sprechen, erwerben sie ein wichtiges mentales Werkzeug.

Es hilft ihnen später, zu sozial kompetenten Erwachsenen zu werden. Das mag auch für die letzten hunderttausend Jahre Menschheitsgeschichte gelten, in der die differenzierte Sprachfähigkeit entstand. Sehr wahrscheinlich, dass erst damit das emotionale Bewusstsein und die differenzierte Gesichtsmuskulatur ihren Feinschliff erhielten. – Und dass der moderne *Homo sapiens* erst in diesem Zusammenhang seine starken Überaugenwülste und Backenknochen verlor, die einer differenzierten Mimik im Weg gewesen wären.

Ob Menschen wollen oder nicht: Sie verraten beim Kommunizieren ihre Gestimmtheit durch Mimik und Körpersprache, die unwillkürlich damit einhergehen. Es gibt Tricks, dies zu verbergen, etwa das Dauerlächeln in ostasiatischen Kulturen oder im modernen Marketing. Im zwischenmenschlichen Umgang ein mehr oder weniger freundliches Pokerface zu wahren, ist aber schwierig – und auch nicht erstrebenswert, denn man will ja meist vom Gegenüber verstanden werden. Die Expertise gesunder, gut sozialisierter Menschen im Dekodieren von Mimik und Körpersprache beruht nur zum Teil auf bewussten Mechanismen. Großteils sorgt ein im Hintergrund mitlaufendes, unbewusstes Analysesystem für die stetige Einschätzung des Gegenübers.

Gehirn und Emotionssysteme lassen uns die Umwelt mehr oder weniger angenehm wahrnehmen. Es gibt keine Verarbeitung von Sinneseindrücken ohne affektive Bewertung. Angelegt wurde dies zu Beginn der Stammesgeschichte der Wirbeltiere. Diese brauchten Antriebssysteme für ihr Verhalten, die es ihnen erlaubten, ungünstigen Bedingungen auszuweichen und dort zu verweilen, wo es ihnen in Bezug auf Nahrung, Temperatur, Sauerstoff und Wasserqualität gut ging. Sehr früh entwickelten sich die entsprechenden Stress-Systeme, die uns heute noch begleiten, aber auch die Belohnungssysteme. Es ist zwar schwer vorstellbar, wie es sich für einen per Kiemendarm vor sich hin filternden Achsenstab-Wurm angefühlt haben muss, wohlig und zufrieden zu sein, doch entsprechende mentale Mechanismen müssen zumindest in Ansätzen vorhanden gewesen sein.

Es ist eine Grundregel für alle Tiere einschließlich Einzeller, unter förderlichen Bedingungen zu verweilen, sich unter ungünstigen Bedingungen aber wegzubewegen. Dafür braucht es Motivationssysteme. Die „negativen", also jene, die beim präkambrischen Wurm bis zum modernen Menschen Flucht und Vermeidung bewirken, sind in ihrer Bauart und Funktion mit uralten Stress-Systemen verbunden. Sie machen Körper und Geist aktionsbereit – auch wenn „Geist" für filternde Würmchen überzogen erscheinen mag ...

Die Emotionen der „höheren" Wirbeltiere

Aus diesem mentalen Annäherungs- und Vermeidungssystem differenzierte sich über die Stammesgeschichte das System der Emotionen der „höheren" Wirbeltiere aus, hier definiert als die Säugetiere und Vögel mit großem Gehirn. Spätestens seit es „echte" Kiefer gab, mussten Aufmerksamkeits- und Fluchtmechanismen verfeinert werden. Das Antriebssystem der Angst entstand, es dominiert noch heute menschliche Verhaltenssysteme in ungebührlichem Ausmaß. Mit der räuberischen Ernährung und der größeren Beweglichkeit wurde auch das Aggressionssystem auf- und ausgebaut: vorwiegend um sich gegen innerartliche Konkurrenten um Nahrung oder Geschlechtspartner durchzusetzen, aber auch zur Verteidigung gegen Fressfeinde.

Wenn Flucht nicht mehr möglich ist, ist Notwehr angesagt. Das fand sogar Eingang in die Strafgesetzgebung.

Schon im Erdaltertum entwickelte sich Gruppenleben als zentrale Strategie gegen Fressfeinde: Frühe strahlflossige Fische mit reichlich gepanzerten Körpern schwammen heringsartig im Schwarm und bildeten so eine Art Superorganismus mit viel mehr Augen und Sinnen als ein Einzeltier zur Verfügung hat. Zudem sinkt das Risiko des Individuums, bei einem Angriff erbeutet zu werden, linear mit steigender Gruppengröße. Es braucht daher ein starkes Antriebssystem, damit Individuen die Gruppe aufsuchen und dort verbleiben – etwa ein subjektives Unwohlsein bis hin zu Angst, wenn man alleine ist. Als Teil eines größeren Ganzen hingegen stellt sich ein positiv-ruhiges Gefühl ein. Es erhöht die Bereitschaft, in der Gruppe zu bleiben und sich mit ihr zu synchronisieren.

Liebe und die Sehnsucht nach den Eltern, dem Kind oder dem Partner und alle damit verbundenen komplexen Gefühle kamen erst mit der Intensivierung der Eltern-Nachkommen-Beziehung im späten Erdmittelalter in die Welt. Diese Entwicklung war eine Reaktion auf für die Jungen gefährliche Fressfeinde, aber auch auf mordlüsterne Artgenossen. So entstand bei Säugetieren und parallel bei manchen sozialen Vögeln ein <u>Bindungssystem</u>, das gewährleistet, dass <u>Elter/n</u> und Nachkommen zusammenbleiben. Es entwickelte sich aus einer mentalen Repräsentation des Bindungspartners sowie einer physiologischen Komponente um das Bindungshormon <u>Oxytocin</u>. Dasselbe System wird für monogame Bindungen genutzt, also wenn Partner zum Zweck des gemeinsamen Aufziehens von Nachwuchs zusammenbleiben sollen.

Die subjektive Entsprechung von Bindung wäre übrigens die zwischen Eltern und Kindern beziehungsweise zwischen Geschlechtspartnern empfundene Liebe.

Vermeidung und negative Gefühle sind also stammesgeschichtlich älter und wirkmächtiger als positive Gefühle. Kein Wunder, denn einmal zu zögerlich geflohen, bedeutet unter Umständen für immer tot. Vorsicht bis hin zu Feigheit sowie Angst in verträglichen Dosen kann auch für moderne Menschen gesund und lebensverlängernd sein, wie die vielen Fälle des „Darwin Awards" zeigen: Der wird posthum an Menschen vergeben, die aus Leichtsinn oder Dummheit ums Leben kamen.

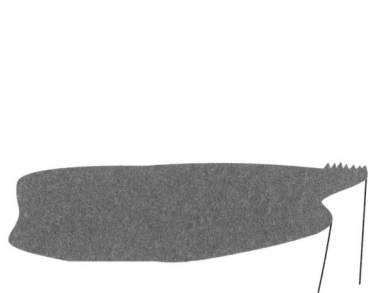

Vermeidung und Angst dominieren daher auch bei Menschen immer noch die Fähigkeit, stabile Glücksgefühle zu entwickeln. Auch deshalb ist es ratsam, sich frühzeitig der überlebenswichtigen Empfindungen von Dankbarkeit und Zufriedenheit bewusst zu werden, sie zu ermöglichen und zu trainieren. Vor allem durch ein angemessenes soziales Umfeld. Ein Blick auf die geistig-seelischen Probleme der modernen Menschen zeigt, dass Depressionen und Angststörungen häufig auftreten, während Glücksstörungen nahezu unbekannt sind. Menschen jagen permanent das Glück; das steht wohl maßgebend hinter konsumbezogenen und anderen Süchten wie dem Missbrauch von Alkohol und psychoaktiven Substanzen oder häufigem Partnerwechsel.

Die neoliberale Gesellschaft und Arbeitswelt bedient diese systemisch in den Menschen angelegte Unzufriedenheit.

Droht die fragile seelische Balance ins Negative zu kippen, wird Konsum als trügerische Glücksdroge angeboten. Das muss letztlich scheitern, weil die materielle Bedürfnisbefriedigung nur einen Teil des Menschseins ausmacht. Mit dem Verlust an geistiger Orientierung in der modernen Konsumgesellschaft geht auch eine zunehmende Psychologisierung der Gesellschaft einher – die Therapie- und Coachingindustrie boomt.

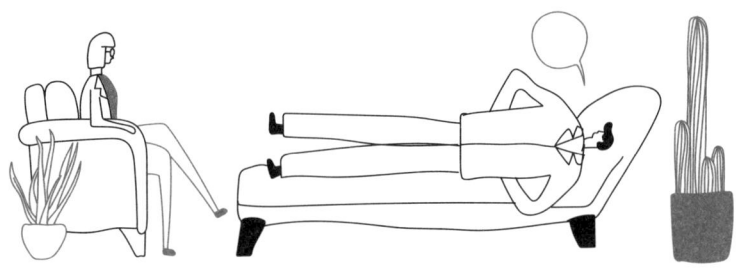

Aufgrund der stammesgeschichtlichen Verwandtschaft teilen Menschen ihre Grundemotionssysteme mit anderen Wirbeltieren. Wundert man sich also wieder einmal über die gute soziale Übereinstimmung mit Hund, Pferd, Wellensittich, einem sozialisierten Wolf oder gar einer Ratte, sollte man die weitgehend identische Konstruktion der Gefühlssysteme dieser Tiere bedenken. Sie mögen sich darin unterscheiden, wie sie die Welt sehen, wovor sie sich beispielsweise fürchten, aber wenn sie sich fürchten, laufen in ihren Gehirnen und ihrer Stressphysiologie identische Prozesse wie bei den Menschen ab. Ob Ratte, Mensch, Wolf, Pferd oder Wellensittich Furcht auch subjektiv ähnlich empfinden, werden wir allerdings nie mit Sicherheit wissen; wahrscheinlich ist es schon. Der US-Neuropsychologe Jaak Panksepp fand in den Gehirnen von Säugetieren und Vögeln bei der Verschaltung für die Grundemotionssysteme nahezu identische Funktionen mit ähnlicher Neurochemie. Dazu zählt er: 1. Appetenz – also ein System für das Interesse an den Dingen der Welt; 2. Aggression; 3. Furcht/Angst; 4. sexuelle Lust; 5. Fürsorge; 6. Liebe und Bindung; 7. Panik und Depression; 8. Spiel.

Was sich im Gehirn abspielt, spiegelt sich aber aus unterschiedlichen Gründen nicht 1 : 1 im Gesicht.

Dort werden bei Menschen aller Kulturen zumindest sechs Grundemotionen gezeigt: Freude, Traurigkeit, Ärger, Furcht, Überraschung und Ekel. – Klare Signale, die von sozialen Partnern nicht nur gelesen werden, sondern auch deren Gefühle und Verhalten beeinflussen. Zu ergänzen wäre etwa der Ausdruck für sexuelle Lust, es gibt eben auch in der Wissenschaft *political correctness*, besonders wenn sie aus den prüden USA kommt. Weiters als Grundemotionen hinzuzufügen wären noch die Mimik für Verachtung und Hochmut. – Ob es ein typisches Gesicht für komplexere Emotionen wie Eifersucht, Zuneigung, Liebe, Neid oder Schadenfreude gibt? Durch die höchst komplizierte menschliche Gesichtsmuskulatur können Mischemotionen ausgedrückt werden. Manche Emotionen werden auch nur angedeutet: in kurzen, versteckten „Microexpressions", die nur für Bruchteile von Sekunden gezeigt werden. Deren Clou ist, dass man sie ohne Training nicht bewusst dekodieren kann. Dennoch beeinflussen sie die unbewusste Wahrnehmung und Bewertung des Gegenübers.

Mit einigem Training, wie es etwa Schauspieler durchlaufen, können Emotionen bewusst und auch überzeugend gezeigt werden. Dass sich Neid oder Schadenfreude nicht sehr offensichtlich im Gesicht widerspiegeln, kann daran liegen, dass es weder für das Individuum noch für seine Gruppe besonders adaptiv wäre, diese sozial negativen Gefühle offen zu zeigen. Für die meisten Grundemotionen aber gab es einen entsprechenden Selektionsdruck, sie offen zu kommunizieren – das ist für Sender wie Empfänger vorteilhaft: Freude steckt an und verbindet, Traurigkeit kann soziale Unterstützung auslösen und Ärger zu Vorsicht führen sowie zu einer Verhaltensänderung, die den Anlass dafür beseitigt. Furcht wie Ekel informieren die Gruppe über etwas, das vermieden werden sollte. Überrascht zeigt man sich über Unerwartetes, was auch für andere wichtig sein könnte. Und das sexuelle Lustgesicht erregt den Partner beziehungsweise die Partnerin, synchronisiert die Aktivitäten und kann nicht nur die sexuelle Investition fördern, sondern auch die Bindung. Männer scheinen vom Orgasmus der Frau besessen zu sein, was gute Gründe haben muss. – Dazu später mehr.

Instinkte, Lernen und Abschauen

Weltweit und kulturunabhängig drücken Menschen Emotionen durch Mimik und Körpersprache aus, artspezifisch und ziemlich stereotyp.

Eigentlich trivial, dies als „Universalie" zu bezeichnen, weil es sich bei der Kommunikation von Emotionen um Instinktverhalten im klassischen Sinn handelt, dessen Prinzipien wir mit allen sozialen Tieren teilen. Irenäus Eibl-Eibesfeldt, der in Wien geborene Begründer der

Verhaltensforschung am Menschen, der Humanethologie, zeigte an taub und blind geborenen Kindern, dass sie Emotionen genauso ausdrücken wie Menschen mit intakten Sinnen – dass also nicht gelernt werden muss, wie man seine Gefühle kommuniziert. Menschen kommen mit dieser Fähigkeit zur Welt.

Man weiß heute aber, dass dies nicht gleichermaßen für das sensible Lesen der Emotionen von anderen und das Einfühlen in ein Gegenüber gilt: Im Gegensatz zum motorischen Ausdruck ist das Dekodieren emotionaler Ausdrücke nicht bloß „angeboren". Hier kommt viel Lernen dazu, verbunden mit jenem sozialen Interesse, mit dem Kinder ständig die Erwachsenen beobachten und im Spiel mit Gleichaltrigen ausprobieren, welche emotionalen und Verhaltensfolgen ihre Handlungen beim Gegenüber auslösen. Etwa wenn ein Dreijähriger einem anderen das Spielzeug wegnimmt. Auch unter Vermittlung von Erwachsenen müssen Kinder „prosoziales" Verhalten, das Zueinander-nett-Sein, erst lernen, verbunden mit der Erfahrung, dass Freundlichkeit nicht nur Ansehen bringt, sondern auch Hilfe und Unterstützung, wenn man sie selber braucht. Das kann ein Hinweis auf das stammesgeschichtlich späte Auftreten prosozialer Veranlagungen sein. Denn die Individualentwicklung bildet in groben Zügen die Stammesgeschichte ab. Artspezifische Instinkte benötigen also viel Sozialisierung.

Menschen haben ein Leben lang zu tun, ihre stammesgeschichtlich bedingten Anlagen – etwa die Emotionen – unter eine sozial angemessene Kontrolle zu bringen. – Auch eine Universalie, die in dieser Komplexität bei anderen Tieren nicht vorkommt.

Reflexartige mimische Reaktionen sind die Regel, nicht die Ausnahme. Begegnen einander zwei Bekannte, gehen mit dem ersten freundlichen Augenkontakt kurz die Augenbrauen hoch, egal ob in der Wiener Innenstadt oder in Papua-Neuguinea. Dieser „Brauengruß" und viele andere soziale Verhaltensweisen wurden von Eibl-Eibesfeldt in breit angelegten kulturvergleichenden Forschungen dokumentiert. Dazu besuchte er seit den 1970er Jahren Kulturen, die damals noch unabhängig voneinander existierten: kriegerische Yanomami-Waika-Indianer, Jäger und Sammler im südamerikanischen Regenwald des oberen Orinoco; die Himba, ursprüngliche Rinderhirten im südwestafrikanischen Namibia; die Biami- und Trobriand-Insulaner in Papua-Neuguinea; Leute in Bali als Vertreter einer alten Hochkultur und andere. Überall dokumentierte er über teils mehrere Generationen, wie diese Menschen im Alltag, bei Ritualen und in anderen Situationen miteinander umgingen.

Eibl-Eibesfeldt fand überwiegend Gemeinsamkeiten, auch in den kulturspezifischen Ausformungen. Dies mag uns heute nicht überraschen, lehrt uns doch das Leben im weltweiten Dorf, dass selbst Menschen unterschiedlichster Herkunft einander problemlos verstehen – wenn sie wollen; und sich allenfalls durch ideologisch motivierte Ablehnung davon abhalten lassen, einander zu verstehen. In den frühen 1970er Jahren war dies nicht selbstverständlich. Beeinflusst vom Behaviorismus, neigte der Mainstream der Psychologie und Sozialwissenschaft zu der Ansicht, Verhalten wäre weitgehend „erlernt", also umweltbedingt, Menschen daher nahezu beliebig form- und erziehbar. Das stand zwar im Widerspruch zu den ausgeprägten Parallelen im Umgang der Menschen unterschiedlicher Kulturen, war aber politisch wohlgelitten: einerseits in der Sowjetunion mit ihrer Doktrin vom „sozialistischen Menschen", andererseits in den USA, deren Verfassung auf der calvinistischen Doktrin beruht, dass jeder seines Glückes Schmied sei. Die Formbarkeitsideologien erreichten 1968 ihren Höhepunkt, als weltweit junge Leute gegen das Althergebrachte, gegen die alten Nazis an der Macht, oder einfach für ein freies, selbstbestimmtes Leben revoltierten. Das Konzept der Einschränkung durch Gene oder menschliche Universalien war vor diesem Hintergrund mega-out.

Als direkter Schüler von Konrad Lorenz trat Eibl-Eibesfeldt erfolgreich an, um die schräg-schöne Ideologie des Alles-ist-Möglich zugunsten eines realistischen, faktenbasierten Bildes vom Menschen zu korrigieren. Auf einem anderen Blatt steht, dass er seine wissenschaftlichen Ergebnisse in Büchern und bei öffentlichen Auftritten in politische Empfehlungen ummünzte. Und sich damit – gegen seinen Willen, aber nicht ohne sein Zutun – zum Liebling der Konservativen bis hin zu den extremen Rechten machte. Die stürzten sich darauf, indem sie etwa die Fremdenfeindlichkeit als „angeborene" menschliche Universalie verstanden, was ich hier noch zurechtrücken möchte. Eibl-Eibesfeldt als rechten Ideologen oder (pseudo-)wissenschaftlichen Vertreter ethnischer Abgrenzungspolitik hinzustellen, wäre aber eine höchst ungerechte Verzerrung. Es war ihm ein lebenslanges Anliegen, auf das Gemeinsame zwischen den Menschen und die Freundlichkeit als menschliches Leitprinzip hinzuweisen.

Die fünf Dimensionen der Persönlichkeit

Dass sich Menschen in ihren Persönlichkeiten in nicht zufälliger Weise unterscheiden, ist eine der im täglichen Leben wichtigsten bio-psychologisch fundierten Universalien. Kultur nimmt darauf kaum Einfluss. Eigentlich paradox:

Von einer Universalie würde man erwarten, dass sie sich bei allen Menschen in gleicher Weise zeigt und nicht, dass sie Menschen voneinander verschieden macht. Der Punkt aber ist, dass sich die Menschen voneinander in *regelhafter Weise* unterscheiden.

Nicht die Persönlichkeit selbst ist bei allen Menschen gleich, sondern vielmehr, wie sie zwischen Menschen variiert; darin, wie sie die Welt sehen und auf ihre Herausforderungen reagieren. Als menschliche Universalie steht Persönlichkeit damit nicht allein. Bislang verstand man darunter ein bei allen Menschen in bestimmten Situationen ähnlich auftretendes Merkmal. Heute wird immer klarer, dass es bei Universalien nicht nur um den Mittelwert, sondern vielmehr um die Variationsbreite geht – und darum, wie sie zustande kommt.

Individuelle Persönlichkeitsmerkmale verändern sich im Laufe des Lebens nicht allzu stark; sie zeigen sich in den unterschiedlichsten Situationen. Wer etwa von Kind an über ein „forsches" Naturell verfügt, nimmt Herausforderungen rasch und aktiv an, bildet Routinen, stellt sich aber nicht gerne um, profitiert außerdem von anderen und reagiert auf stressige Situationen eher mit der Erhöhung von Herzschlag und Blutdruck als mit starken Ausschüttungen des Stresshormons Kortisol. Am anderen Ende der Persönlichkeitsskala finden sich zurückhaltende Individuen. Sie überlegen lange, bevor sie aktiv werden, überdenken die Dinge und reagieren in herausfordernden Situationen eher mit einer längerfristigen Erhöhung von Kortisol statt mit Blutdruck- und Herzschlagraten. Dieses Kontinuum zwischen „forsch" und „zurückhaltend" wurde in ähnlicher Form bei allen untersuchten Tieren gefunden: von Spinnen und Insekten bis zu den Säugetieren.

Die individuelle Position auf der Skala forsch bis zurückhaltend ist prinzipiell einfach zu testen, indem man Individuen – gleich welcher Art – experimentell in unterschiedliche Situationen bringt und dabei ihr Verhalten analysiert. Die breite Anwendung dieser Methode der experimentellen Datenerhebung verbietet allerdings der damit verbundene Aufwand. Will man etwa Persönlichkeitsmuster in großen Populationen erforschen oder möchte ein Personalchef im Zuge des Auswahlverfahrens einen raschen Einblick in die Persönlichkeit eines Kandidaten oder einer Kandidatin gewinnen, braucht es praktikable Verfahren, die schnelle Ergebnisse bringen.

Weltweit durchgesetzt hat sich das von den US-Psychologen Robert R. McCrae und Paul Costa 1978 entwickelte „Fünf Faktoren Modell" (Five Factor Inventory; FFI). Dieses beruht auf den empirisch feststellbaren Eigenschaften von Menschen. Man sammelte erst Selbst- und Fremdzuordnungen zahlreicher Eigenschaften („nett", „aggressiv", „ruhig", „ordentlich", „kunstliebend", „pragmatisch" etc.), reduzierte dann durch statistische Methoden die Datenmenge und stieß auf fünf Hauptfaktoren, die unabhängig von der jeweiligen Kultur in allen menschlichen Populationen zu finden sind. Auf ihnen beruhen moderne Testverfahren, mit denen man in einer halben Stunde die Persönlichkeit jedes einzelnen Menschen zuverlässig erheben kann.

Diese fünf Dimensionen von Persönlichkeit sind: emotionale Stabilität, Extraversion, soziale Verträglichkeit, Offenheit und Sorgfalt.

Die „Big Five" können daher als menschliche Universalie gelten. Für die Gültigkeit des Systems ist es unerheblich, ob man eher die Macht der Gene oder des Lernens beziehungsweise der sozialen Prozesse für seine Erklärung heranzieht. Die Kulturunabhängigkeit der Big Five weist aber auf ihre genetische Basis hin.

Die meisten Menschen liegen auf jeder der fünf Dimensionen irgendwo zwischen „sehr" und „gar nicht", und zwar ziemlich unabhängig davon, wo man auf den anderen Dimensionen zu liegen kommt. Ein Individuum kann also leidlich emotional stabil, ziemlich extrovertiert, sozial eher unverträglich, sehr offen, aber eher schlampig sein. Bei jeder Person zeigen sich andere Kombinationen dieser Wesensmerkmale. Völlig frei voneinander variieren die fünf Dimensionen allerdings nicht. In unseren Untersuchungen fanden wir immer wieder, dass geringere emotionale Stabilität mit eher weniger sozialer Verträglichkeit und nicht allzu ausgeprägter Sorgfalt zusammenhängen; einzig Offenheit variierte zwischen den Testpersonen gänzlich unabhängig. Die Position von jedem von uns entlang dieser Dimensionen bleibt – so keine Persönlichkeitsstörung vorliegt – über längere Zeit einigermaßen stabil, verändert sich aber regelhaft übers Leben. Bei Personen zwischen 30 und 60 Jahren sind die fünf Persönlichkeitsdimensionen am stabilsten. In jungen Jahren und ab 60 variieren sie stärker. Das steht womöglich im Dienst der Anpassung junger Leute an ihren Platz in der Gesellschaft und im Leben, bei den Älteren an wieder andere soziale Rollen und Funktionen. Generell sinken emotionale Stabilität und Offenheit mit zunehmendem Alter, soziale Verträglichkeit und Sorgfalt nehmen dagegen zu. Großeltern benötigen eben eine andere Persönlichkeitsstruktur als Leute in der Rushhour ihres Lebens.

Kein menschliches Alleinstellungsmerkmal

Die bio-psychologische Natur der „Big Five" wird auch durch die Gesetzmäßigkeit ihrer Individualentwicklung unterstrichen. So ergaben

Studien mit ein- und zweieiigen Zwillingspaaren eine erhebliche genetische Erblichkeit der fünf Dimensionen zwischen 20 und 40 Prozent. Die Ausformung von Persönlichkeitsmerkmalen, etwa das forsche Zugehen auf Herausforderungen, hängt außerdem wesentlich von den Hormonen im Umfeld des sich entwickelnden Embryos ab. – Dass die „Big Five" auf der sprachlichen Zuordnung von menschlichen Merkmalen beruhen, bedeutet aber nicht, dass sie damit ein Alleinstellungsmerkmal der Art *Homo sapiens* wären. Wahrscheinlich teilen wir die grundlegenden Strukturen der Persönlichkeit und die Gesetzmäßigkeiten ihrer individuellen Entwicklung mit vielen anderen Tieren. Dies ist aber kaum nachzuweisen, da Fragebögen bei Tieren nicht eingesetzt werden können und es auch aus anderen Gründen zweifelhaft bleibt, menschliche Eigenschaften 1 : 1 auf andere Tiere zu übertragen. Daher misst man gewöhnlich die Verhaltens- und auch hormonellen Reaktionen von Tieren, aber auch Menschen in bestimmten experimentellen Situationen. Daraus ergibt sich ein recht objektives Bild von der Variation der Persönlichkeit bei unterschiedlichen Arten.

Biophilie, oder: Die Geschichte einer gescheiterten Emanzipation

Seit es moderne Menschen gibt, leben sie in Beziehung zu Tieren. Das tun aber alle Tiere mit anderen Arten in vielfältiger Weise: Man konkurriert um Nahrung, muss sich vor den anderen in Acht nehmen, um nicht selbst zur Nahrung zu werden, oder arbeitet irgendwie zusammen. Afrikanische Wildhunde konkurrieren mit Hyänen, Löwen und weiteren Arten um Beute. So nehmen die Hyänen und Löwen den Wildhunden gern die Beute ab; bequem, wenn man nicht selbst jagen muss. Und wenn die Hunde nicht aufpassen, werden sie selbst zur Beute der Löwen. Gemischte Trupps unterschiedlicher Vogelarten praktizieren Arbeitsteilung: Jene am Boden stöbern und jagen Insekten auf; davon profitieren die im Gebüsch sitzenden, die wiederum Warnlaute ausstoßen, wenn sich ein Beutegreifer anpirscht, den die am Boden Stöbernden nicht wahrnehmen würden.

Noch heute und in alle Zukunft sind Menschen mit anderen Arten ökologisch vernetzt, etwa über die landwirtschaftliche Nutzung bis hin zur Ausbeutung von Pflanzen und Tieren. Anders ökologisch vernetzt waren unsere Vorfahren als Jäger und Sammler sowie später als sesshafte Bauern. Mit der Verstädterung änderte sich dies: Als vor etwa 42 000 Jahren die ersten *Homo sapiens*-Menschen aus Afrika kommend Europa und Zentralasien erreichten, fanden sie Wald- und Steppengebiete mit einer Vielzahl von Beutetieren vor: Bisons, Auerochsen, Hirsche, Rentiere, Pferde, bis hin zu Wollnashörnern und Mammuten. Diese Fülle ernährte eine große Gilde von Beutegreifern, einschließlich Hyänen, Löwen, Bären, Vielfraßen, Wölfen. Menschen waren zu schwach, nicht besonders gut mit Zähnen, Klauen oder Fluchtbeinen ausgestattet, um unbewaffnet erfolgreich jagen zu können. Aber sie verfügten über Werkzeuge, die sie anderen Tieren überlegen machten, letztlich über Gehirne, sowie ihre soziale Organisation. Es war eine Überlebensfrage, dass Menschen hervorragende und einfühlende Beobachter ihrer Beute wurden.

Mit der Sprache kam der Durst nach Erklärung, Wissen und Sinn. Man konnte sich darüber austauschen, woher man kam, wohin man ging. Aber mit dem faktisch Wahrnehmbaren begnügte man sich nicht: Der menschliche Geist übersteuerte ins Spirituelle.

Unseren Jäger-und-Sammler-Vorfahren nützte ihre Spiritualität zur eigenen Verortung und zum Überleben. Schöpfungsmythen entstanden, mit dem Tod als finalem Fixpunkt.

Die Unterscheidung zwischen dem materiellen und dem Spirituellen entwickelte sich erst wieder in der Neuzeit. Als Universalie der altsteinzeitlichen Menschen (sowie heute jede Menge moderner Menschen) glaubten sie an die Beseeltheit, nicht nur ihrer selbst, sondern der gesamten Natur. Sie glaubten an die Beseeltheit der anderen Tiere, an Seelenverwandtschaften, an die konkrete Möglichkeit, sich in andere Wesen zu verwandeln, von anderen Tieren abzustammen oder ihnen die Seelen der Toten auf dem Weg ins Geisterreich anvertrauen zu können. Menschen projizieren ihr Selbst in andere Tiere, interpretieren sie als fühlende, denkende Wesen – mit für Menschen guten oder bösen Absichten. Über diese mentalen Mechanismen des In-Beziehung-Setzens verfügen Menschen auch heute noch und sie verwenden sie in ihrer typischen Art des „Vermenschlichens". Auch das ist eine biopsychologische Universalie, von der noch zu berichten sein wird.

Tiere als Spiegel und Modelle, um Erkenntnisse über uns selbst zu gewinnen, spielen auch in der modernen, biologisch ausgerichteten „Anthrozoologie" und in den Kulturwissenschaften als „human-animal studies" eine Rolle. Das private „pet keeping", also die weltweite kulturunabhängige Gepflogenheit, mit Kumpantieren zu leben, ersetzt heute weitgehend die spirituelle Beziehung zu Tieren. Parallel dazu „emanzipierte" die abendländische Philosophie der letzten 2 000 Jahre die Menschen von Tieren und Natur. In der Evolution der Religionen wurden Tieridole und Hybridgötter durch menschliche Projektionen von Gottheiten ersetzt wie bei den alten Griechen und Germanen, schließlich in den Buchreligionen, durch den Einen und Einzigen.

Lebten die Jäger und Sammler mit den sie umgebenden Tieren noch einigermaßen auf Augenhöhe, wandelte sich Tiere mit ihrer Domestikation und Mutation von spirituellen Wesen zu Nutztieren die Beziehung in ein paternalistisches Verhältnis. Der gute Hirte schützt seine Schafe vor dem bösen Wolf und weiß, was für sie gut ist, aber er betrachtet sie nicht mehr als seinesgleichen. Am Ende dieser Entwicklung steht jener Fleischproduzent, der früher Bauer hieß, und seinen intensiv gehaltenen Tieren keine Namen mehr gibt. Schon aus Selbstschutz sieht er sie nicht mehr als jene denkenden und fühlenden Wesen, die sie auch nach den Ergebnissen der modernen Verhaltensbiologie sind. Moderne Gesellschaften manövrierten sich damit in eine schizophrene Situation, gekennzeichnet einerseits durch die radikale Verdinglichung von Tieren, andererseits durch die zunehmende, vor allem soziale Abhängigkeit der Menschen von ihren Kumpantieren. Der Wunsch, mit solchen auf den ersten Blick „nutzlosen" Tieren zu leben, ist heute stärker denn je. Es handelt sich dabei offenbar um ein grundlegendes menschliches Bedürfnis, verortet im Universalienkomplex der menschlichen Biophilie.

Der Psychoanalytiker Erich Fromm prägte 1964 diesen Begriff, der für die Liebe der Menschen zum Lebendigen steht. Davon unabhängig verwendet ihn der Biologe Edward Wilson für das fast instinktive Bedürfnis von Menschen, sich mit der Natur und anderen Lebewesen in Beziehung zu setzen. In seinem schmalen, höchst lesenswerten Büchlein „Biophilia" (1984) führt Wilson diese Universalie auf das große Gehirn der Menschen zurück und auf ihre forscherische Neugierde, die ihnen ermöglicht, ökologisch-kulturelle Flexibilität zu entwickeln, um eine Fülle von Lebensräumen dauerhaft zu besiedeln. Dies habe – auf Basis der Sprachfähigkeit – zur biopsychologischen Sonderkonstruktion des biophilen Menschen geführt. Eine nette Hypothese, aber ist sie testbar? Denn das muss sie sein, um wissenschaftlich zu bestehen und damit als Mosaiksteinchen zu einem objektiven Bild der menschlichen Natur beizutragen.

Wo wir uns wohlfühlen – und warum

Biophilie als evolutionäre, bio-psychologische Realität experimentell zu testen, ist kaum möglich; sie wird aber von starken Indizien gestützt. Was die Liebe zur Natur betrifft, zeigt sich eine Universalität in den Vorstellungen der Menschen von den Eigenschaften eines lebenswerten Ortes. Forschungen zur „evolutionären Ästhetik" zeigen, dass

alle Menschen Lebensräume bevorzugen, die in etwa der Feng-Shui-Ästhetik entsprechen: parkartige Landschaften mit viel Grün, Baumgruppen, Wasserflächen, Hügel und freie Fernsicht.

Was Menschen hingegen weniger mögen, sind geschlossene Wälder oder unstrukturierte Einöde. Reich und Schön wohnt in parkartig-lebenswerten Landschaften. Ich bin zwar weder–noch, aber vom Schreibtisch meines Arbeitszimmers überblicke ich den Wintergarten und den Garten mit Pflanzen und einem Teich, offene Felder und Baumgruppen. Ich sehe viel strukturierte Umgebung aus der behaglichen Geborgenheit des Arbeitszimmers. Kein Zufall, dass sich Mensch hier wohlfühlt.

Und wo machen unsere Zeitgenossen Urlaub? – Mal geht es nach New York, mal nach Rom oder Wien; Bildungsurlaub könnte man das nennen, Neugierde auf die Kultur anderer Menschen. Erholungsurlaub jedoch findet überwiegend in Naturlandschaften statt. Manche geben sich gelegentlich der Einsamkeit der Berge, dem unendlich weiten Horizont der Wüsten und Meere hin. Letzteres oft auf einem Kreuzfahrtschiff, einem luxuriösen Plattenbau, wo sich 5 000 Menschen für gutes Geld zusammenpferchen lassen. Dass die vormals schönsten Meeresküsten zubetoniert wurden, bemerken der Urlauber und die Urlauberin kaum, wenn sie vom Strand Richtung Meer blicken. Zur Biophilie und zur evolutionären Ästhetik gehört es offenbar nicht unbedingt, sich der Natur alleine auszuliefern oder sie zu schützen.

Diese evolutionäre Ästhetik steht im Einklang mit der Biophilie-Hypothese. Einen wesentlich überzeugenderen Beleg dafür liefern aber die Interessen von Säuglingen.

Dass sich Kinder extrem für Tiere interessieren, ist so allgegenwärtig, dass man kaum darüber nachdenkt.

– Ein Besuch in der Kinderabteilung jeder Buchhandlung lässt den Verdacht aufkommen, der große deutsche Biologe des 19. Jahrhunderts, Ernst Haeckel, habe doch recht mit seiner Vermutung, dass die Individualentwicklung in groben Zügen die stammesgeschichtliche Entwicklung wiederholt. Es gibt nämlich kaum tierfreie Bücher für Kleinkinder, die gibt es in der Regel erst für ältere Kinder. Darin könnte man eine Wiederholung der regelhaften „Emanzipation" von Tier und Natur in der Individualentwicklung erkennen, die parallel zur Geistesentwicklung der Menschen in den letzten Jahrtausenden läuft.

Tatsächlich bildet der Büchermarkt damit die regelhafte Entwicklung der mentalen Repräsentationen von Tieren vom Kleinkind bis zum Erwachsenen ab, den Wandel der Vorstellungen von Kindern während ihres Heranwachsens. Wie der US-Sozioökologe Stephen R. Kellert und die US-Psychologin Judy DeLoache zeigten, geht es von einer sehr unmittelbar-emotionalen Tierbeziehung bei Kleinkindern zu einer mit rationalen Konzepten durchwobenen Beziehung bei den Jugendlichen. Verblüffend sind vor allem die Ergebnisse von DeLoache. Sie wollte wissen, mit welchen Vorstellungen Kinder zur Welt kommen, und zeigte wenige Monate alten Säuglingen unterschiedliche Bilder und Objekte. Die längsten Aufmerksamkeitsspannen erzielte sie mit Tieren. Meist sind auch die ersten interpretierbaren Laute der über Einjährigen tierbezogen.

„Miau" oder „Wauwau" stehen als erste Worte in starker Konkurrenz mit „Mama" und „Papa".

Diese auffällige frühkindliche Tier-Orientierung kann als starker Beleg für die menschliche Biophilie und bemerkenswertes Beispiel der Wiederholung von Stammesgeschichte in der Individualentwicklung gelten. Kinder zeigen damit aber auch, was sie für eine optimale Entwicklung benötigen. Der wichtigste Faktor bleibt die verlässliche Betreuung in den ersten Lebensjahren, aber als weitere bedeutsame Bedingung für eine optimale Entwicklung gilt heute ein Aufwachsen in regelmäßigem Kontakt mit Tieren und der Natur. So sammelte Richard Louv Hinweise darauf, dass Kinder, die nur mit menschlichen Artefakten aufwachsen, ein von ihm so genanntes „Nature Deficit Syndrome" entwickeln, das sich im Wesentlichen in mangelhaft ausgebildeten „Exekutiven Funktionen" zeigt: in Problemen mit der Impulskontrolle, dem Verfolgen von Plänen oder mit der situationsbezogenen Flexibilität im Handeln. Tatsächlich ergab eine neue Studie von Kristine Engemann und Kollegen von der Universitär Aarhus (Dänemark) auf Basis lebensgeschichtlicher Daten einer Million Leute, dass Kinder, die umgeben von viel Grün aufwachsen, als Erwachsene viel weniger an psychischen Störung erkranken als Kinder urbaner Gegenden mit wenig Grün.

Jedenfalls legen neuere Forschungen zur Mensch-Tier-Beziehung nahe, dass Menschen an ein Leben mit Tieren angepasst sind. Seltsam eigentlich, dass die Haltung von Kumpantieren mit der Verstädterung der Welt nicht zurückgeht, sondern sogar ansteigt. Verständlich, denn die Beziehungen zu Kumpantieren sind „essenzialisiert", sie stehen im Einklang mit menschlichen sozialen Grundbedürfnissen und sind nahezu frei von jenen kulturellen Aspekten, die das Zusammenleben mit Menschen so oft verkomplizieren. Meine Hündin stört sich weder an meiner Schlamperei, noch an meinen politischen Ansichten oder unangemessener Kleidung.

Kumpantiere befriedigen in hohem Ausmaß das menschliche Bedürfnis nach dem Geben und Empfangen von Zuwendung; zudem überlassen sie uns dabei gewöhnlich die Regulation von Nähe und Distanz.

Man könnte meinen, dass Landleben und Tiere zusammengehören – aber was haben Tiere als Gefährten der Menschen in der Stadt verloren? Es mehren sich die Belege, dass ein Leben in Tierbeziehung mehr ist als atavistische Spinnerei, und Befindlichkeit und Gesundheit fördern kann. So etwa suchen dem australischen Gesundheitsökonomen Bruce Heady zufolge Leute mit Hund in Deutschland, China oder Australien zu 10 bis 18 Prozent weniger oft ärztliche Hilfe als vergleichbare Menschen ohne Hund. Tierassistenz bewährt sich heute in vielen pädagogischen Settings und verschiedenen Therapien; alte Menschen mit Hund bleiben länger selbstständig und sind gut gegen die gefährliche Altersdepression gewappnet. Tiere, insbesondere Hunde, sind aber kein bloßer Ersatz für soziale Kontakte mit Menschen, im Gegenteil: Hunde können „soziale Schmiermittel" sein, indem sie die Kontakte zwischen Menschen verbessern, für mehr und bessere Kommunikation, ein gutes soziales Klima in Familien, Schulklassen und Wohngruppen für sozial schwierige Jugendliche sorgen, so die Ergebnisse unserer eigenen Forschung. Ein Aufwachsen in gutem sozialem

Kontakt zu Tieren fördert die körperliche, geistige, emotionale und soziale Entwicklung von Kindern; Tiere unterstützen darüber hinaus bei traumatischen Erlebnissen, etwa der Scheidung der Eltern. Mit einem Wort: Sie helfen Kindern, sozial kompetente und mental resiliente Erwachsene zu werden.

All das legt nahe, dass Menschen von Natur aus biophil sind.

Ohne Tierbeziehung scheinen sie nicht ganz vollständig. Tatsächlich unterstützt die Datenlage die Forderung nach einem Grundrecht von Menschen, mit Tieren zu leben. Je nach Einstellung und Erfahrung mag sich nun innere Zustimmung, Widerstand, blanke Ablehnung oder auch Empathie gegenüber jenen Tieren regen, die offenbar bloß dazu da sind, menschliche Bedürfnisse zu erfüllen. Die Haltung von Kumpantieren führt natürlich zu der Frage, wie es den Tieren damit geht. Tatsächlich wird der biophile Zugang zu Tieren diesen nicht zwangsläufig gerecht. Ein angemessenes Leben mit Tieren verlangt daher immer auch das Wissen über deren Bedürfnissse und ihre Akzeptanz als Partner. In einer guten Mensch-Tierbeziehung profitieren in der Regel beide Partner.

Tiere widerspiegelten immer schon die Befindlichkeiten der Menschen, was in den Fabeln zur Kunstform stilisiert wurde. Hase und Igel werden hier nicht als biologische Art dargestellt, sondern als Menschendarsteller. Und die kleine Raupe Nimmersatt im Bilderbuch folgt vom Ei zur Puppe zwar dem Lebensweg eines Insekts mit holometabolem Lebenszyklus, aber der Kern der Geschichte liegt woanders: Die Raupe vertilgt Unmengen an Nahrung, und vermittelt als Moral von der Geschicht' die maßvolle Nahrungsaufnahme.

Nicht nur in Kinderbüchern spielen Tiere sehr menschliche Rollen. – Eigenartig, könnten diese doch von Menschen selbst übernommen werden. Das scheint für Kinder aber weniger interessant zu sein. Und

Erwachsene vertragen Lehrreiches offenbar besser, wenn sie nicht direkt als Menschen angesprochen werden. „Brehms Tierleben" mit den teils stark vermenschlichenden Tierdarstellungen war bis zur Mitte des 20. Jahrhunderts wohl auch deshalb so erfolgreich, weil Alfred Brehm Tiere in literarischer Form und im Licht einer deutlich nationalistischen Ideologie interpretierte. Die typisch menschliche Biophilie hat viel mit dem Vermenschlichen von Tieren und Natur zu tun – einer weiteren bio-psychologischen Universalie.

Vermenschlichen: In Beziehung setzen, aneignen

Es kann einem schon die Zehennägel kräuseln, wenn die liebe Tante mit Cäsar, ihrer Bestie von einem Schoßhündchen am Arm, das Backhendl teilt und dabei nicht müde wird zu schwadronieren, wie lieb, gescheit und sensibel er sei; und dass er völlig zu Recht die verzogenen Nachbarskinder hasse. Wir stimmen lebhaft in dieses Loblied ein, wollen wir doch nicht zu Cäsars Gunsten enterbt werden. – Hemmungslos vermenschlicht die Tante das gute Tier.

Aber die Tante ist kein Alien, sondern ein ganz normaler Mensch: Vermenschlichung ist Teil der bio-psychologischen Konstruktionsmerkmale der Menschen.

Die Leute gehen mit ihren Hunden und Katzen wie selbstverständlich als fühlende und denkende Wesen, wie mit ihresgleichen um. Sie schätzen Habichte und Wölfe als „edle" Repräsentanten einer untergehenden Wildnis oder hassen sie als Räuber ihrer Hühner und Schafe – je nachdem. Und ähnlich wie unsere Vorfahren Berge und Seen beseelten, vermenschlichen wir die Gegenstände unseres Alltags. Manche geben ihren Autos Namen und waschen sie liebevoll am Samstagvormittag; und wer hat sich nicht schon über seinen Computer, sein Smartphone oder ein ähnlich kluges Elektronikmonstrum geärgert?

Im Verlauf der Jahrtausende wurden sogar die Götter vermenschlicht. Vom Tier-Hybridwesen ging es über die Intrigantenstadel der griechischen und germanischen Olympe zum Einen und Einzigen, der dann seinerseits die Gnade hatte, uns nach seinem Ebenbild zu schaffen. Bilderverbote in vielen Religionen bekämpften die blasphemische Anmutung wissen zu wollen, wie Gott aussieht und wie er tickt. Mit wenigen Ausnahmen waren solche Verbote aber in den volkstümlichen Gebrauchsversionen der Religion nicht erfolgreich. Sogar der in seinem Kern philosophisch-abstrakte Buddhismus integriert in seinen Versionen als Volksreligion eine Fülle von sehr menschlichen Göttern und Dämonen, der Hinduismus sowieso.

Menschen wollen – müssen – sich ein Bild dieser Welt machen: von Tieren, den Gegenständen ihres Gebrauchs – und sogar von den Göttern.

Vermenschlichen wird gerne als ärgerliches Hemmnis für Objektivität abgetan, obwohl – oder gerade weil – dies ein typisch menschlicher Mechanismus zu sein scheint. Durch Namensgebung werden Dinge und Wesen in die persönliche Sphäre integriert. Es liegt ja bereits in der Natur der menschlichen Symbolsprache, dass sie aus Begriffen für die Wesen und Dinge der Welt besteht. Allein durch die Universalie der Sprache sind Menschen dazu gezwungen, alles zu benennen und sich damit anzueignen, was für sie wahrnehmbar und relevant ist. Mehr noch: Sprache erzwingt geradezu die Einordnung des Wahrnehmbaren und des Vorstellbaren in Kategorien und Konzepte. Als menschliche Universalie und Alleinstellungsmerkmal ist sie Bedingung und Vehikel für die konsequente Vermenschlichung unserer Umwelt.

Unser soziales Gehirn

Folgt man evolutionsbiologischen Konzepten, entwickelte sich Sprache als Instrument im Zusammenhang mit einem zunehmend komplexen Sozialleben. So die „Social Brain Hypothese" des englischen

Primatologen Robin Dunbar. Bei der Suche nach wissenschaftlicher Evidenz für die mentalen Werkzeuge, auf denen das Vermenschlichen beruht, wurde man vor allem bei den sozialen Mechanismen im Gehirn fündig. Wir begegnen anderen Menschen mit einem Gemisch aus Neugierde und Vorsicht. Unser Gegenüber beurteilen wir aufgrund von mentalen Repräsentationen, die wir auf der Basis von evolutionärer und individueller Erfahrung angelegt haben. Diese bringen wir durch die Erfahrungen aus der aktuellen Begegnung auf den neuesten Stand. Dabei werden in das Gegenüber Emotionen und Absichten projiziert – und man nimmt wahr, wie sich die Begegnung anfühlt. Bevor das rationale Denken noch mitreden kann, wird auf affektiver Ebene eine Entscheidung getroffen, ob man mit diesem Gegenüber weiter zu tun haben will oder nicht. Dieselben, als soziale Werkzeuge entwickelten Mechanismen werden eingesetzt, um die Wesen und Gegenstände der Welt zu beurteilen.

Vermenschlichen ist letztlich ein soziales In-Beziehung-Setzen und Sich-Aneignen.

Dabei kommen implizite (unbewusste) und explizite (bewusste) kognitive Mechanismen zum Einsatz. Die impliziten Mechanismen sind altes evolutionäres Erbe, werden aber durch Erfahrung beeinflusst; sie arbeiten rasch, erfordern wenig Anstrengung, spezifisch für bestimmte Arten von Information und stehen nicht unter bewusster Kontrolle. Diese Mechanismen teilen Menschen mit vielen anderen Tieren, denn sie sind früh in der Stammesgeschichte entstanden und daher schon bei Kleinkindern ausgebildet. Zu dieser Grundausstattung zwecks Interaktion mit der Umwelt zählt ein Detektionsmechanismus, der Lebendiges von allem anderen unterscheidet: der sogenannte „Agency Detector". Ein weiterer komplexer Mechanismus vermittelt durch ein System von Spiegelneuronen eine gewisse Grundübereinstimmung mit dem sozialen Umfeld, erzeugt Resonanz durch „emotionale Ansteckung". Durch solche Stimmungsübertragung kommt es zum Gleichklang in der Befindlichkeit und im Verhalten einer Gruppe. Darunter fällt auch das Mitfühlen, etwa wenn man beobachtet, wie sich ein Gruppenmitglied verletzt. Das kann mit einem reflexartigen Versuch gekoppelt sein, Hilfe zu leisten.

Im Gegensatz zu diesen unbewussten Mechanismen arbeitet das bewusste Denken wesentlich langsamer, auch weil es stammesgeschichtlich jüngere Teile des Gehirns nutzt und daher gehirnintern auch später befasst wird. Denken ist anstrengend und wird durch die im zugänglichen Arbeitsgedächtnis verfügbaren Informationen limitiert. Diese machen aber nur einen Bruchteil des tatsächlich Gespeicherten aus, ihre Zugänglichkeit ändert sich durch Lernen und Vergessen ständig. Bekannt ist die menschliche Universalie der selektiven Erinnerung: Unangenehmes wird vergessen, was zu einer Verklärung der Vergangenheit führt und die Objektivität von Augenzeugenberichten relativiert.

Was gelernt werden kann und welche Erfahrungen in die Entscheidungsfindung eingehen, hängt zudem von den erblichen Lerndispositionen ab, die Konrad Lorenz als „angeborenen Schulmeister" zusammenfasst, der Verhaltensbiologe Peter Marler als „Instinct to Learn". Demnach sind explizite Mechanismen stark durch die individuelle Erfahrung beeinflussbar, die aber wiederum entlang evolutionär präformierter Strukturen gemacht wird. Der Vorteil der expliziten Mechanismen liegt darin, auf Abwägen beruhende – also „rationale" – Entscheidungen treffen zu können. De facto allerdings hängt jegliche Entscheidungsfindung immer von instinktiven Komponenten und der affektiven Bewertung einer Situation ab. Das Unbewusste redet immer mit.

Selbst die rationalsten Entscheidungen beinhalten „irrationale" Komponenten, wie das Verhalten von Menschen in Wirtschaft und Politik täglich zeigt.

Während die unbewussten Mechanismen vor allem in den „tieferen", älteren Teilen des Gehirns verortet sind, spielen dessen stammesgeschichtlich jüngste Teile, also der Kortex und davon wiederum das

Stirnhirn, die Hauptrollen bei den bewussten Mechanismen. Folglich entwickelte sich das bewusste Denken spät in der Stammesgeschichte und langsam und regelhaft im Verlauf der individuellen Entwicklung.

Wahrscheinlich handelt es sich bei der Biophilie und beim Vermenschlichen um bio-psychologische Universalien. Allerdings sind nicht alle Menschen gleichermaßen biophil und vermenschlichen nicht im selben Ausmaß ihre Umgebung. Das ist aber gar nicht nötig, um als Universalie durchzugehen; wichtig ist vielmehr, dass diese Eigenschaft bei Menschen aller Kulturen in hinreichender Frequenz auftritt. Aufgrund der Entwicklung der menschlichen Merkmale erscheint die Variationsbreite von Universalien ohnehin relevanter als ihre durchschnittliche Ausprägung. Deutlich wird dies am Beispiel der ideologischen Grabenkämpfe um die vermeintliche menschliche Universalie Xenophobie, also der Angst oder Skepsis vor Fremden.

Xenophobie: Wie Universalien in Verruf kommen

Menschen brauchen individuell und als Ethnie Identitäten wie die Luft zum Atmen. Sie wollen zu Gruppen gehören, die über einen Gleichklang der Symbole, Codes und Farben zusammenhalten und sich so von anderen abgrenzen. Zugehörigkeit, Identität und Abgrenzung sind Teil des menschlichen Sinnsystems. So führte mehr als ein Jahrhundert Zwangsbeglückung mit einem westlich-„zivilisatorischen" Lebensstil zu einer völligen kulturellen Entwurzelung bei den Aborigines in Australien, den Inuit in Grönland oder den amerikanischen Indigenen – mit der Konsequenz epidemischen Alkoholmissbrauchs und von Weltrekorden bei Selbstmordraten.

Gruppenzugehörigkeit definiert sich auch dadurch, wer *nicht* dazugehört.

Im Zeitalter der UN-Deklaration der Menschenrechte und des Lebens im Globalen Dorf mutet diese soziale Klubmentalität seltsam an, aber das Streben nach sozialer Exklusivität ist nicht bloß typisch menschlich, sondern eine Systemeigenschaft sozialer Organisation. Männliche Schimpansen verschiedener Gruppen bekämpfen einander bis zum Tod; ihre Zugehörigkeit wird über soziale Herkunft und Gebietsgrenzen definiert. Österreicher definieren sich gern in ihrer Distanz zu „den Deutschen", Engländer über ihre „Nicht-Kontinentalität". Die Selbstbezeichnung vieler Ethnien lautet schlicht: „Mensch" („Rom", „Inuit"). Spezifische Bezeichnungen für jene, die nicht dazugehören („Gadje", „Goj", „Ungläubiger", „Piefke"), signalisieren meist nicht nur Ab- und Ausgrenzung, sondern auch Abwertung, wie etwa der Begriff „Jude" im Nationalsozialismus oder der des „Gutmenschen" unter den illiberalen Verteidigern des christlichen Abendlandes.

Xenophobie, also die Skepsis oder Angst vor Fremden, stört das Zusammenleben zwischen den Kulturen und ist leicht von Demagogen instrumentalisierbar. – Aber kann man sie einfach abschaffen, wenn ihre Wurzeln bis in die evolutionäre Geschichte reichen? Menschen, Schimpansen, Wölfe und viele andere Säugetiere neigen dazu, Gruppenterritorien und damit lebenswichtige Ressourcen zu verteidigen und „geschlossene Gesellschaften" zu bilden. Edward Wilson brachte die Intensität der Bereitschaft zur Aggression gegen Gruppenfremde mit der Komplexität der sozialen Strukturen in Zusammenhang. Je komplexer die soziale Organisation, desto aggressiver wird verteidigt. Seine Modellorganismen sind soziale Insekten, aber die Regel scheint allgemeingültig und auch für Säugetiere zuzutreffen.

Nicht nur an den Stammesgrenzen Neuguineas fließt regelmäßig Blut, auch zwischen den großen Wolfsrudeln im Yellowstone-Nationalpark in den USA oder neuerdings in Sachsen. Dort gibt es ebenso hohe Rudel- wie Beutedichten. In Gebieten mit geringer Nahrungsdichte überlappen die Streifgebiete benachbarter Gruppen – dort toleriert man einander. Schimpansen führen latente Scharmützel um die Weibchen. Die Männchen reiben einander an den Grenzen auf, während die Weibchen relativ frei die Gruppe wechseln können – oder gewaltsam requiriert werden. Diese Beispiele sollen nicht der Rechtfertigung ähnlicher Muster bei Menschen dienen; vielmehr sollen sie zeigen, dass die Bereitschaft zur Abgrenzung gegen „die Anderen" evolutionär wie auch aktuell immer in einem bestimmten funktionellen Kontext ausgebildet wird. – Unabhängig davon, ob dieser tatsächlich existiert oder aber bloß empfunden oder herbeigeredet wird. Über die Stammesgeschichte werden sozusagen psychologische „Gebrauchsanweisungen" gebildet, wie auf bestimmte Kontexte zu reagieren sei. Aber wie sind diese beschaffen und was fangen wir damit an?

Konrad Lorenz, Irenäus Eibl-Eibesfeldt, Edward Wilson und andere hielten Xenophobie für eine „menschliche Universalie", weil sie bei den meisten Kulturen unter bestimmten Bedingungen immer wieder auftaucht. Dafür wurden sie von Geistes- und Sozialwissenschaftlern heftig kritisiert. Das müssen Wissenschaftler bei entsprechender Faktenlage natürlich aushalten. Aber sprechen die Fakten tatsächlich dafür, dass Xenophobie *per se* in den Genen liegt? Sind unsere Einstellungen nicht vielmehr von Umwelt und Sozialisierung geprägt? Wie im Falle anderer Merkmale trifft beides zu. So begegnen in den meisten Kulturen manche Leute Fremden mit Skepsis. Dies wird aber bei Weitem nicht von allen Mitmenschen geteilt, was zu erheblichen Zweifeln an Xenophobie als genetisch festgelegter menschlicher Universalie berechtigt.

Tatsächlich scheint nicht die Angst vor dem Fremden selbst in den Genen zu liegen, sondern ein vorsichtiges Interesse am Unbekannten. – Was daraus resultiert, hängt einerseits stark von der Persönlichkeitsstruktur ab, andererseits von den Gruppentraditionen und -stimmungen, in die Menschen eingebettet sind. Denn eine der bestimmendsten menschlichen Universalien ist der Konformismus. Widerspruch als Lebensstil hält zwar die Wissenschaft am Laufen, ist aber im täglichen Leben nicht sehr beliebt.

Ob also aus einer Begegnung mit Fremden Ablehnung oder freundliche Zuwendung wird, hängt von den Umständen ab.

Ein vergleichender Blick Richtung anderer Tierarten bietet Einsichten in allgemeingültige Prinzipien sozialer Beziehungsgeflechte: Ob freundlich kooperiert oder hart konkurriert wird, hängt von artspezifischen Anlagen, den Gruppentraditionen und von der Konkurrenz um Ressourcen ab.

Dass dies auch für die Xenophobie gilt, bestätigte eine Studie taiwanchinesischer Wissenschaftler. Sie stellten fest, dass gruppeninterne demokratische Gepflogenheiten die Toleranz gegenüber Fremden fördern. Etwa die eigenen Rechte bei Wahlen vertreten zu können und dabei verschiedene Meinungen zu hören und zu diskutieren. Die Autoren sammelten zudem repräsentative Umfragen in 33 Staaten und zeigten eine positive Beziehung zwischen dem Grad an Demokratie und der Toleranz gegenüber Fremden. Der experimentelle Teil der Untersuchung ergab, dass Leute, die über eine bestimmte Frage diskutieren und abstimmen konnten, toleranter gegenüber Gruppenfremden waren als eine Vergleichsgruppe, welcher dies verwehrt wurde. Daraus folgt: Wer Demokratie ablehnt, etwa aufgrund einer extremen religiösen Orientierung – Beispiele liefert der Islam ebenso wie manche Spielarten des Juden- und Christentums –, lebt allein aufgrund der bio-psychologischen Verfasstheit notwendigerweise in einer geschlossenen Gesellschaft, verbunden mit einer erheblichen Intoleranz gegenüber Außenstehenden.

Am Beispiel Xenophobie zeigt sich: Auch in der Wissenschaft geht es nicht nur um Fakten, sondern vor allem um deren Interpretation. Zudem hängen Ergebnisse stark von der Ausgangshypothese ab. Albert Einstein soll gesagt haben:

> „Es ist [...] die Theorie, die entscheidet, was man beobachten kann.“

– Hart formuliert: Rassistische Gehirne generieren rassistische Ergebnisse, zumal auch gescheite Leute eher dazu neigen, Daten an ihr Weltbild anzupassen, als umgekehrt, wie australische Sozialforscher feststellten. Schon wieder so eine menschliche Universalie!

Gruppenidentität oder Wertegemeinschaft?

Was ist die Schlussfolgerung? Mentale Anlagen, die der Xenophobie zugrunde liegen, müssen nicht notwendig dazu führen, dass Individuen und Gesellschaften tatsächlich fremdenfeindlich werden.

> Bildung und soziales Klima in einem Lande sind maßgebliche Faktoren für Xenophobie. Diese wird im politischen Sinn daher weitgehend gemacht, sie ist nicht einfach „angeboren“.

Dass Populisten Xenophobie instrumentalisieren, ist nicht nur in Europa zu bemerken. Dies geht einher mit der populistischen Betonung des Nationalstaates, der sich durch ethnische, also letztlich genetische, Zugehörigkeit definiert. Allerdings leben in den meisten Nationalstaaten Minderheiten. Mit diesen sowie mit den Zuwanderern – die es gibt, seit es Menschen gibt – friedlich auszukommen, ist zwar zu schaffen, aber eigentlich eine Systemwidrigkeit des Nationalstaates. Gegenwärtig beschleunigt sich die immer schon menschentypische Migration und nimmt auch quantitativ zu. Gegen 2020 sind weltweit 80 Millionen Menschen auf der Flucht – und wahrscheinlich migrieren viele mehr; vor 20 Jahren waren es die Hälfte. Die Alternative zum Nationalstaat bietet der aufgeklärte Verfassungsstaat, bei dem nicht die ethnisch-kulturelle Zugehörigkeit, sondern die gemeinsamen Prinzipien der Menschenrechte das identitätsstiftende Band darstellen. Beispiele dafür sind Kanada und die USA. Trotz ihrer Verfassung blühen aber auch in den USA Rassismus und Nationalismus. Verfassungsstaaten funktionieren also nicht von selbst. Menschen müssen „mitgenommen" werden, damit sich Staatsstrukturen entwickeln können, die gegen die in der Natur der Menschen liegende Tendenz zur Gruppenbildung und Abschottung ankommen.

Staaten waren selten homogen in Bezug auf die ethnische, sozioökonomische, kulturelle und religiöse Zugehörigkeit ihrer Bürgerinnen und Bürger. Eigentlich überfordert die Superkonstruktion Staat das menschentypische mentale Rüstzeug. Sein Funktionieren hängt vorwiegend davon ab, wie sehr man die Mehrheit der Bevölkerung auf einigende Prinzipien einschwören kann. Die klassisch bewährten Methoden dafür sind Druck nach innen oder Außenfeind. Das demonstrieren Putins Russland, Erdoğans Türkei, aber auch Trumps USA eindrucksvoll. Wie an den USA offensichtlich wird, sind die Bevölkerungen dieser Länder tief gespalten: in Leute, die sich gegen andere mobilisieren lassen, und jene, die Kooperation und Frieden im Globalen Dorf wollen. Im gegenwärtigen Europa, das vom Friedensprojekt der EU beherrscht wird, entfällt der klassische Außenfeind. Seine Rolle nehmen daher in immer stärker populistischen Demokratien Migranten, Flüchtlinge und Fremde ein.

Reale Staaten leben in labilen Gleichgewichten: zwischen der nötigen Einheit und Gemeinwohlorientierung und dem durch manche Eigenschaften der Natur der Menschen begünstigten Auseinanderdriften von Partikularinteressen, dem Zerfall in Untergruppen. Solche zerfallende oder inhomogene Staatlichkeit findet sich heute weniger in den konfuzianisch unterlegten Gesellschaften Ostasiens, sondern eher in den Einflusssphären individualistisch-neoliberaler, westlicher Ideologie: in Südamerika und Afrika. Aber auch die „gefestigten" Demokratien leiden: unter den zunehmenden Blasenbildungen, die nicht nur von den sozialen Netzen, sondern auch von Bildung und Politik gefördert werden.

Dies thematisiert der US-Politikwissenschaftler Francis Fukuyama in seinem Buch „Identität". Seine Diagnose: Anstatt um staatstragende Gleichheit geht es heute den Leuten um den Vorrang ihrer Gruppe – womit sich der Knecht zum Herrn mache. Dieser Kampf verläuft unblutig über Empörung und Distanzierung. Unweigerlich müsse man hier an die französischen „Gelbwesten" denken. Das trübe den Blick auf das Gemeinsame und verhindere die Lösung von Problemen, die alle betreffen. Fukuyama ist kaum zu widersprechen – Gruppenbildung triumphiert auch in den Demokratien über das Gemeinwohl. Er empfiehlt Gemeinschaftsbildung durch „gelebte Erfahrung" – und den Umbau von Nationalstaaten in tatsächliche Wertegemeinschaften. Dem ist aus bio-psychologischer Perspektive nichts hinzuzufügen – aber wie geht das?

Fukuyamas Rezept ist ziemlich appellativ – und auch nicht besonders originell; es hinterlässt einen schalen Nachgeschmack. Am einfachsten, aber kaum erstrebenswert, wäre das Einschwören auf gemeinsame Werte durch Außenfeind und Krieg.

Als gangbarer Weg bleibt aber wohl nur die von den aufgeklärten Eliten gebetsmühlenartig geforderte Investition in Bildung und kluge Politik.

Wie realistisch dies in einer Zeit des Aufstiegs der populistischen Rechten ist, mag dahingestellt bleiben. Im gegenwärtigen China, das offiziell von einer kommunistischen Partei, faktisch aber von einem rechtskonservativen Regime regiert wird, sichert Ausbildung den Machterhalt, Bildung dagegen bleibt systemfremd. Wo Bildung trotz eines totalitären Regimes einigermaßen funktioniert – etwa im Iran oder in Kuba –, bleiben die Menschen wach und kritisch. Sozialwissenschaftliche Experten wie Fukuyama mögen aufgrund ihrer Methodik zu scharfen Analysen gesellschaftlicher Muster kommen, aber sie verweigern den Blick auf die menschliche Natur und ihr evolutionäres Gewordensein. Von ihnen sind daher weder profunde Erklärungen noch Lösungsansätze zu erwarten.

Lösungen zur Rettung von Staatlichkeit zu entwerfen – das wäre ein anderes Buch. Ich möchte aber den Faden von der Diskussion über Xenophobie über staatsgefährdenden Zerfall in Gruppenidentitäten bis zu den regelhaften Mustern der Staatswerdung weiterspinnen.

Staatsbildung ist eines von vielen Beispielen für den Zusammenhang zwischen instinktartigen menschlichen Universalien und regelhaften gesellschaftlichen Entwicklungen, den „menschlichen Universalien höherer Ordnung".

– „Höher" nicht im Sinne einer Wertung, sondern eines höheren Grades an Komplexität: Individuelle Handlungsantriebe sind zwar wichtige Treiber gesellschaftlicher Entwicklungen. Diese kommen aber erst durch die Interaktionen zwischen Interessen, Werten, ethnischen oder konzeptuellen Gruppen zustande. Die „primären" Universalien sind allerdings nicht nur Basis, sondern ständige Begleiter solcher Entwicklungen.

Menschliche Universalien in speziellen Zusammenhängen

Faszinierend, dass die Entwicklung gesellschaftlicher Organisationsformen bei vielen Gesellschaften nicht zufällig parallel verlief. Altsteinzeitliche Jäger-und-Sammlerkulturen existieren in Resten bis heute, etwa Buschleute in der Kalahari oder an das Leben im Wald angepasste Maniq in Thailand. Unabhängig vom Lebensraum zeigen sozioökonomisch als Jäger und Sammler organisierte Menschen Gemeinsamkeiten: eine halbnomadische Lebensweise, der Glaube an eine beseelte Natur und Geister. Vor allem sind es ziemlich egalitäre Gesellschaften, in denen Kinder, Frauen und Männer zwar unterschiedliche Aufgaben erfüllen, einander aber relativ gleichgestellt sind. Solche Gesellschaften funktionieren meist ohne erkennbares Besitzdenken und dauerhafte Monogamie. Aufgrund ihrer Ökologie und ihrer Traditionen ist es nicht üblich, über andere zu bestimmen. Sollte sich aber doch einer über die anderen aufschwingen, existieren Mechanismen zur Wiederherstellung der Gleichheit.

Der Völkerkundler Khaled Hakami von der Universität Wien dokumentiert das Leben der Maniq. Er schildert, dass ein solcher Mechanismus der Gleichheit im Nehmen liegen kann. Jeder nimmt sich einfach, was er will, anstatt darauf zu warten, dass der zurückgekehrte erfolgreiche Jäger oder der auf Besuch weilende Forscher Beute beziehungsweise Gastgeschenke verteilt. Die mitgebrachten Zigaretten – Maniq sind vom Kleinkind bis zum Greis leidenschaftliche Raucher – verteilten sich innerhalb weniger Stunden gleichmäßig unter den Leuten, weil jeder einfach nahm, entweder vom Gast, oder von anderen, die mehr genommen hatten. Es gibt also keinen Besitzenden, der gnädig verteilt.

Kein Bitte, kein Danke – das einfache Sich-Selbst-Nehmen macht alle gleich. So entwickeln sich auch keine Abhängigkeiten.

Irenäus Eibl-Eibesfeldt fiel als großzügiger Spender einst gehörig auf die Nase. Als er nach längerer Abwesenheit wieder einmal „seine" Buschleute in der Kalahari besuchte, wollte er ihnen mit einem Gastgeschenk eine Freude machen: Er erwarb bei benachbarten Hirten eine Kuh; denn obwohl man sich in dieser Gesellschaft hauptsächlich vegetarisch ernährt, zeigen die Leute großen „Fleischhunger". Als die Kuh geliefert wurde, gab es selbst für den erfahrenen Humanethologen eine böse Überraschung: Seine Gastgeber tuschelten, kicherten – und spotteten schließlich laut über die „verhungerte" Kuh. Sie verhöhnten ihren Gast nach Kräften, welches lausige Geschenk er da gebracht hätte, bis dieser bemerkte, worum es ging. Als großzügiger Spender hatte er sich über seine Freunde und Gastgeber gestellt und damit ein Grundgesetz der Jäger und Sammler verletzt: darauf zu achten, dass keine Ungleichheiten entstehen. In milderer Form erlebt man dies heute noch in Dorfgemeinschaften, wo es auf Versuche, sich allzu großartig darzustellen, ziemlich kühle Reaktionen geben kann. Gleichheit scheint der grundlegende Mechanismus zur Erhaltung eines funktionellen Friedens in Gruppen von Menschen mit altsteinzeitlicher politischer Struktur zu sein. Das gilt im Prinzip auch für entwickelte Demokratien, in denen Gesetze und eine unabhängige Justiz dafür sorgen sollten, dass alle Menschen gleich behandelt werden, auf politischer Ebene triviale Einsichten. – Was aber bedeuten sie im Kontext menschlicher Universalien? Hierarchie und universell scheinende Antriebe – das Streben nach Besitz, Macht oder Wissen – mögen auch in sozioökonomisch altsteinzeitlich organisiert lebenden Personen angelegt sein, denn wachsen ihre Kinder in modernen Gesellschaften auf, entwickeln sie sich ähnlich wie andere Kinder.

Während also instinktbasierte Universalien – wie der Ausdruck der Emotionen – unabhängig von den gesellschaftlichen Bedingungen zur Ausprägung kommen, hängen komplexere Universalien vom gesellschaftlichen Kontext ab. So zeigen sich Hierarchien und Ungleichheit sowie deren Niederschlag in kulturellen Gepflogenheiten, etwa in Herrschaftssymboliken oder Begräbnisriten. Unwahrscheinlich, dass der genetische Hintergrund für den sozialen Umgang mit Ungleichheit erst nach dem Sesshaftwerden entstand.

Kreativitätsfaktor Geburtsreihenfolge

Ein verblüffendes Beispiel für eine kontextspezifische menschliche Universalie bietet die Geburtsreihenfolge. Der US-Psychologe Frank Sulloway beschäftigte sich lange mit der Frage, warum Leute bei gleicher Intelligenz nicht auch eine ähnliche Kreativität entwickeln. Er fand heraus, dass die Geburtsreihenfolge als einziger Faktor von vielen erlaubt, die Entwicklung kreativer Persönlichkeiten vorauszusagen. In seinem Buch „Born to Rebel" (1996) zeigt er, dass

Zweitgeborene etwa 15-mal häufiger zu erfolgreichen Forschern, Erneuerern oder Revolutionären werden als Erstgeborene.

Letztere neigen dazu, sich als brave Alliierte ihrer Eltern gesellschaftskonform einzugliedern. An den Genen selbst kann dies nicht liegen, sind doch Vollgeschwister einander genetisch relativ ähnlich. Geschwister sind also in der Ausprägung ihrer Persönlichkeiten einander unähnlicher, als es auf Basis ihrer nahen Verwandtschaft zu erwarten wäre. Grund dafür scheint zu sein, dass das zweitgeborene Kind in einer anderen Familienumgebung aufwächst als das erstgeborene. Hier kommt eine mentale Anlage zum Tragen, die das Zweitgeborene dazu bewegt, die soziale Nische des Erstgeborenen zu vermeiden. Dies geschieht unbewusst, hängt aber vom Verhalten der Eltern ab. Diese behandeln Geschwister oft bewusst ungleich – selbst wenn sie versuchen, sie gleich zu behandeln, gelingt es dennoch nicht.

Universale Elemente der regelhaften Entwicklung von Staatlichkeit

Die Entwicklung von politischen Systemen verläuft in unterschiedlichen Teilen der Welt und zu unterschiedlichen Zeiten verblüffend parallel. Dies kann man mit den menschlichen Universalien in Beziehung bringen. Höchst erstaunlich ist die rasche und radikale Veränderung der politischen Organisation mit dem Sesshaftwerden in der „Neolithischen Revolution". Dies geschah mehrmals parallel und unabhängig voneinander: im nördlichen Indien, in Südostasien, im späteren „fruchtbaren Halbmond" des Nahen Ostens und in Südamerika. Hintergrund ist meist eine – auch spirituell – recht einheitliche Jäger-und-Sammler-Kultur in Gegenden, wo hohe Wild- und Nahrungsdichten hohe Menschendichten tragen. Solche Kulturen errichteten lokale megalithische Heiligtümer wie beispielsweise die Kultstätte Göbekli Tepe in Anatolien.

Vor etwa 12 000 Jahren bauten dort Jäger und Sammler eine gigantische Kultstätte mit kreisförmigen Steinanlagen aus bis zu sechs Meter hohen, bis zu 20 Tonnen schweren, T-förmigen Steinsäulen. Diese tragen Reliefs von Löwen, Stieren, Keilern, Füchsen, Gazellen, Schlangen, Geiern, Kranichen, Ibissen und Skorpionen – Darstellungen, wie sie vor dem Hintergrund einer animistischen Spiritualität zu erwarten sind – in handwerklich erstaunlicher Qualität. Sieben dieser Anlagen wurden bereits ausgegraben, man vermutet aber noch zwanzig weitere mit etwa 200 Säulen. Vieles deutet darauf hin, dass die Menschen damals nicht nur wilden Weizen nutzten, sondern miteinander kooperierten, um das Getreide vor Tieren zu schützen und wahrscheinlich sogar gezielt anzubauen. Eine solche Anlage braucht eine große, überzeugende Idee – und viel Leadership. Göbekli Tepe lässt jedenfalls auf eine komplexe – auch hierarchische – soziale und politische Organisation dieser Menschen schließen.

Das Heiligtum war ein Anziehungspunkt für Besucher, Pilger und Leute, die ihre Toten dort bestatteten. Mit wohl denselben Bedürfnissen, wie sie Reisende aller Zeiten hatten:

Unterkunft, Nahrung und Sex.

Bereits sesshaft Gewordene befriedigten diese Bedürfnisse und erwarben damit materiellen Wohlstand. Dienstleister mit hierarchisch gegliederter Arbeitsteilung entstanden. So kann man sich die Entstehung von Häuptlings- und Fürstentümern vorstellen, mit ihnen eine zunehmend hierarchisch-patriarchale Gesellschaft, in der Besitz als Machtfaktor sowie der Zugang zu fertilen Frauen immer ungleicher verteilt waren. Besitz weckt Begehrlichkeit, daher waren die ersten größeren Bauwerke der Menschen Mauern um Siedlungen. Spezialisierte Kriegerkasten entstanden, meistens unter rein männlicher Beteiligung, was die patriarchalen Verhältnisse weiter förderte.

Weltweit begann man an verschiedenen Hotspots des Sesshaftwerdens zwischen 12 000 und 8 000 Jahren vor unserer Zeit Pflanzen wie Wildgräser, Feigen oder Avocados, sowie Wildtiere zu domestizieren. Menschen wandelten sich von Jägern und Sammlern zu Produzierenden. Damals lebten die Menschen zumindest in Eurasien bereits seit mindestens 20 000 Jahren mit Hunden als Jagdgefährten. In den Erstkontakten zur Stammart der Wölfen war wahrscheinlich Spiritualität wichtig, die auch bei den Domestikationen der Neolithischen Revolution ihre Rolle spielte. Getreide wurde offenbar vor allem als Basis der Erzeugung von Alkohol, einem der ältesten spirituellen Schmiermittel der Menschheit, in Kultur genommen und erst sekundär zum Verzehr. Auch die Domestikation von Schaf und Rind geschah vor einem spirituellen Hintergrund; hierbei könnten Hunde eine wichtige Rolle gespielt haben, denn Wölfe waren in der Alten Welt allgegenwärtig. Mit zunehmender

Komplexität und Hierarchisierung dieser Kommunen begann man auch organisierter als bisher gegen die Nachbarn Krieg zu führen – wie bisher um Frauen, und als Novum auch um Reichtümer. Denn neu war, dass es Besitz gab, den es zu verteidigen oder zu erobern galt.

Mit Ackerbau und Viehzucht kamen auch mit dem Patriarchat auch die tägliche Knochenarbeit und die Ungleichheit in die Welt. Während Jäger und Sammler kaum Vorräte anlegten und sich von wenigen Stunden Tätigkeit am Tag ernähren konnten, dehnte sich nach dem Umstieg auf Ackerbau und Viehzucht das Tagwerk auf die gesamte Zeit des Tageslichts aus.

Arbeit musste organisiert werden – die weniger fleißigen Zeitgenossen wurden dazu gezwungen. – Eine radikale Neuerung, denn andere zu etwas zu zwingen, ging bei Jägern und Sammlern gar nicht.

Dies bestätigte sich mehrfach in Experimenten, die gar nicht als solche gedacht waren: So versuchte man noch in der zweiten Hälfte des 20. Jahrhunderts, die halbnomadischen südwestafrikanischen Buschleute durch das Aufzwingen eines sesshaften Lebensstils zu beglücken. Tatsächlich wurden manche innerhalb einer Generation zu Viehzüchtern, mit den Folgen der ganztägigen Arbeit und allen damit verbundenen Veränderungen in den zwischenmenschlichen Beziehungen. Der zum sesshaften „Besitzer" mutierte Buschmann musste seine Angehörigen – einschließlich Kinder – zur Arbeit zwingen, nicht selten mit Gewalt.

Ackerbau und Viehzucht erhöhten die ökologische „Tragekapazität". Das Land konnte mehr Menschen ernähren, die Reproduktionsraten stiegen, aber die Leute waren mit der neuen Getreide-Mischkost schlechter ernährt, ausgemergelt und starben früher als ihre Jäger-und-Sammler-Ahnen. – Mit Ausnahme der Besitzenden, die nach wie vor gut ernährt und langlebig waren, und – zumindest auf männlicher Seite – viele Nachkommen zeugten, so sie nicht in Ausübung ihrer Kriegerfunktion frühzeitig von ihren Nachbarn erschlagen wurden. Denn mit dem Sesshaftwerden stiegen Frequenz und Schwere der Massaker. Auch begann man, im Zuge von Auseinandersetzungen andere Menschen zu versklaven und mittels deren Arbeitskraft den Wohlstand des eigenen Klans zu vermehren. Die neue Lebensweise führte also zu starker Ungleichheit in der Lebensqualität und der Zahl an Nachkommen. Wenigen ging es gut – auf Kosten einer Mehrheit, die dafür schuftete. Daran sollte sich trotz aller sozioökonomischen Entwicklungen bis heute nur graduell etwas ändern.

Orientierung zum Himmel

Waren die Tiere, speziell das gejagte Wild, die spirituellen Bezugspunkte für die Jäger und Sammler, verschob sich nach dem Sesshaftwerden der Fokus auf die Gestirne. Das hing wohl auch mit der Notwendigkeit zusammen, den Jahresgang für Aussaat und Ernte vorhersagen zu können. Mit der Domestikation bekam man zwar die Tiere immer besser unter Kontrolle, doch die Abhängigkeit von Wetter und Jahreszeiten verstärkte sich. Diese Entwicklungen im Zuge der Sesshaftigkeit, die vor etwa 8 000 Jahren begannen, sind weltweit feststellbar, auch in Europa.

Ein faszinierendes Beispiel für die regelhafte Entwicklung von Staatlichkeit lässt sich rund um die „Himmelsscheibe von Nebra" skizzieren, eine etwa 4 000 Jahre alte kreisförmige Bronzeplatte mit Applikationen aus Gold. Sie gilt als die älteste bisher bekannte konkrete Himmelsdarstellung. Zugeordnet wird sie der Aunjetitzer Kultur aus der frühen Bronzezeit Mitteleuropas; in Gebrauch war sie etwa 400 Jahre – wahrscheinlich in sich wandelnden kulturellen und spirituellen Zusammenhängen. Schließlich wurde die Scheibe auf dem Mittelberg in Sachsen-Anhalt vergraben. Nachdem sie 1999 von Raubgräbern geborgen wurde, gelangte sie in die Hände der Wissenschaft. Sie liefert einzigartige Erkenntnisse, packend geschildert in dem Buch von Harald Meller und Kai Michel (2008). Möglich, dass das Vergraben der Scheibe mit der Invasion durch die Yamnaya zusammenhing, jedenfalls breitete sich deren östliche Schnurkeramik-Kultur nach Westen aus, sie schoben die westeuropäischen „Glocken-becherleute" vor sich her und assimilierten sie.

Ich will als Dilettant nicht in den Revieren der Frühgeschichte wildern, sondern fasse lieber deren Ergebnisse zum Wandel der politischen Organisation zusammen. Über die 400 Jahre des Gebrauchs der Himmelsscheibe wandelten sich die Grabbeigaben und parallel dazu die Scheibe selbst. Es begann in der Heroenperiode der Bronzezeit, als man tote Krieger als Helden mit ihren Waffen bestattete. Die frühe Himmelsscheibe zeigte Strukturen aus Gold, die als Sonne, Mond, Sterne und Horizontlinie gedeutet wurden; sie diente wohl zunächst der Berechnung der Schaltjahre.

Bald darauf finden sich Gräber ohne wesentliche Beigaben, nur noch selten fand man Waffen darin. Es wurden jedoch „Horte" vergraben, große Gefäße mit Bronzewaffen. Und zeitgleich wurde der Himmelsscheibe eine „Sonnenbarke" aus Gold angefügt. Dies lässt auf die Entwicklung einer Hierarchie von Helden zu Superhelden und schließlich zum Herrscher mit göttlicher Rechtfertigung schließen.

Waffen mit ins Grab bekam nur die Elite; das waren zuerst viele „Helden", dann nur noch wenige Herrscher.

Die damit entstandenen, kastenartigen Hierarchien zeigen sich auch im Metallgebrauch: Prunkwaffen aus Kupfer oder Gold sowie Riesengräber waren den Fürsten vorbehalten. Schon in der Bronzezeit genossen diese – im Gegensatz zu ihren Untergebenen – eine privilegierte Ernährung, was auch Nachteile hatte: Obwohl sie älter wurden als ihre Untergebenen, litten sie als Folge von zu viel Fleisch und Alkohol schon damals an der „Krankheit der Könige", der Gicht.

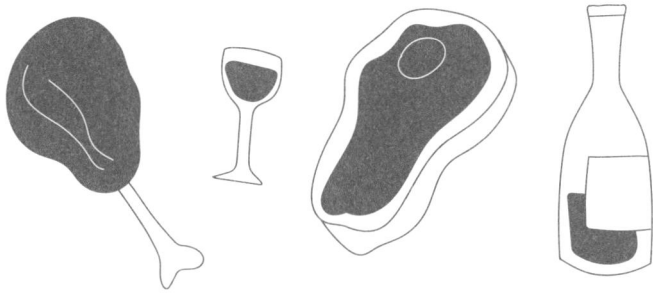

Die Macht der gottähnlichen Herrscher wurde erblich – und wurde von einer bestimmten Symbolik begleitet. Der deutsche Ägyptologe Jan Assmann hebt die Schnittstelle von himmlischer und irdischer Sphäre hervor: Von vielen Göttern, die zunächst mit der Sonne reisen, blieb als Legitimationsquelle für den unumschränkten Alleinherrscher nur noch die Sonne. Assmann spricht von der „monistischen Fokussierung des kosmischen Lebens auf eine einzige Quelle". Schon der ägyptische Pharao Amenhotep III. trieb einen extremen Sonnenkult. Sein Sohn Amenhotep IV. – später Echnaton – beseitigte dann mit seiner Frau und Co-Regentin Nofretete alle bisherigen ägyptischen Götter; man bezog sich nur noch auf Aton und dessen Symbol, die Sonnenscheibe. Echnaton tat dies nicht etwa, um die Menschheit mit einem neuen Eingottglauben zu beglücken, sondern zur Festigung der eigenen Macht. Die exklusive Verbindung zur Sonne zelebrierte das Herrscherpaar durch einen enormen Aufwand an Gold und Bauwerken.

Regelmäßig wurden Phasen des Aufstiegs zur totalen Macht von Menschenopfern begleitet. Sie führten vor Augen, dass der Herrscher tatsächlich unumschränkter Herrscher über Leben und Tod war. Menschenopfer gab es zu Beginn aller absoluten Herrschaftssysteme und archaischen Staaten: in Ägypten, Mesopotamien, China, Mexiko, Peru sowie in vierzig austronesischen Kulturen. Es ging dabei um die vollständige soziale Kontrolle, wie der australisch-britische Archäologe Gordon Childe feststellte. Auf Dauer sind Menschenopfer für eine funktionierende Staatlichkeit aber dysfunktional; daher verschwinden sie mit etablierten Herrschaften oder Staaten. Absolutistische Herrschaft mit Zugangsmonopol zur Göttlichkeit ist auch sehr anfällig, im Falle von Kriegs- oder Klimakatastrophen ihre Macht zu verlieren, entzaubert und gestürzt zu werden.

Kein linearer Weg von Einfach zu Komplex

Der Erhalt oder Verlust von Prestige und Macht, um die es hier geht, sind primäre evolutionäre Motivationen für Verhalten.

Daraus folgt die Notwendigkeit, eine Mehrheit der Bevölkerung zu instrumentalisieren, um die für die Herrschaft nötigen Ressourcen erwirtschaften zu lassen. Innerhalb weniger Generationen konnte so die kulturell institutionalisierte Gleichheit der Jäger und Sammler unterschiedlichster Ethnien in patriarchale Ungleichheit kippen. Dies geschah stets nach ähnlichen Mustern, woraus man folgende Schlüsse ziehen kann:

Erstens: Politische Systeme, egal ob Egalitarismus, Häuptlings- und Fürstentümer, Gottherrschertum oder auch Demokratien, sind nur so lange stabil, als sie sozioökonomisch haltbar sind und der innere Zusammenhalt funktioniert, egal ob durch Ideologie, Gewalt oder beides – und solange sie gegen Änderungen von innen und außen verteidigbar sind. Wie der Historiker Ilja Steffelbauer von der Uni Wien feststellte, gehen unzureichend militärisch gerüstete politische Gebilde in der Weltgeschichte ausnahmslos unter: indem sie in der Kultur der Usurpatoren aufgingen oder physisch ausgelöscht wurden.

Zweitens: Die Gesetzmäßigkeiten dieser typisch menschlichen, sozio-politischen Dynamik sind *per se* keine Universalie. Diese

Dynamik beruht vielmehr auf systemischen, typisch menschlich-gesellschaftlichen Gesetzmäßigkeiten – die aber alle auf Basis klar erkennbarer menschlicher Universalien funktionieren. Als evolutionär sozialisierter Biologe bin ich in meinem methodischen Denken von den „Vier Tinbergen'schen Ebenen" geprägt. Demnach geht es zuerst um die Frage, wer von bestimmten gesellschaftlich-politischen Veränderungen profitiert, also um das *cui bono*. Darüber hinaus geht es um Ansehen, Macht und Monopole, meist in direktem Zusammenhang mit Reproduktion und der Kontrolle weiblicher Sexualität, und um Vaterschaftssicherung. Dies ahnte schon Sigmund Freud mit seiner Fokussierung auf die Sexualität als primärem Verhaltensantrieb. Heute existiert eine gut ausgearbeitete und empirisch solide untermauerte Theorie zur sozialen Biologie des Menschen, die hervorragend die regelhaften Beziehungen und den Wechsel der politischen, sozio-ökonomischen und religiösen Strukturen erklärt. Sie wird im folgenden Kapitel behandelt.

Drittens: Eine Art „Skala-naturae"-Denken im Zusammenhang mit der politisch-gesellschaftlichen Dynamik über die Weltgeschichte trifft offenbar nicht zu. Der Wandel von egalitären Strukturen zu hierarchischen Stammesgesellschaften und weiter zu Herrscherstaaten, Oligarchien und Demokratien verläuft nicht naturgesetzlich-evolutionär linear vom einfachen zum komplexen politischen Gebilde. Dies gilt ja auch nicht für die biologische Evolution. Verwirklichte politische Systeme beruhen auf Voraussetzungen wie den Universalien; was aber vor diesem Hintergrund verwirklicht wird, hängt vom sozio-ökologischen Hintergrund, Kulturtraditionen oder nachbarlicher Konkurrenz ab, wie man etwa bei Jared Diamond nachlesen kann.

Schon die altsteinzeitlichen Jäger und Sammler waren im Grunde „biologisch fertige", moderne Menschen – mit allen Universalien, die auch heutige Menschen charakterisieren.

Dieselben Universalien stehen bereit, um in spezifischen Kontexten mitzumischen. Die einfache politische Organisation der altsteinzeitlichen Jäger-und-Sammler-Gesellschaften ist daher kein „Primitivmerkmal", sondern eine soziale Anpassung an eine bestimmte ökologische Situation: In geringer Konkurrenz mit Nachbarklans jagten sie zusammen, zogen kooperativ Kinder auf und verteidigten sich gemeinsam gegen Fressfeinde. Jäger-und-Sammler-Königreiche wären wegen der fehlenden Leadership sozio-ökonomisch ineffizient, daher entwickelten sie sich auch nicht. Mit dem Beginn von Ackerbau und Viehzucht wird jedenfalls ein leidlich egalitäres System durch unterschiedlich starke Hierarchien ersetzt, weil diese – zumindest für die Herrschenden – funktioneller waren. Das erlaubt Ungleichheit nicht nur, sondern bedingt sie geradezu. Gesellschaftlich-politische Entwicklungen führen aber nicht quasi gottgewollt vom Einfachen zum Komplexen.

Sozio-politische Systeme sind vielmehr Passung an die jeweilige Ökologie und Ökonomie.

In der Stammesgeschichte gibt es zwar Reduktionen von Sinnes- und anderen Systemen, etwa die Anpassung an das Leben in Höhlen, aber keine Umkehr der evolutionären Entwicklung. Aus Säugetieren werden daher nie wieder Reptilien. Für politisch-gesellschaftliche Entwicklungen gilt dies nicht. Das vorhandene Instrumentarium menschlicher Universalien schränkt zwar die Übergänge zwischen unterschiedlichen politischen Systemen ein, eine Reduktion bereits entwickelter Komplexität bleibt jedoch möglich.

Solche Reduktionen organisierter Staatlichkeit erleben wir derzeit „live": in manchen Bereichen des Nahen Ostens, Afrikas und Asiens. Nach einer Phase stabilisierender Diktaturen – in Libyen, im Irak oder heute noch in Ägypten beziehungsweise Saudi-Arabien – kam es entweder durch ein Eingreifen von außen (Libyen) oder ausgelöst durch klimabedingte interne Migrationsbewegungen (Syrien) zu

„Bürgerkriegen", die nie welche waren, weil es dort „Bürger" im klassisch-demokratischen Sinn nie gegeben hat.

Diese Entwicklung spiegelt die Beziehungen zwischen den Großmächten: Nach dem Zweiten Weltkrieg verflochten sich auf Basis der UN-Deklaration der Menschenrechte die mächtigen Staaten der Welt im Multilateralismus; auch um Kriege unwahrscheinlicher zu machen. Wer dachte, dass es aus dieser friedlichen Verflechtung keinen Weg zurück gäbe, sieht sich im momentanen Ausbruch weltweiter Nationalstaaterei – in den USA, Russland, China, Indien oder Brasilien – enttäuscht. Über Nacht werden Abkommen gekündigt und die Welt ins 19. Jahrhundert zurückkatapultiert. Dies wird Konflikte mit unabsehbaren Folgen für die sozio-politische Landkarte nach sich ziehen.

Treiber dieser Entwicklungen sind die menschlichen Universalien – auf individueller und Gruppenebene: das Streben nach Macht und Abgrenzung von anderen, samt allen Mechanismen und Folgen. Und zwar immer dann, wenn die Treiber des Gemeinwohls schwächeln, etwa die Strukturen der liberalen Demokratie. Dahinter stehen massive wirtschaftliche Interessen: Populistische Führerfiguren von heute und ihre Klans werden auf Kosten der Allgemeinheit reich und Warlords verdienen weltweit viel Geld. Aber erstens ist die Gier nach Reichtum immer Bestandteil des Strebens nach Macht. Und zweitens ist es zwar ein netter Versuch, Menschen rationale Motive zu unterstellen – aber davon war menschliches Handeln noch nie maßgeblich bestimmt. Nicht einmal die Akteure in der Wirtschaft handeln ausschließlich rational. Die letzten Wirtschaftsnobelpreisträger haben dies gezeigt.

Beispiele für offenbar sekundär reduzierte gesellschaftliche Komplexität liefern die auf das Leben im Regenwald spezialisierten Ethnien Südamerikas, Afrikas und Südostasiens. Alle stammen von steppenbewohnenden Vorfahren ab. Diese waren vermutlich wie die heutigen Buschleute der Kalahari organisiert: als egalitäre Jäger und

Sammler mit Mythen, komplexen Regeln und Tabus. Bei ähnlicher gesellschaftlicher Organisation fallen kulturelle Anpassungen an den Regenwald in einer Reduktion von Komplexität in den Sprachen auf: in fehlenden Wörtern für Vergangenheit und Zukunft, für spirituelle Gegenstände wie Geister und Dämonen, für Zahlen und Farben usw. – also für alles, was über das unmittelbar Relevante oder das im Hier und Jetzt Wahrnehmbare hinausgeht. Dafür entwickelten manche dieser Ethnien allerdings selbstständig komplexe Benennungen für Pflanzen und Tiere, die dem Linné'schen System nahekommen.

Diese teilweise Reduktion beziehungsweise Verschiebung kultureller Komplexität kann man als Anpassung an einen ökologisch extrem stabilen, aber biologisch höchst diversen Lebensraum sehen

– ein Musterbeispiel für ökologisch-kontextspezifische Ausprägungen der in der menschlichen Reaktionsnorm eingeschriebenen Möglichkeiten. Wachsen die Kinder dieser Leute in einer westlichen Zivilisationsumgebung auf, benutzen sie Kreditkarten, gehen wählen und studieren – unter Anwendung der in dieser Gesellschaft üblichen sozialen, kulturellen und sprachlichen Codes. In den Menschen steckt somit das Potenzial, eine unglaubliche Vielfalt sozialer Organisationsformen zu entwickeln, aber stets angepasst an einen bestimmten sozioökonomischen und ökologischen Kontext – und immer auf Basis menschlicher Universalien.

Was Mensch und Kakadu verbindet

Erst beim Schreiben wurde mir klar, dass es ein frommer Wunsch bleiben muss, menschliche Universalien auf wenigen Seiten abzuhandeln. Daher konzentriere ich mich auf einige Beispiele – mit Bezug zu unterschiedlichen Ebenen der neuronalen Verarbeitung:

Instinkte, Emotionen und Denken.

Tatsächlich wurzelt nahezu jede Eigenschaft, jedes Verhalten von Menschen in Universalien. – Auch die kulturellen Ausdrucksweisen der Kunst. Musikmachen etwa ist eine besondere menschliche Universalie. 40 000 Jahre alte Knochenflöten sind die frühesten gefundenen Musikinstrumente, was aber vor allem an der Haltbarkeit des Materials liegen mag und keinen Rückschluss darauf erlaubt, seit wann Menschen Musik machen.

Bislang kennt man zwei Tierarten, die in der Lage sind, Bewegungen rhythmisch zu synchronisieren: Menschen und Kakadus. Bei unseren engsten Verwandten, den Schimpansen, werden zwischen verbündeten Männchen Laute und Bewegungen nur in Ansätzen synchronisiert: um einander in Stimmung zu bringen, auf die Jagd zu gehen oder die Nachbarn anzugreifen. Aufgrund der sozialen Konstruktion unseres Gehirns liegt der Verdacht nahe, dass sich diese Fähigkeit zu rhythmischen Lautäußerungen auch als Verhalten entwickelte, das eine Gruppe zur Stimmungs- und Handlungsbereitschaft zu synchronisieren vermag. Die ersten Musikinstrumente waren vermutlich Hölzer, Trommeln oder der eigene Brustkorb.

Rhythmus dient bis heute dem Einschwören auf gemeinsame Aktivitäten, etwa Krieg.

Gemeinsames Musizieren kann ein starkes gemeinschaftsbildendes Band sein, in enger Verbindung mit dem Belohnungssystem.

Chorsänger kennen das besondere Gefühl, in der Gemeinschaft aufzugehen, in einem „Flow" aufzugehen und sich glücklich zu fühlen. Es gibt keine Gesellschaft, die nicht in unterschiedlichen Zusammenhängen rhythmisch musiziert. Wie intensiv dieses Musizieren in der Gruppe praktiziert wird, bleibt aber ebenso unterschiedlich, wie sehr sich einzelne Menschen für Musik interessieren.

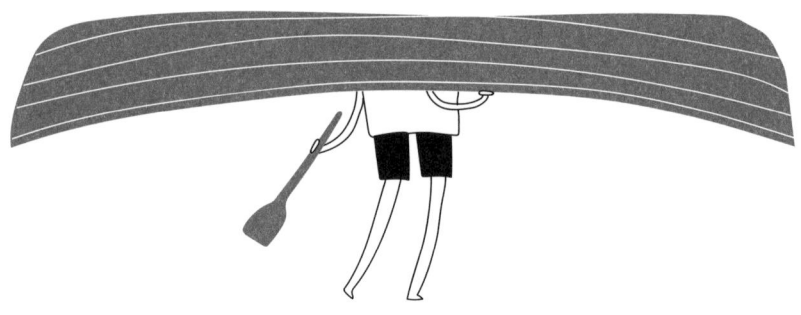

Lange vor den spektakulären Höhlenmalereien der Altsteinzeit brachten Menschen ihr Denken künstlerisch zum Ausdruck. Sie interpretierten so ihre Umwelt – in Form von Schmuck, Körperbemalungen und der Gestaltung von Begräbnisriten. Kunst – wie auch die Beziehung zu anderen Tieren – war ein spirituelles Sich-in-Beziehung-Setzen mit der Welt und dem Jenseits, eine Definition, die wohl auch heute noch brauchbar wäre. Künstlerische Inhalte sind meist nicht unmittelbar biologisch zu interpretieren, sieht man von Elementen der evolutionär begründeten Ästhetik und sozialen Funktionen ab. Motivation für das Interesse an Kunst hat aber sehr viel mit menschlichen Universalien zu tun. Dazu zählen die Lust am Kreativen, Ungewöhnlichen und Ästhetischen, das Streben nach Identität und Anerkennung sowie die Gruppenzugehörigkeit, das Abgrenzen gegen andere.

Nirgendwo ist die Stammesgesellschaft ausgeprägter als in der Kunst mit all ihren Ritualen der Zugehörigkeit und Abgrenzung, dem elitären Getue – oder dem Gegenteil davon, mit all ihrer Bedeutsamkeit, ihren Eitelkeiten und Hierarchien und, wie überall sonst auch, ihrem Streben nach Einfluss und Geld. Der Kunstbetrieb gibt sich als höchster zivilisatorischer Ausdruck, aber hinter dieser potemkinschen Fassade findet sich das Menschliche in seinen typischen Ausprägungen: eine Art geschlossene Gesellschaft, in der die üblichen Regeln nicht zu gelten scheinen. Die „Me-Too"-Debatte entspann sich nicht zufällig vor allem in den Dunstkreisen von Politik und Kunst. Zwar ist es auch Pflicht der Kunst, sich über gesellschaftliche Normen hinwegzusetzen, allerdings scheint damit eine höhere Frequenz von Übergriffigkeit einherzugehen als in anderen Bereichen. Eine Verletzung dessen, was Mitmenschen auf Basis ihrer Universalien zumutbar ist.

Der Kontext bestimmt das Aktivieren menschlicher Universalien, die nicht immer nur nett sein müssen; auch und gerade in der Kunst.

Ancient DNA: Wie unsere Vorfahren die Erde besiedelten

Es mag berühren, dass die Vorfahren aller Wirbeltiere einschließlich Mensch vor 500 Millionen Jahren filtrierende wurmartige Chordatiere waren – die meisten Menschen sind aber wohl mehr daran interessiert, wo sie und ihre Vorfahren unmittelbar herkommen, warum sie eine bestimmte Sprache sprechen. – Und was eigentlich „Zugehörigkeit zu einer Ethnie" bedeutet. Kulturell scheint das ziemlich gut definierbar, aber Menschen waren immer schon fasziniert von genetischer Verwandtschaft. Auch heute noch, sonst würden DNA-Analyse und Ahnenforschung nicht derart boomen.

Vielerlei wusste man bereits auf Basis der Fossilgeschichte und durch die kriminalistische Spurensuche der Archäologen. Knochen und kulturelle Artefakte früher Menschen liefern allerdings nur begrenzt Informationen. Anatomie und Struktur der Knochen geben etwa Auskunft über die stammesgeschichtliche Verwandtschaft, über Geschlecht, Alter, Lebensbedingungen und Gesundheit, während Werkzeuge und Keramikscherben die Geschichte der kulturellen Zugehörigkeit und der Dynamik kulturellen Wandels erzählen.

Wesentlich genauer noch können Gene über die Geschichte der Ausbreitung der Menschen über die Erde in den letzten paar hunderttausend Jahren, über ihre Wanderungen und Vermischungen Aufschluss geben. Vor allem wenn man die Genetik mit den Ergebnissen von Archäologie und Sprachwissenschaften abgleicht. Bis 2010 gab es kaum Daten zu den Genomen früher Menschen. Die Technik, ganze menschliche Genome aus uralten Knochen zu rekonstruieren, die Wissenschaft von der „ancient DNA", wurde erst in den letzten Jahren entwickelt. Das umfasst die Gewinnung der DNA aus den Knochen unter Vermeidung der Kontamination mit der DNA der Forscher, komplexe Methoden der genetischen Analyse und die statistische Auswertung. Svante Pääbo, David Reich, Johannes Krause und andere waren an der Entwicklung dieser Technologie zur „Serienreife" beteiligt. Die am besten konservierte DNA gewinnt man übrigens aus dem Felsenbein, jenem Schädelknochen, der das Innenohr umschließt.

So kann man heute in kurzer Zeit und um weniger als 100 Euro das gesamte Genom eines Menschen rekonstruieren, der vor zehn- bis hunderttausenden Jahren lebte. Es entstand ein Archiv der Genome vieler tausender längst verstorbener Menschen, und täglich werden es mehr. Weil sich Knochen in kalten und trockenen Klimazonen besser erhalten als in warm-feuchten, klaffen große Wissenslücken zur Besiedlungsgeschichte nur noch für die Tropen. Für die gemäßigten und kalten Zonen der Erde erzählt dagegen die moderne Genetik eine erstaunlich genaue Besiedelungsgeschichte.

Für die früheste Entstehungsgeschichte der Menschen ist man zwar immer noch auf die Strukturanalyse von Fossilien angewiesen, es lassen sich aber mithilfe ausgeklügelter Methoden auf Basis neuerer DNA auch wichtige Merkmale der Genome von vor hunderttausenden von Jahren lebender Vorfahren rekonstruieren. Will man bei Adam und Eva beginnen, so trennten sich menschenähnliche Wesen von ihren schimpansenartigen Vorfahren vor etwa sechs Millionen Jahren. Vor drei Millionen Jahren lebten die ersten aufrecht gehenden Vertreter aus dem Pool unserer Vorfahren, etwa aus der Gattung *Australopithecus*. Berühmteste Vertreterin ist „Lucy", eine junge Frau, deren Skelett im Awashtal in Äthiopien gefunden wurde. Den ersten, 1,8 Millionen Jahre alten, anatomisch modernen Menschen der Gattung *Homo* außerhalb Afrikas fand man in Dmanisi, Georgien. Da dieser in Afrika entstanden war, wie alle bedeutenden Linien der Menschenähnlichen, zeigt dieser Fund auch, dass Hominiden immer wieder, und auch schon sehr früh, Afrika verließen.

Bereits vor mehr als 700 000 Jahren trennten sich die Linien, die einerseits zu den Neandertalern, andererseits zu den modernen *Homo sapiens* führten. Die frühesten Fossilien mit Merkmalen des modernen *Homo sapiens* sind 300 000 Jahre alt, sie wurden in Marokko gefunden. Mittels der DNA später lebender Menschen konnte man rekonstruieren, dass damals auch der gemeinsame Vorfahr aller heutigen Menschen gelebt haben muss. Diese Linie läuft direkt zu den modernen San-Buschleuten in Südwestafrika; vor 270 000 Jahren spalteten sich davon die heutigen Westafrikaner ab, vor 120 000 Jahren die heutigen Ostafrikaner, vor 80 000 Jahren die Westeurasier, dann die Ostasiaten und am Schluss jene Leute, die erst vor 16 000 Jahren, nach dem Abschmelzen der Eisbarriere, von Norden her in Nord- Mittel- und Südamerika einwanderten – bereits in Begleitung ihrer Hunde.

An dieser und den folgenden Geschichten wird die Forschung der kommenden Jahrzehnte zwar noch Details und Datierungen ändern und es wird einiges zu ergänzen geben, aber im Großen und Ganzen wissen wir heute, wie sich die Menschen und ihre Vorfahren seit etwa zwei Millionen Jahren von Afrika aus immer wieder über die Welt verteilten. Wir wissen, wo wir heute lebenden Menschen herkommen und warum wir in bestimmten Gegenden leben. Und wir verstehen, warum Menschen einander innerartlich zwar sehr ähnlich, aber dennoch genetisch an die jeweiligen Lebensräume hervorragend angepasst sind. Mit der revolutionären Verfeinerung der genetischen Analysemethoden wurde auch der von den Pionieren auf diesem Gebiet, etwa Luca Cavalli-Sforza, stammende Mythos widerlegt, alle heute lebenden Menschen wären genetisch quasi ein Klon. –

Dennoch entbehrt auch die alte Idee von unterschiedlichen „Menschenrassen" jeder wissenschaftlichen Basis.

Neandertaler und *Homo sapiens:* Beziehungsdrama der besonderen Art

Die Vorfahren der Neandertaler verließen Afrika vor etwa 700 000 Jahren, sie können vor mehr als 400 000 Jahren in Europa nachgewiesen werden. Im Gegensatz zu unseren *Homo-sapiens*-Vorfahren, Laufjäger der Steppe, die sich erst zwischen 100 000 und 60 000 Jahren vor unserer Zeit von Afrika aus auf den Weg machten, entwickelten sich Neandertaler zu kälteangepassten Lauerjägern bewaldeter Gebiete. Sie waren sozial gut organisiert, lebten in Haremssystemen, hatten ein größeres Gehirn als unsere Vorfahren, waren sprachbegabt, aber deutlich weniger symbolisch-spirituell orientiert als Vertreter des *Homo sapiens.*

Bislang dachte man, Neandertaler und moderne Menschen hätten mehr als 20 000 Jahre parallel zueinander in Europa gelebt. Neue Kalibrierungen der C14-Kohlenstoffmethode machen es wahrscheinlich, dass die beiden Menschenarten aber offenbar nur rund 2 000 Jahre parallel zueinander in Eurasien lebten. Der *Homo sapiens* kam vor 42 000 Jahren, die Neandertaler verschwanden endgültig vor etwa 39 000 Jahren. Der Grund dafür bleibt unklar;

aus Spuren an Knochen kann man darauf schließen, dass Neandertaler zumindest gelegentlich kannibalisch lebten, aber es gibt keine Hinweise darauf, dass sie von unseren Vorfahren massakriert wurden. Möglicherweise trug die Jagdtechnik des *Homo sapiens* sowie seine etwa 40000 Jahre zurückreichende Partnerschaft mit Wölfen, später Hunden, zum raschen, aber keinesfalls spurlosen Verschwinden der Neandertaler bei. Die Genome der außerhalb von Afrika lebenden Menschen enthalten immer noch bis zu vier Prozent Neandertalergene. *Homo sapiens sapiens* und *Homo sapiens neanderthalensis* lebten bereits vor mehr als 100000 Jahren im Nahen Osten nebeneinander, später in Europa. Ein Gutteil der Neandertalergene der modernen westlichen Menschen scheint aus gelegentlichen Techtelmechteln zu stammen. In Rumänien wurden etwa 40000 Jahre alte Knochenreste eines Menschen mit erheblichem Anteil an Neandertalergenen gefunden. Für die früh nach Asien abgebogenen Menschen war der Denisova-Mensch der Vermischungspartner, eine asiatische Parallele zum Neandertaler. Von den Denisovanern kennt man vor allem ihr Genom und wenige Knöchelchen aus Fundstätten in Sibirien.

Warum aber überlebte in modernen westlichen Menschen so wenig Genmaterial der Neandertaler?

Erstens verdünnen und fraktionieren die Anteile fremder Gene mit jeder Generation und zweitens wurden sie ausselektioniert. Denn die Gene der Neandertaler brachten zwar einige Vorteile – wie eine bessere Kälteanpassung –, aber auch starke Nachteile, etwa eine erhöhte Anfälligkeit für manche Krankheiten, vor allem aber Probleme mit der Fruchtbarkeit.

Über mehr als 700000 Jahre durchliefen Neandertaler und unsere *Homo-sapiens*-Vorfahren eine getrennte Evolution, was etwa 35000 Generationen in recht divergierenden Lebensräumen entspricht. Sie waren bereits an der Grenze, unterschiedliche Menschenarten zu sein, deren Gene in der Verschmelzung von Ei- und Samenzelle nicht mehr gut zusammenpassten. Das äußerte sich klar in der geringeren Fruchtbarkeit ihrer Hybridnachkommen. So leben die Neandertaler und ihre ostasiatischen Denisova-Verwandten in den modernen Menschen weiter, könnte man romantisierend meinen. Aber nüchtern betrachtet belasten uns die Gene der Neandertaler immer noch. Daher wird auch in den heutigen Menschen weiter gegen das Neandertalererbe selektioniert. –

Sollte es in einer Million Jahre noch Menschen geben, wird deren Anteil an Neandertalergenen gegen null gehen.

Die Besiedlungsgeschichte Europas und Eurasiens war von Anfang an dynamisch, mit weiten Wanderbewegungen, getrieben von häufigen klimatischen Veränderungen. Vor etwa 50 000 Jahren entstanden Menschen, die sich als die ersten genetisch differenzierbaren Eurasier von anderen nicht afrikanischen Linien unterschieden. Noch nicht in Europa, da kamen sie erst vor 42 000 Jahren an. Aus diesen Vorfahren entstanden vor rund 35 000 Jahren die europäischen Jäger-und-Sammler-Linien. Sie waren die ersten Menschen, die mit Hunden lebten. Aber bereits vor 30 000 Jahren breiteten sich mit der Gravettischen Kultur genetisch etwas andere Menschen von Osten kommend in Europa aus. In einer ähnlichen Wanderbewegung kamen vor etwa 15 000 Jahren von der Iberischen Halbinsel her Menschen der Magdalenkultur nach Europa.

Eine neue Kriegerkultur aus der Steppe

Trotz des wiederholten Einströmens aus dem Osten, Südosten und Südwesten nach Europa über 20 000 Jahre, hielt sich die ursprüngliche Population der europäischen Jäger und Sammler vor allem im Nordwesten Europas bis 5 000 Jahre vor unserer Zeit. Dabei verbreitete sich vor 9 000 bis 6 000 Jahren, wiederum aus Anatolien kommend, mit Ackerbau und Viehzucht die Kultur der Neolithischen Revolution über Europa und mit ihr auch die Gene dieser kulturellen Erneuerer aus dem Nahen Osten. Beginnend vor etwa 5 000 Jahren entstanden Stonehenge und viele andere große Megalith-Kultbauten in Westeuropa, übrigens circa 6 000 Jahre später als die gigantischen Megalithstätten im anatolischen Göbekli Tepe. Mit den anatolischen Ackerbauern kam auch eine neue Kriegerkultur, diese hatte allerdings einer Invasion der Yamnaya vor etwa 4 000 Jahren wenig entgegenzusetzen. Diese Leute aus den Steppen um das Kaspische Meer mit ihrer Krieger-und-Hirten-Kultur fielen zu Pferd ein und „ersetzten" in kurzer Zeit genetisch drei Viertel der bislang in Europa lebenden Leute (auf der Iberischen Halbinsel sogar 30 und in England 90 Prozent), konkret, indem sie die Bevölkerung vor Ort massakrierten und mit den vorhandenen Frauen Kindern zeugten. Später sollte es noch mehrere solcher Invasionen aus den östlichen Steppen geben, die letzte um 1200 nach Christus mit dem Mongolensturm.

Ein Gutteil der Mitteleuropäer trägt daher heute noch Gene aus der Mongolei.

Schließlich vermischten sich die Kultur der Steppenleute und der frühen europäischen Ackerbauern mit Bandkeramik- und Glockenbecherkulturen. Daraus entstand eine relativ homogene bronzezeitliche Bevölkerung von Ackerbauern. Sie trieben Fernhandel, pflegten kulturelle und politische Kontakte bis weit in den Osten, auf die Britischen Inseln und in den Mittelmeerraum. Auch die Gene der zunächst in den Nordwesten Europas verdrängten ursprünglichen Jäger-und-Sammler-Population nahmen wieder an Frequenz zu, es kam erneut zu Durchmischungen.

Zu den Innovationen im Zusammenhang mit Migration und Fernhandel zählte auch der Beginn der Verhüttung von Metallen, Gold, Silber, Kupfer und Zinn sowie ihre Legierung zu Bronze vor etwa 3500 Jahren. Zunächst gefielen den Menschen diese glänzendbunten Metalle. Aus ihnen wurde Schmuck hergestellt, mit dem Fürsten ihr Prestige erhöhten, bald aber auch Waffen, unter anderem für im Dienste alleinherrschender Fürsten stehende Krieger. Solche Bronzewaffen wurden auch von den frühen minoisch-griechischen Kriegern benutzt, die aus einem Migrationsstrom anatolischer Bauern vor 3 500 Jahren in den Mittelmeerraum hervorgingen. Der Rest steht in den Geschichtsbüchern.

Die Kontinuität der letzten 5 000 Jahre europäischer Geschichte zeigt sich jedenfalls bis heute als Verflechtung aus Migration, kriegerischen Perioden und Katastrophen mit kulturellen Höhenflügen.

Genetische Differenzen durch Kastenwesen

Die neue Wissenschaft der „ancient DNA" zeichnet nicht nur ein genaues Bild von der Besiedlung Europas, sondern auch jener Indiens, Nordamerikas und des pazifischen Raumes. Ein besonders spannendes Kapitel menschlicher Besiedlungsgeschichte in enger Verzahnung mit genetischer Differenzierung wurde im indischen Raum geschrieben. Bereits vor 8 000 Jahren erreichte eine Ackerbauernkultur vom Iran aus das Industal, wo vor 4 500 Jahren eine der ersten urbanen Hochkulturen der Menschheit entstand. Und vor etwa 3 000 Jahren verbreitete sich der Ackerbau von Westen und Osten kommend über die indische Halbinsel.

Vor 4 000 Jahren differenzierten sich auch genetisch unterschiedliche Populationen im Süden und Norden Indiens, Ackerbauern in Nordindien und ursprüngliche Jäger und Sammler im Süden. Die rasche Ausbreitung aus dem Norden in Richtung Süden ergab einen noch heute feststellbaren genetischen Gradienten. Die Population im Norden entstand unter maßgeblicher genetischer und kultureller Beteiligung jener Yamnaya aus den kaspischen Steppen, die auch in Europa prägende Spuren hinterließen. Sie gelten als die Quelle aller indoeuropäischen Sprachen. Mit dem 3500 Jahre alten „Rig Veda" liegt uns der älteste in einer dieser Sprachen verfasste Text des Hinduismus und eines der ältesten schriftlichen Zeugnisse der Menschheit vor.

Als Besonderheit entstanden in Indien vor 3000 Jahren zwei hochkomplexe Kastensysteme, die bis heute die Bevölkerung in streng endogame, also sich nicht miteinander vermischende, Untergruppen teilen. Das „Varna-System" kennt vier Kasten, und das dieses Grundsystem überlagernde „Jati-System" teilt die Inder sogar in bis zu etwa 40000 Gruppen.

Da seit Jahrtausenden nur in der eigenen Gruppe geheiratet wird, zeigen die heute lebenden Inder eine wesentlich stärkere genetische Differenzierung als alle anderen Ethnien der Welt.

Wie das Auslegerkanu die Artenvielfalt im Pazifik veränderte

Faszinierend auch die Besiedlungsgeschichte des pazifischen Raums: Bereits vor 47000 Jahren erreichten kleine Gruppen, mit Denisova-Menschen vermischte moderne Menschen, von Südostasien kommend Australien und Neuguinea. In Australien überdauerten sie genetisch bis heute, um in der jüngsten Kolonialgeschichte beinahe unterzugehen. Diese Menschen kamen ohne Hunde, die Dingos folgten erst vor etwa 3500 Jahren, prägten dann aber nachhaltig Spiritualität und Kultur dieser Leute. Die Weiten des Pazifiks wurden erst viel später, nach der Entwicklung einer leistungsfähigen Technologie für die Seefahrt, besiedelt.

Die „ancient DNA" zeigt, dass die südwestpazifischen Inseln, die Solomonen, Vanuatu und Fidschi ab dem Jahr 5000 vor unserer Zeit vom heutigen Taiwan aus kolonisiert wurden. Genetisch und ethnisch überformt wurden die ersten Besiedlungen dann vor

2400 Jahren von Papua-Leuten, die sich von Neuguinea und dem Bismarck-Archipel her über den Pazifik ausbreiteten: mithilfe ihrer Auslegerkanus und dem komplexen Knowhow einer Seefahrertradition, das es ermöglichte, ohne Kompass geradlinig über den offenen Pazifik in tausenden Kilometern Entfernung ein Ziel anzusteuern. Diese Tradition lebt in den Seefahrergesellschaften Hawaiis und anderer pazifischer Archipele heute wieder auf.

So wurden sämtliche Inseln des Pazifiks, einschließlich Hawaii, Neuseeland und die Osterinseln, besiedelt. Mit den Menschen kamen Kokosnuss, Schwein, Huhn und Hund. Im Gegenzug verschwand nahezu die Hälfte der pazifischen Flora und Fauna. Je stabiler die Ökologie der besiedelten Gebiete ursprünglich war und je mehr die Invasoren mit einem eigenen, nicht an den neuen Lebensraum angepassten Lebensstil Einfluss nahmen, desto gravierender waren die Auswirkungen. Anders scheint es in den tropischen Regenwäldern der Welt gelaufen zu sein: Die besiedelnden Jäger und Sammler passten sich lokalen Gegebenheiten an und verursachten so kaum ein Artensterben. Vermutlich war auch die diverse Lebenswelt in den tropischen Regenwäldern resilienter als die fragile Fauna und Flora der pazifischen Inseln.

Auch im Falle der Eroberung des Pazifiks durch eine technologisch hochentwickelte Kriegerkultur ist nicht davon auszugehen, dass alle verschwundenen Arten durch direkte Verfolgung ausstarben. Um die lokale Balance nachhaltig zu stören und Arten zum Verschwinden zu bringen, reicht es, an kleinen ökologischen Schrauben zu drehen.

Die Anwesenheit von Menschen und ihr Einfluss auf die Umwelt ist eine solche Schraube.

Die Erstbesiedlung Nordamerikas erzählt eine ähnliche Geschichte: Sie erfolgte nicht über das Meer, sondern auf in der letzten Eiszeit entstandenen Landwegen. Durch die in Eis gebundenen Wassermassen sank der Meeresspiegel hinreichend tief ab, sodass zwischen Sibirien und Alaska ein „Beringia" genannter Subkontinent entstand, der nacheiszeitlich wieder überflutet wurde. Dort siedelten sich im Wesentlichen eurasische Jäger und Sammler an. Der Weg in Richtung Nordamerika wurde aber erst vor etwa 16 000 Jahren frei, zunächst entlang der Westküste, als die gewaltige Eisdecke Nordamerikas schmolz. Eine zweite Einwanderungswelle folgte vor etwa 13 000 Jahren, als sich auch auf dem Kontinent ein eisfreier Korridor auftat. Die Menschen verbreiteten sich rasch bis nach Südamerika, wo bereits vor 6 000 Jahren die Domestikation von Mais begann. Mit der Ankunft der Leute und ihrer Hunde aus Sibirien verschwanden rasch die amerikanischen Großsäugetiere. Danach jagten die Menschen vorzugsweise die jeweils größten verbliebenen Säugetiere, bis zur Ankunft der Europäer waren das die Büffel.

Menschen sind nicht nur die invasivste aller Arten, sie sind auch die radikalsten aller Nischenkonstrukteure. Wie alle anderen Arten auch, verändern Menschen durch ihre Aktivitäten den Lebensraum.

Das Spektrum reicht von gering (frühe Regenwaldbewohner) über erheblich (steppenbewohnende Jäger und Sammler, besonders aber Ackerbauern und Viehzüchter) bis, durch die große Zahl moderner Menschen und ihrer Technologien, an die Grenze zur Unbewohnbarkeit. Möglich, dass die Erde 10 Milliarden Menschen oder mehr ernähren kann, jedoch nur auf Kosten der natürlichen Lebensräume.

Dass der zivilisatorische Fortschritt Ökologie und Artenvielfalt bedroht, ist durch Zahlen und Fakten hinreichend belegt, etwa im „Living Planet Report" des WWF.

In wenigen Jahrzehnten wurde die als Lebensraum wichtige Wildnis der Erde stark zurückgedrängt und die Biomasse der Wildtiere verringerte sich weltweit im Schnitt um rund 60 Prozent, sodass heute etwa 95 Prozent der Biomasse der Landwirbeltiere domestizierte Nutztiere stellen.

Zum raschen Aussterben vieler Arten führt die immer stärkere Landnutzung im Verbund mit der Erderwärmung. Von den weltweit nahezu acht Milliarden Menschen lebt mehr als die Hälfte in Städten in drastisch selbst gestalteten Lebensräumen. Diese Veränderung des Lebensstils, der Landnutzung und der Technologie läuft rascher und radikaler ab als alles Bisherige in der Erd- und Stammesgeschichte.

Man kann solche Diagnosen als Pessimismus abtun oder zum Kotzen finden; und man kann darauf setzen, dass sich Menschen weiter von der Natur „emanzipieren" werden, indem sie mit technologischen Lösungen die ursprüngliche Abhängigkeit von der Ökologie verringern. Man darf aber auch einem solchen Kopf-in-den-Sand-Optimismus gegenüber skeptisch bleiben. Menschen als biologische Wesen werden immer bestimmte ökologische Bedingungen nicht nur zum Überleben, sondern für ein lebenswertes Leben brauchen.

Der technologische Fortschritt wird die Natur nicht völlig ersetzen können.

Schon heute scheint die radikale technologische <u>Nischenkonstruktion</u> der urbanen Zivilisationen nicht nur die Erde in ökologischer, sondern auch die Menschen in mentaler Hinsicht zu überfordern. Mehr dazu im letzten Kapitel.

Was Menschen antreibt: Die Beziehung zwischen den Geschlechtern

Auch wenn man es nicht so gerne an sich heranlässt: Wir sind ziemliche Triebtiere, was sich vor allem in Sexualität und Vermehrung zeigt. Wie andere Tiere auch, verfügen Menschen über ein evoluiertes Set sozialer Lösungen und Strategien, um mit der Umwelt zurechtzukommen. Das führte zu den recht typisch menschlichen Verhältnissen zwischen und innerhalb der Geschlechter im Einklang mit den soziobiologischen Regeln, denen auch die anderen Tiere unterworfen sind. Aus dieser Ecke kommen die meisten der bis heute höchst relevanten Antriebe für menschliches Verhalten.

Konstruktion der eigenen ökologischen Nische: Cui bono?

Alle lebenden Arten „konstruieren" ihre jeweiligen ökologischen Nischen, indem sie auf ihre Umwelt verändern. Das Ergebnis dieser vielfältigen Interaktionen der Arten untereinander und mit ihrer physikalischen Umwelt sind Ökosysteme. Alle zusammen bilden die Biosphäre. Was die Auswirkungen dieser Konstruktionsaktivitäten betrifft, sind Menschen Weltmeister: Sie können es in einem Ausmaß (über-)treiben, dass sie selbst kaum noch mit den von ihnen geschaffenen Bedingungen zurechtkommen.

Eine solche pauschale Aussage ist aber irreführend, sind doch

die individuellen Konstrukteure von den Auswirkungen des eigenen Tuns häufig kaum unmittelbar betroffen.

Die Menschheit zerfällt immer mehr in Urheber und Betroffene. So bewohnen die Planer und Errichter von Mietwohnungen selten ihre eigenen Bauwerke, sondern leben meist im Grünen und nach den Prinzipien der evolutionären Ästhetik. Diese Ungleichheit zwischen den Planern und den mehr oder weniger abhängigen Klienten, den Dienstnehmern und -gebern, den Chefs oder Untergebenen begann mit dem Sesshaftwerden. Seitdem führt der technologische Fortschritt zu einer regelmäßigen Zunahme der Bevölkerungszahl; dabei geht und ging es jedoch nicht allen gleich gut. Während sich die bronzezeitlichen Fürsten gut ernährten, litten die Bauern an Karies und Mangelernährung. Innovationsschübe bedienen häufig die Interessen weniger, mit gelegentlichen positiven Auswirkungen für alle, wie etwa im Falle von Impfungen oder der Umverteilung über Steuern im Sinn des Gemeinwohls in demokratischen Staaten. So werden innovative Entwicklungen immer wieder auch systematisch von wirkmächtigen Playern vereinnahmt. Die momentane digitale

Revolution bringt zwar enorme Möglichkeiten für das Individuum, zugleich werden aber beispielsweise von digitalen Konzernen Daten in großem Maßstab abgesaugt und für eigene Zwecke verwendet. Regierungen nutzen – gegen den eher symbolischen Widerstand der Parlamente – neue Technologien unter dem Vorwand der Sicherheit zur immer strengeren Überwachung ihrer Bürgerinnen und Bürger und sichern so auch ihre Macht. –

Ungleichheit bleibt letztlich also das Prinzip bei fast allem, was Menschen gesellschaftlich tun, die Motive liegen in den einfachen Universalien.

Will man verstehen, was dabei vor sich geht und warum die politischen Systeme nicht längst nach dem Prinzip des Gemeinwohls funktionieren, lohnt sich die Frage, was Menschen antreibt. Trotz aller kultureller, genetischer und geistiger Vielfalt der Ethnien und Kulturen bleiben diese Antriebe für menschliches Handeln lächerlich durchschaubar: Menschen handeln, weil sie geliebt und geachtet werden wollen und andere lieben. Sie handeln aus Großmut oder Niedertracht, Nächstenliebe oder Neid, Patriotismus, Gier oder im Machtrausch; im Interesse ihrer Gemeinschaft, aus Verachtung und Hass, weil sie gekränkt wurden, aus purer Not oder schlicht aus rationalen Gründen. Vor allem aber weil sie in Referenz zu ihrem sozialen Umfeld ihre eigene Wirksamkeit, ihren Einfluss auf andere erleben wollen. Diese große Anzahl an Motiven kann gehörig die Sicht auf die eigentlichen Hintergründe verstellen. Denn so großartig die Handlungen aus edlen Motiven sein mögen – im Zentrum bleibt die „Tragedy of the Commons": das Prinzip, dass einem das Hemd näher ist als der Rock.

Trotz aller Versuche im Laufe der Weltgeschichte, gegen die Egoismen anzukämpfen, trotz (oder wegen) allen Heldentums, schlägt Eigennutz enttäuschend zuverlässig das Gemeinwohl, der eigene Kurzzeitvorteil die Langzeitstrategie im Interesse aller. Scheinbarer

<u>Altruismus</u> hat letztlich oft mit dem Bedürfnis nach Ruhm und Ehre zu tun. – Und kann leicht in Kränkung, Hass und Aggression umschlagen, wenn die Anerkennung verwehrt bleibt. Die verzweifelten Bemühungen um den Klimaschutz zeigen den Konflikt zwischen Eigeninteresse und Gemeinwohl deutlich: Die meisten finden Fliegen chic, trotz aller rationalen Argumente. Oder es werden jene, die Integration und Zusammenhalt im Lande fördern, zynisch als „Gutmenschen" verspottet. Eigennutz wird zum Mainstream-Ideal. Schlechtes Gewissen war gestern.

Warum aber schlägt Eigennutz so oft das Gemeinwohl? – Und das trotz aller kulturellen und genetischen Differenzierungen, trotz aller ethischer Anstrengungen von Religionen, Philosophie, Politik und anderer Disziplinen. Weltweit verlieben sich Menschen auf ähnliche Weise, weltweit gibt es in allen menschlichen Kulturen etwa fünf Prozent Homosexuelle, weltweit ist man auf ähnliche Weise eifersüchtig, weltweit sind Männer zur Sicherung der Vaterschaft zu den schlimmsten Taten fähig, weltweit sind Menschen machtgierig, bilden regelhaft hierarchische Gesellschaften aus und vieles mehr. Für die Erklärung dieser menschlichen Konstanten müssen wir uns ans Eingemachte, an die eigentlichen Handlungsmotive, an die evolutionär gesetzten Prioritäten wagen: an Sex und Vermehrung.

Schon Sigmund Freud stellte die Sexualität ins Zentrum der Handlungsantriebe. Mehr als hundert Jahre später wissen wir, dass er im Wesentlichen richtig lag. Michel Foucault, Bertrand Russell, Elias Canetti und viele andere hoben Macht und Machtausübung als Antriebsmotor hervor. Sie zeigten damit zwar auch ihre männerzentrierte Sicht der Welt, lagen im heutigen Sinn aber ebenfalls durchaus richtig, auch wenn sie nicht bis zu den ultimaten Ursachen vordrangen.

Denn Machtstreben ist evolutionär betrachtet Erscheinungsform und Folge sozio-sexueller Strategien.

Sex – warum es ihn immer noch gibt

Evolution, also der Wandel von Arten und Eigenschaften des Lebendigen über die Generationen, funktioniert durch zufällige Veränderungen im Genom, deren phänotypische Auswirkungen sich aber in einer bestimmten Umwelt bewähren müssen. Mit einem Wort: durch <u>Mutation und Selektion</u>, wobei auch die Umwelt über das Epigenom kräftig mitmischt. Es geht dabei nicht um funktionelle Optimierung im technischen Sinn, sondern um die Verbesserung von Eigenschaften im Vergleich zu den konkurrierenden Artgenossen. Ein klassischer Cartoon beschreibt das Prinzip treffend: Ein Grizzlybär nähert sich zwei Wanderern. Erklärt der eine Wanderer, der sich seelenruhig die Schuhbänder bindet, seinem Kollegen, er müsse nicht schneller laufen können als der Bär; es reiche vollkommen, schneller zu sein als er, der Kollege.

Führen individuelle genetische Veränderungen zu einer effizienteren Beziehung zur Umwelt, hinterlässt man statistisch mehr Nachkommen als die Artgenossen. – Was wiederum dazu führt, dass sich die

Genvarianten und -kombinationen der reproduktiv erfolgreicheren Individuen über die Generationen durchsetzen, während andere verschwinden. So entwickeln sich im Laufe der Evolution körperliche, physiologische und mentale Eigenschaften, die kontinuierlich die „Fitness" optimieren. Mit dieser evolutionären Währung meint man nicht etwa gestählte Muskeln und körperliche Ausdauer, sondern die Anzahl der reproduktiv aktiven Nachkommen. Letztlich sind alle Individuen sämtlicher Arten darauf getrimmt, möglichst viele genetische Nachkommen zu hinterlassen. Dieser „reproduktive Imperativ" wurde zum Verhaltensantrieb aller Organismen.

Denn alle heute auf der Erde lebenden Individuen sind Nachkommen erfolgreicher Vermehrer.

Sie tragen daher jene mentalen Anlagen und Handlungsantriebe in sich, die sie zur reproduktiven Konkurrenz mit anderen befähigen. – Oder zur Kooperation im Dienst der Optimierung der Konkurrenz zwischen Gruppen, wie in komplexen sozialen Systemen üblich.

Durch den Darwin'schen Mechanismus der Selektion passen sich Arten immer besser an ihre Umwelt an. Je ökologisch stabiler diese ist, desto genauer wird die Passung zwischen Individuum und Umwelt; umso gefährdeter sind aber auch Arten, die mit einer plötzlichen Veränderung ihrer Umwelt nicht mehr mithalten können. Diese Logik hat aber einen Haken: die sexuelle Vermehrung, die einer solchen genetischen Optimierung in Anpassung an eine bstimmte Umwelt entgegenwirkt. Fast alle Arten durchlaufen sexuelle Zyklen. Mit „Sex" meinen Biologen übrigens nicht das Sexualverhalten, sondern die Rekombination von Erbmaterial. Auch Einzeller haben jede Menge Sex, ohne über differenzierte Geschlechtszellen und -organe zu verfügen.

Der Schlüssel zu den genetischen Unterschieden auch zwischen nah verwandten Individuen liegt in der Durchmischung des Erbmaterials bei der Weitergabe. Menschen sind wie die meisten anderen

Tiere aus Körperzellen mit doppeltem Chromosomensatz aufgebaut, je einem von Mutter und Vater. Die Geschlechtszellen, also die Eier und Samenzellen, enthalten aber nur einen einzigen Chromosomensatz eher gemischter Herkunft. Diese entsteht in der Reifeteilung (Meiose), in der sich der von der Mutter beziehungsweise vom Vater stammende Satz nicht ganz säuberlich wieder voneinander trennen. Durch dieses System der Durchmischung verfügt jede Ei- und Samenzelle über eine einzigartige genetische Zusammensetzung.

Vereinen sich Ei- und Samenzelle, bringen sie wiederum ein neues Individuum mit zwei Chromosomensätzen hervor, dessen Gene zwar von den Eltern stammen, dies jedoch in neu gemischten Anteilen. Dies gilt auch für Geschwister, die sich durch die „Trennungsfehler" der Genome in der Reifeteilung zu den Geschlechtszellen voneinander immer genetisch unterscheiden, sofern es sich nicht um eineiige Zwillinge handelt. Gäbe es keine Reifeteilung, würde sich mit jeder Vermehrung der Chromosomensatz verdoppeln und es gäbe keine Durchmischung der mütterlichen mit den väterlichen Genen.

Sex in seiner eigentlichen biologischen Bedeutung ist also auch abseits von Balzen und Rammeln beeindruckend kompliziert – vor allem aber mit hohen Kosten verbunden: Ein optimal an eine bestimmte Umwelt angepasstes Individuum gibt in der sexuellen Vermehrung 50 Prozent seiner durch Selektion optimierten Gene mit dem Risiko auf, dass die mit einem bestimmten Partner gezeugten Nachkommen an diese Umwelt weniger gut angepasst sind. Zudem erfordert sexuelle Vermehrung Männchen, also Individuen, die eigentlich für die Ausbreitung einer Population nutzlos sind, bekommen sie doch selbst keine Nachkommen. Und schließlich verursacht auch das Sexualverhalten erhebliche Kosten. All diese Kosten müssen durch den Nutzen von Sex zumindest aufgewogen werden, sonst wäre sexuelle Vermehrung keine evolutionär stabile Strategie, es gäbe sie also längst nicht mehr. Was also sind die Vorteile der aufwendigen sexuellen Vermehrung? Nun – Umwelten sind selten über Generationen völlig stabil; mit der Neukombination der Gene besteht immerhin die Chance, dass die Nachkommen besser als die Eltern mit einer variablen Umwelt zurechtkommen – und es gibt noch einen weiteren entscheidenden Vorteil.

Generationen von Biologen rätselten darüber, warum sich trotz hoher Kosten die an Sexualität gekoppelte Vermehrung evolutionär so hartnäckig hält, sie also nicht schon längst zugunsten „billigerer" und effizienterer Vermehrungsweisen aufgegeben wurde. Man könnte sich einfach teilen, wie das viele Pflanzen tun, oder die Frauen könnten die Männer loswerden, indem sie auf Jungfernzeugung setzen. Diese und andere Arten der nicht sexuellen Vermehrung gibt es bei gar nicht so wenigen Tieren. Asexuelle Wasserflöhe, Fische oder Eidechsen sind zunächst sehr erfolgreich in der raschen Besiedlung ihrer Umwelt. Solche Populationen verschwinden aber recht bald wieder, wenn sie sich nicht doch wenigstens gelegentlich zum Sex bequemen.

Im Wettlauf mit Parasiten: Die Hypothese der Herz-Königin

Heute erklärt der biologische Mainstream das Fortbestehen der sexuellen Vermehrung mit der „Red Queen Hypothese": Wie bei „Alice im Wunderland"versuchen die Arten mit der sexuellen Vermehrung, im Wettlauf mit ihren Parasiten einigermaßen auf gleicher Höhe zu bleiben. Parasiten haben relativ kurze Vermehrungszyklen und werden durch ihre eigene sexuelle Vermehrung immer besser, ihre Wirte effizient auszubeuten, sofern diese nicht ebenfalls

Sexualität als Gegenmaßnahme einsetzen. Relevant im Zusammenhang mit der Abwehr von Parasiten und Krankheiten ist übrigens unser „MHC", der „Major Histocompatibility Complex", eine große Familie an Genen. Er ist für das Immunsystem zuständig, bestimmt die Gewebs(in)kompatibilität und sorgt – in Zusammenarbeit mit dem Mikrobiom der Haut – auch für den individuellen Körpergeruch. Durch Sexualität werden also in jeder Generation die Abwehrkräfte gegen Parasiten und Krankheitserreger neu aufgestellt. Damit wird verhindert, dass diese sich bequem an die Eigenschaften eines Wirts-Genotyps anpassen können.

Parasiten sind nämlich im Grunde blitzdumm: unfähig, von sich aus ihre Effizienz zu reduzieren, um den Wirt am Leben zu lassen, was eigentlich Voraussetzung für ihr Weiterbestehen wäre. Die Wirte müssen also selbst darauf achten, im Wettlauf mit ihren Parasiten nicht unterzugehen. In einem evolutionären Wettlauf zwischen sexuellen Parasiten und asexuellen Wirten würden Letztere bald den Kürzeren ziehen. – Fast tut es mir leid, hier eine nicht gerade romantische Begründung für die wichtigste und schönste Nebensache der Welt liefern zu müssen:

Sexualität hat sich evolutionär bewährt, weil sie genetische Variabilität schafft und damit die Anpassung an eine sich verändernde Umwelt und ein Leben mit Parasiten verbessert.

Einen solchen Rüstungswettlauf erleben wir in der zunehmenden Antibiotikaresistenz von Bakterien. Mittels ihrer Sexualität einschließlich der Fähigkeit, Fremd-DNA aus der Umwelt zu integrieren, laufen Mikroorganismen der Entwicklung neuer wirksamer Antibiotika davon. Menschen verhalten sich dabei übrigens auch nicht anders als die Parasiten – wenn auch auf Basis unterschiedlicher Mechanismen. Erste Reihe fußfrei schauen wir dabei zu, wie Kurzzeitvorteil und Eigennutz die Biosphäre zugrunde richten. Wir sollten also nicht mit dem Finger auf die doofen Parasiten zeigen, die uns weiterhin zum Sex zwingen. Nur steht der Biosphäre kein sexueller Mechanismus zur Verfügung, um mit der zwar evolutionär begründbaren, aber typisch menschlich-dummen Gier zurechtzukommen.

Eier versus Spermien – kleine Ursache mit großer Wirkung

Das alles klingt recht biologisch-reduktionistisch. Da den meisten Leserinnen und Lesern platter Reduktionismus wohl nicht liegt, werden sie sich fragen, was das mit komplexen Wesen wie uns zu tun hat. Nun – im sexuellen Vermehrungsmodus liegt der eigentliche Kern des ewigen Konflikts zwischen den Geschlechtern. Man kann sich individuell und gesellschaftlich arrangieren, aber zu „lösen" wird der Konflikt nie sein, weil er dem Kern eines evolutionär gewordenen Systems entspringt. Solange sich eine überwiegende Mehrheit der Menschen entweder als Frau oder als Mann versteht, müssen wir damit leben.

Selbst wer von der Bedeutung der biologischen Unterschiede zwischen den Geschlechtern nicht überzeugt ist, wird anerkennen müssen, dass sich die Keimzellen von Frau und Mann wesentlich unterscheiden. In den Eierstöcken der Frauen entstehen über eine begrenzte Zeit relativ wenige große Eier, in den Hoden der Männer dagegen reifen so ziemlich lebenslang Milliarden von winzigen Spermien heran. Und während sich Eier wohldosiert in regelmäßigen Eisprüngen zur Befruchtung anbieten, verteilen Männer mit jedem Samenerguss Millionen von Spermien mehr oder weniger gezielt in der Umwelt. Mit einer geringen Wahrscheinlichkeit trifft eines dieser Spermien auf ein Ei, das zu befruchten seine eigentliche Funktion ist.

Die Unterschiede zwischen Ei und Spermium liegen in Größe, Ausstattung, Beweglichkeit und Funktion. Während bei Einzellern die weiblichen und männlichen Geschlechtszellen meist noch gleich groß sind, funktioniert dieses System bei Vielzellern nicht mehr. Es musste eine klare Arbeitsteilung entstehen zwischen zwei Typen von Geschlechtszellen, womit auch die beiden Geschlechter in die Welt kamen: Eier sind groß und unbeweglich und enthalten jene Ressourcen, die für einen Start der Entwicklung eines Nachkommen nötig sind. Spermien sind kleine Rennmaschinen, deren Kopf einen männlichen Chromosomensatz enthält, mit Enzymen an der Spitze zur Durchdringung der Eihülle. Angetrieben werden sie durch eine lange Geißel. Sie verfügen zudem über wenige Mitochondrien, die den Treibstoff für den Rennmotor liefern, sowie über einen Orientierungsmechanismus, um das Ei chemotaktisch zu finden. – Kurz:

Eier liegen und locken, Spermien suchen und rasen.

Warum Spermien nicht gemütlich in aller Ruhe zum Ei schwimmen, ist einfach erklärt: Da kein Spermium dem anderen genetisch gleicht, herrscht zwischen ihnen Konkurrenz darum, wer das Ei befruchtet. Beim Menschen – und vielen anderen Arten – gibt es außerdem eine unter Umständen erhebliche Konkurrenz zwischen dem Sperma unterschiedlicher Männer. So etwa kann bei den promisken Schimpansen ein östrisches Weibchen fast im Minutentakt mit verschiedenen Männchen kopulieren; aber auch in monogamen Systemen können Seitensprünge ein wichtiges Thema sein. Beim Menschen überleben Spermien in den Krypten des Muttermundes bis zu einer Woche. Gelegentlich verkehren besonders jüngere Frauen oder solche vor der Menopause innerhalb dieses Zeitraums mit mehr als einem Mann, daher gibt es Spermakonkurrenz auch beim Menschen – mit entsprechenden Gegenstrategien auf männlicher Seite in Richtung Vaterschaftssicherung. Diese biologischen Gegebenheiten bilden die Basis für ebenso faszinierende wie konfliktträchtige Strategiespiele zwischen den Geschlechtern. – Und für die Spezialisierung von Spermien als Rennmaschinen.

Der Hase liegt schon bei der stark asymmetrischen Investition der Geschlechter in einzelne Ei- beziehungsweise Samenzellen im Pfeffer. Um das Ausmaß des Konflikts zu erkennen, muss man sich den „reproduktiven Imperativ" bewusst machen:

Individuen wurden, seit es sexuelle Vermehrung gibt, darauf ausgelesen, die Zahl ihrer reproduktiven Nachkommen zu optimieren. – Individuen, wohlgemerkt, nicht Arten.

Die alte Idee, dass Merkmale – einschließlich Verhalten – dem Arterhalt dienen, beruht auf dem generellen Missverständnis, dass die Art, nicht aber das Individuum die grundlegende Einheit der Selektion sei. Was nicht sein kann, denn es sind konkrete Individuen, die miteinander Nachkommen zeugen. Erst in den 1970er Jahren einigte man sich auf die „Individualselektion" als Grundmechanismus der Evolution und tat die „Gruppenselektion", also die Idee, die Gruppe sei die maßgebliche Einheit, als unbedeutend ab.

Dies bewirkte nicht zuletzt Edward Wilsons Buch „Sociobiology" (1975). Heute akzeptiert man auch wieder, dass bei sozial komplexen Arten Gruppenselektion – also Verhalten zum Wohle der Gruppe – sehr wichtig sein kann, was aber für die folgende Argumentation zu den Grundlagen keine Rolle spielt. Die grundgelegte Asymmetrie zwischen Ei und Spermium bewirkt letztlich, dass selbst unter der Oberfläche des vordergründig harmonischen Aufziehens von Nachkommen durch ein monogames Paar erhebliche Konfliktpotenziale schlummern.

Gebrauchsanweisung für den Umgang mit evolutionären Strategien

Halt! – Einschub: Es folgt ein Beipackzettel in Form einer Gebrauchsanweisung, wie bio-psychologische Gesetzmäßigkeiten mit dem Verhalten, dem Wollen und Handeln konkreter Menschen in

Einklang zu bringen sind. Dies ist nötig, da die soziobiologischen Regeln oft reflexartig Entrüstung und Protest auslösen – bis hin zur verächtlichen Ablehnung als Reduktionismus, der doch nicht für Menschen gelten könne, und schon gar nicht für einen selbst. Und das, obwohl dieses evolutionäre Theoriegebäude bereits mehr als 50 Jahre auf dem Buckel hat. Soziobiologische Regeln und Einsichten scheinen dem humanistischen Weltbild zu widersprechen; vor allem wenn man diese Einsichten gleich gar nicht an sich heranlässt. Doch die realistische Sicht auf das evolutionäre Erbe ist die Grundvoraussetzung, um als Mensch, Staatsvolk oder Menschheit eben nicht mehr zwanghaft beziehungsweise blind getrieben so zu handeln wie ein Artgenosse aus der Altsteinzeit, mit dem wir immer noch einen Gutteil der Verhaltensantriebe teilen.

Zum Folgenden sei angemerkt: Es liegt erstens im Sinne evolutionärer Strategien, nicht ins Bewusstsein zu dringen – sie liefen sonst Gefahr kognitiv ausgehebelt zu werden. Aber subversiv, wie die Wissenschaft nun mal ist, arbeitet die evolutionäre Verhaltensbiologie an der Aufklärung, am Bewusstmachen dessen, was uns die Evolution beschert hat. Das Paradies haben wir schon verloren, also können – oder besser müssen – wir weiter vom Baum der Erkenntnis naschen.

– Sorry, lieber Gott!

Zweitens sollte man nicht vergessen, dass Evolution *funktionierende* Systeme im Sinne der Selektion auf reproduktive Fitness erzeugt. Um menschliche Moralvorstellungen schert sie sich nicht. Wenn es der Gesamtoptimierung des reproduktiven Outputs dient, lässt sie Menschen in bestimmten Kontexten sogar die eigenen Kinder morden. Konrad Lorenz meinte noch – etwa in seinem unglücklich-kulturpessimistischen Machwerk „Die acht Todsünden der zivilisierten Menschheit" –, die Natur sei edel und gut; hingegen sei vieles, was der „Zivilisationsmensch" hervorbringe, verkommen und schlecht.

Dieses Vorurteil zur guten und edlen Natur, und dass das Negative durch die Menschen in die Welt gekommen sei, ist ebenso unausrottbar wie falsch.

Es mag vielen nicht gefallen, Seitensprung und Kindesmord als evolutionäre Strategien zu sehen. Aber wie in den Naturwissenschaften üblich, sollten wir die Dinge zunächst wertfrei betrachten und uns davor hüten, zur moralischen Keule zu greifen. Freilich müssen Menschen bewerten, aber im Idealfall erst nach der Aktivierung des rationalen Denkens. – Freilich eine hehre Forderung zu Zeiten der Meinungsblasen!

Drittens sollten die folgenden Informationen nicht sofort und im Detail auf sich selbst und andere projiziert werden. Wie es auch Menschen mit profunden Kenntnissen in Psychologie nicht geraten ist, sich selbst und andere ständig „psychologistisch" zu deuten. Evolutionäre Strategien leiten unsere Lebens- und Handlungsstile, aber wir sollten uns davor hüten, jedes Detail und jede Äußerung sogleich im Rahmen der menschlichen Verhaltensstile und im Lichte der großen evolutionären Theorie deuten zu müssen.

Die grundlegende Asymmetrie zwischen den Geschlechtern und ihre Folgen

Frauen wie Männer sind evolutionär darauf getrimmt, viele Nachkommen zu zeugen, die ihrerseits weitere reproduktive Nachkommen produzieren. Aber die Reproduktionspotenziale von Frauen und Männern sind sehr unterschiedlich – und damit auch die Strategien zu ihrer Optimierung. Die diesbezüglichen Unterschiede beginnen, wie bereits erwähnt, bei Eiern und Spermien und schreiben sich in den Betreuungserfordernissen für einzelne Nachkommen fort: Auf der weiblichen Seite hängt die Zahl der Nachkommen von der effizienten Umsetzung von Ressourcen in Nachkommen ab, also von der Qualität der Betreuung. Dagegen wird das Reproduktionspotenzial von Männern letztlich vom Zugang zu fertilen Frauen begrenzt. Frauen ziehen über ihre reproduktive Lebensphase maximal ein Dutzend Kinder groß, meist aber viel weniger. Männer dagegen können ungeheuer viele Nachkommen zeugen, wie das in extrem patriarchalischen Herrschaftsverhältnissen auch der Fall war.

Diese deutliche Asymmetrie zwischen den Vermehrungspotenzialen erklärt, warum viele Frauen wenige Nachkommen, wenige Männer aber viele Nachkommen zeugen – beziehungsweise großziehen. Sie bestand in milder Form schon unter Jägern und Sammlern, verschärfte sich aber im Zuge der Neolithischen Revolution, als Besitz und Macht zentrale Rollen zu spielen begannen: Viele Männer zeugten im neuen System gar keine Nachkommen mehr, einige wenige aber sehr viele. Damit wurde die Beziehung zwischen den Geschlechtern materialisiert – sie blieb es bis heute.

Auch im bäuerlichen Europa konnten bis ins 20. Jahrhundert Männer nur heiraten und sich gesellschaftlich akzeptiert fortpflanzen, wenn sie es sich leisten konnten.

Auf männlicher Seite hing das Zeugen von Nachkommen maßgeblich mit Status zusammen. Wohlhabende Bauern zeugten zahlreiche Kinder mit ihren Frauen – und den Mägden –, die armen Knechte hatten bestenfalls ein paar uneheliche Kinder mit den Mägden, in der Regel aber nicht mit der Bäuerin. Auch im modernen China muss sich ein Mann und seine Familie eine Frau „leisten" können.

Die Konkurrenz um fertile Frauen ist nicht nur durch die Fähigkeit weniger Männer begründet, diese zu monopolisieren. Auch das Faktum, dass Männer theoretisch im Stunden- und Tagestakt zeugungsfähig und -bereit sind, Frauen über den längsten Zeitraum der Menschheitsgeschichte aber nur alle vier bis sechs Jahre, spielt eine Rolle. Tatsächlich wirkt Stillen in Maßen empfängnisverhütend. –

Einigermaßen zuverlässig aber nur bei Frauen mit beschränkter kalorischer Versorgung, wie bei den ursprünglichen Jägern und Sammlern. Aber auch dort passierte es zuweilen: Kamen weitere Kinder zu früh – also wenn das letzte noch von der Muttermilch abhängig war –, wurden solche Säuglinge getötet.

Unterschiedliche Reproduktionspotenziale führen zu einem starken Mangel an fertilen Frauen für die immer bereiten Männer – und daher zu extrem starker Konkurrenz unter diesen.

Dass Männer im Schnitt um 15 Prozent schwerer und muskulöser als Frauen sind, ist auf diese sexuelle Konkurrenz zurückzuführen. Und dass sie in den menschlichen Gesellschaften gewöhnlich die Großwildjäger und Krieger stellen, ist wahrscheinlich eine sekundäre Entwicklung, die eher auf dieser starken, sogenannten intrasexuellen Konkurrenz beruht als auf einer direkten Selektion auf Jäger und Krieger. Sie mag dazu beigetragen haben, Jäger und Krieger tüchtiger zu machen, sind doch Männer schon alleine deswegen für „Außenpolitik" prädestiniert, weil sie im Austragen und in der Frühbetreuung der Babys ziemlich nutzlos sind. Auf Seite der Frauen lässt das Austragen der Kinder und das Stillen zwar genügend Zeit für das Sammeln der wichtigen pflanzlichen Nahrung, nicht aber für das zeitaufwendige und gefährliche Jagen oder gar Kriegführen.

Die Erfüllung solcher „männlicher" Rollen hätte für die Frauen direkte Verhaltenskosten in Form einer Erhöhung der früher ohnehin exorbitanten Kindersterblichkeit bedeutet. Zudem hatte der Verlust einer Frau unmittelbare Auswirkungen auf Reproduktionspotenzial und Fortbestand einer Gruppe, während der gelegentliche Verlust von Männern durch Jagdunfälle oder im Gefolge von Scharmützeln mit den Nachbarn eher wenig Bedeutung zukam. Essenziell wurden Männer bei hohem Druck durch Krieg oder Fressfeinde – oder wenn die Gruppe jagdlich auf Großwild spezialisiert war. Mammutjäger sind nur ein Beispiel für diese männliche Bedeutsamkeitsstrategie:

Mit der Spezialisierung auf große Beutetiere gewinnen Männer Ansehen und machen sich unentbehrlich.

Treue oder Seitensprung?

Weil Frauen mit einem einzigen Kind lange an der weiteren Reproduktion gehindert werden und daher nur relativ wenige Nachkommen aufziehen können, sollten sie die Väter ihrer Kinder qualitätsbewusst wählen. Eine schlechte Wahl – so Frauen wählen können, was umso weniger der Fall ist, je patriarchalisch-hierarchischer eine Gesellschaft ist – könnte zu einem suboptimalen Nachkommen führen, dessen Betreuung sie über Jahre blockiert. Daher sind Frauen bei der Wahl ihrer Sexual- und Lebenspartner wählerischer als Männer.

Frau bevorzugt generell nette, humorvolle und kluge Partner – Eigenschaften, die Männer zu guten Langzeitpartnern und Versorgern der Kinder machen.

Auch Wohlstand und Einflussreichtum zählen zu den weltweit universellen Wahlkriterien von Frauen. Und schließlich sollte der Partner auch noch gut aussehen. „Wohlhabend", „einflussreich" oder „gutaussehend" lassen auf vielversprechende Genkombinationen schließen, die Frauen erwarten lassen können, durch die Söhne solcher Männer wiederum Großmütter vieler erfolgreicher Enkel zu werden. „Gutaussehender Erzeuger" und „guter Versorger" sind übrigens unterschiedliche männliche Taktiken, die sich situationsabhängig auch in der weiblichen Wahl des Geschlechtspartners niederschlagen.

Frauen optimieren ihren Lebensfortpflanzungserfolg, indem sie versuchen, zumindest für die Dauer des Aufwachsens eines Kindes einen männlichen Versorger an sich zu binden. Dies ist die biologische Basis für serielle oder dauerhafte Monogamie. Die verhaltenswirksame anatomische Anpassung dafür sind die mit dem aufrechten Gang verbundene „Östrusverheimlichung" sowie die permanent vorhandenen Brüste, die nicht nur dann ausgebildet werden, wenn ein Baby Milch braucht. Bei den nächsten Verwandten, den Schimpansen, zeigt die auffällige hellrote Brunstschwellung am Hinterteil der Weibchen den Männchen, wann es sexuell etwas zu holen gibt. Die Brüste der Schimpansenfrauen sind allerdings reine Milchproduktionsorgane, während sie beim Menschen eine Doppelfunktion erfüllen: als echte sekundäre Geschlechtsorgane und Mittel zum Erwecken männlicher Begierde sowie zur Produktion von Milch, des ursprünglich für das Überleben der Kleinkinder unverzichtbaren Nahrungsmittels.

Einen Partner an sich zu binden, ist eine primäre weibliche Reproduktionsstrategie.

Männer können die Zahl ihrer Nachkommen zwar durch Kopulieren mit vielen fertilen Partnerinnen optimieren. Es lohnt sich aber nicht für alle, dies zur primären Strategie zu machen. Denn die Konkurrenz ist groß und manche Männer sind besser darin als andere, sich Zugang zu fertilen Frauen zu verschaffen. Etwa weil sie mächtig und wohlhabend sind, oder aber attraktive und fesche Philander. Hauptstrategie der meisten Männer ist es daher, sich an eine Frau zu binden, mit ihr Kinder zu zeugen und durch das Sich-Kümmern um Frau und Kinder ihre Fertilität zu optimieren. Das erhöht die Überlebenschancen der gemeinsamen Nachkommen, führt zwar nicht zu hunderten Nachkommen wie bei den alten Sultanen und Kriegsfürsten, aber zumindest zu einigen, und das vergleichsweise sicher.

Ist also Kinderkriegen und -aufziehen doch ein Bereich harmonischer Kooperation zwischen monogamen Paarpartnern? Nicht ganz. Erst mit der Verfügbarkeit genetischer Vaterschaftstests ließ sich nachweisen, dass bei den meisten monogamen Arten – einschließlich Mensch – ein Teil der Nachkommen nicht vom männlichen Paarpartner gezeugt wurde. Besonders viele monogame Arten existieren bei Vögeln, wo das früh abgelegte Ei dem Männchen Gelegenheit gibt, viel für den Fortpflanzungserfolg zu tun, indem es sich früh an der Fürsorge beteiligt. Bei den Säugetieren entwickelten sich dagegen sehr wenige monogame Arten, weil dort die frühe Jungenfürsorge durch das Heranwachsen in einer Gebärmutter und das weibliche Monopol auf Milchproduktion evolutionär der Mutter zugeschanzt wurde.

Weltweit herrscht in monogamen menschlichen Gesellschaften ein Ideal sexueller und sozialer Treue, auf das besonders die weibliche Seite viel Wert zu legen scheint.

Schwer zu sagen, warum die Biologen nicht eher sahen, dass bei vielen Singvögeln Weibchen und Männchen in der Morgendämmerung in verschiedene Richtungen aus dem Revier schleichen, um sich mit den Nachbarn zu vergnügen. Vielleicht wollte man seitens der Biologie bis in die 1970er Jahre einfach nicht genauer hinschauen. – Ein ähnliches Phänomen sehen wir heute mit der zunehmenden Einsicht, dass die Weibchen in den Sozialsystemen vieler Arten eine wichtige Rolle spielen. Es brauchte offenbar Frauen in der Wissenschaft und ihren emanzipierten Blick, damit sich die Forschung nicht mehr fast ausschließlich auf die ach so wichtigen Männchen konzentriert.

In monogamen Systemen besteht daher die primäre reproduktive Strategie von Weibchen und Männchen in der gemeinsamen Fürsorge für den Nachwuchs. Das bedeutet aber nicht, dass sexuelle Treue angesagt sein muss, im Gegenteil:

Per Seitensprung können sich beide Geschlechter ein „reproduktives Körberlgeld" verdienen.

Dass dies auch beim Menschen eine Rolle spielt, zeigen Daten: In den meisten Gesellschaften werden je nach Schätzung etwa zwei bis fünf Prozent der Nachkommen in stabilen Paarbeziehungen fremdgezeugt. Man weiß auch, dass etwa die Hälfte der paargebundenen Österreicherinnen und Österreicher gelegentlich oder regelmäßig seitenspringen. Wenn man behauptet, sie täten dies der möglichen Nachkommen wegen, erntet man wohl Stirnrunzeln. Klar tut man es aus Lust, Leidenschaft! Aber warum haben die Leute Freude daran? – Weil eine evolutionäre Strategie es so will. Denn harmlos sind Seitensprünge nicht; sie gefährden bestehende Partnerschaften, und die daraus resultierenden Schlamassel kosten Nerven und Geld. – Ein gutes Beispiel für scheinbar irrationales menschliches Verhalten.

Evolutionär gedacht können Männer per Seitensprung ihre Reproduktionsbilanz aufbessern, noch dazu ohne in die außerpartnerschaftlich gezeugten Kinder voll investieren zu müssen. Aber wozu gehen Frauen fremd? Die Zahl ihrer Nachkommen erhöht sich damit (meist) nicht, wohl aber deren Qualität. Denn eine sexuell treue monogame Partnerschaft mit einem einzigen Mann bedingt genetisch und von den Eigenschaften her recht homogene Kinder. Die mögen an ihre Umwelt trefflich angepasst sein und wiederum viele Enkel bringen; vielleicht aber auch nicht. – Durch Seitensprünge können Frauen eine größere Streuung der Lose in der Lotterie um Nachkommen erzielen, deren genetische Variabilität also vergrößern. Das Problem dabei: Paargebundene Männer sind an kaum etwas mehr interessiert, als die genetischen Väter ihrer Kinder zu sein. Ein Mann sollte also tunlichst nicht erfahren, dass ihm ein Kuckuckskind untergeschoben wurde, denn das bedeutet meist das Ende der Partnerschaft. Ebenso im umgekehrten Fall:

Frauen sind generell entschiedener als Männer, die Scheidung einzureichen.

Wenn es um soziale Untreue geht, sogar noch eher als bei rein sexueller.

Ob für genetische oder fremdgezeugte Kinder – die ursprüngliche Rolle des Mannes in monogamen Beziehungen ist die des Versorgers. Von den Kuckuckskindern sollte er aber nichts mitbekommen. Weibliche Seitensprünge erfolgen nicht mit x-beliebigen Männern, es sei denn unter erheblichem Alkoholeinfluss. Der Seitensprungpartner sollte gutaussehend und charmant sein – im Gegensatz zum Versorger, bei dem es reicht, wenn er nett ist und gelegentlich den Staubsauger schwingt. Es wird unter Humanethologen diskutiert, ob Männer grundlegend zu zwei unterschiedlichen Taktiken tendieren: der des treu gebundenen Versorgers sowie der des sich herumtreibenden Philanders.

Dass an dieser Idee etwas dran sein könnte, belegt das Verhalten von Frauen: Sie zeigen in der Zeit um den Eisprung mehr Haut, gehen gerne aus und tolerieren männlichen Körpergeruch eher als in nicht fruchtbaren Zeiten. Dass jüngere Frauen eher zum Seitenspringen neigen, mag nicht verwundern, wohl aber, dass dies auch für Frauen vor dem Ende ihrer reproduktiven Karrieren gilt; oft werden Nachzügler in solchen Fremdgängen gezeugt. Natürlich, wird man meinen, blöd wird sie sein – und sich für den Seitensprung einen unattraktiven Langweiler aussuchen! Ihr Verhalten ist aber auch evolutionär erklärbar: Wird eine Frau von einem Philander schwanger, hat sie die Chance auf einen Sohn, der ebenfalls zum attraktiven Philander mit wieder vielen Kindern wird. Diese „Sexy Son Hypothese" wird von der Wissenschaft generell zur Erklärung weiblicher Seitensprünge herangezogen.

Das Prinzip Vaterschaftssicherung

Folgerichtig fuhren die Männer ihre evolutionäre Gegenstrategie hoch; fast jedes Mittel ist ihnen recht, um ihre Vaterschaft zu sichern. Ein Vergleich mit anderen Tieren zeigt zwei extreme Möglichkeiten, die den Männchen dabei zur Verfügung steht: Spermakonkurrenz oder Monopolisieren der Weibchen, mit allen möglichen Übergängen zwischen den beiden Extremstrategien. Bei Ersterem gilt es, genügend Sperma zu produzieren, um mit ebenfalls kopulierenden Männchen zu konkurrieren. Wer früher dran ist als die anderen und mehr Sperma produziert, hat laut statistischer Wahrscheinlichkeit die besten Chancen auf die Vaterschaft. Die Ausstattung von Männchen bei einer Art mit relativ großen Hoden ist ein Hinweis auf starke Spermakonkurrenz.

Innerhalb der Menschenaffen wachsen Schimpansenmännchen die größten Hoden. Dass Weibchen im Östrus meist mit allen erwachsenen Männchen kopulieren, ist unter anderem auch die Lebensversicherung für den Nachwuchs: Da alle Männchen in der Gruppe der Vater ihres Kindes sein könnten, töten die Männchen bei den Schimpansen – im Gegensatz zu den meisten anderen Säugetieren – kaum die noch abhängigen Kinder, um so die Weibchen bereit zu machen, die Kinder des Mörders zu empfangen und auszutragen. Allerdings versuchen Schimpansenmännchen, ihre Konkurrenten bei der Kopulation zu stören. Wenn also ein Weibchen während der Empfängnisbereitschaft traute Zweisamkeit mit einem bestimmten Männchen bevorzugt, absentiert man sich gemeinsam von der Gruppe.

Darüber hinaus wurden bei vielen Arten Zusatzmaßnahmen entwickelt, die einerseits dem Männchen die Vaterschaft sichern, andererseits dem Weibchen eine gewisse Wahlmöglichkeit lassen. So stoppeln die Männchen mancher Insektenarten die Weibchen nach der Kopulation buchstäblich zu, während dieses wiederum das weniger erwünschte Sperma zuweilen gleich wieder ausscheidet – oder nur das bevorzugte Sperma zurückhält, wie es auch beim Menschen der Fall zu sein scheint. Während des Orgasmus saugen die Gebärmutterkrypten der Frau das Sperma förmlich an und speichern es, während es ohne Orgasmus bald ausgeschieden wird.

Das könnte erklären, warum Menschenmänner so versessen darauf scheinen, ihre Partnerin zum Orgasmus zu bringen.

Zumal damit auf weiblicher Seite auch das Hormon Oxytocin freigesetzt wird, was die Bindung an den Mann verstärkt, mit dem die Frau einen Orgasmus hatte.

Erhellend zur Einordnung des Themas Vaterschaftssicherung beim Menschen ist ein direkter Vergleich mit Menschenaffen: Die wenigen sehr eng mit Menschen verwandten Arten (Schimpanse, Bonobo, Gorilla und Orang-Utan) zeigen teils extreme Unterschiede in ihrer evolutionären sozio-sexuellen Konstruktion. Bei Gorillas können die dominanten Silberrücken-Männchen fast dreimal so schwer werden wie die Weibchen. Durch seine beindruckende Muskelkraft kann der Haremshalter Konkurrenten auf Distanz halten. Daher investieren Gorillamännchen wenig in ihre Geschlechtsorgane. Nach menschlichem Maßstab sind diese sanften Machos mit erbärmlich kleinen Hoden und Penissen ausgestattet. Mehr benötigen sie auch nicht zum Zeugen ihrer Kinder, hält man sich die Konkurrenz doch einigermaßen effektiv vom Leib. Sie betreiben also Vaterschaftssicherung durch Monopolisieren.

Anders läuft es bei unseren nächsten unmittelbaren Verwandten, den Schimpansen. Hier sind die Männchen nur geringfügig größer als die Weibchen. Aufgrund der ständigen gewalttätigen Auseinandersetzung mit benachbarten Gruppen müssen die Männchen einander tolerieren, ein einziges Männchen würde sonst rasch von den Nachbarn getötet und die Weibchen von diesen übernommen werden. Daher bilden die Männchen Allianzen und dominieren mit Gewalt auch die eigene Gruppe. – Bei den Schimpansen, wohlgemerkt, nicht bei den nächstverwandten Bonobos, wo die Weibchen das Sagen haben und sich ihrerseits verbünden. Jedenfalls zieht das Mehrmännchensystem der Schimpansen eine starke Konkurrenz um den Fortpflanzungserfolg nach sich. Da das Monopolisieren von Weibchen unter Ausschluss anderer Männchen das Überleben der Gruppe gefährden würde, setzen die Schimpansen, wie auch die Bonobos, vor allem auf Spermakonkurrenz. Sie entwickeln riesige Hoden und versuchen so, das Rennen um die Vaterschaft durch die Menge an produziertem Sperma zu gewinnen.

In diesem Buch über die menschliche Natur ist der Vergleich von Gorillas und Schimpansen in Bezug auf den Unterschied ihrer Körper- und Hodengröße nicht Selbstzweck. Die Grundfrage lautet: Wie ordnen sich Menschen in diesen Vergleich ein, und stimmt das tatsächliche Verhalten mit den Vorhersagen auf Basis der simplen anatomischen Fakten überein? Menschenmänner wiegen im Schnitt 15 Prozent mehr als Frauen. Wie auch Schimpansen, leben Menschen seit jeher in Gruppen mit mehreren Männern. Im Gegensatz zu diesen binden sich Menschenfrauen jedoch eher für einige Zeit oder auch länger an bestimmte Partner und verhalten sich weniger promisk; sozio-sexuell scheinen Menschen also um einiges variabler zu sein.

In der relativen Hodengröße liegen Menschenmänner zwischen Gorillas und Schimpansen, in der Penisgröße aber sind sie Gruppensieger.

All dies deutet darauf hin, dass die Vaterschaftssicherung beim Menschen sowohl über Monopolisieren als auch über Spermakonkurrenz laufen kann.

Das Verhalten von Männern geht damit konform. Wenn sie aufgrund ihrer Machtposition den Zugang zu fertilen Frauen monopolisieren können, dann tun sie das seit der Neolithischen Revolution auch. Und monogam gebundene Männer wachen zumeist eifersüchtig über die sexuelle Treue „ihrer" Frauen. Das kann in manchen Kulturen seltsame Blüten treiben, wenn die sexuelle Treue der Frau zur „Ehrenfrage" für die gesamte Familie wird und entsprechendes „Fehlverhalten" sie in Lebensgefahr bringt. Ehrenmorde werden immer von männlichen Verwandten ausgeführt. Es bleibt also in der Familie. Dies ist ein gutes Beispiel für kulturell verfestigte Monopolisierung von Frauen. Zu hundert Prozent erfolgreich waren solche Monopolisierungsversuche aber in keiner Kultur.

Immer noch scheint man sich zu wundern, dass sozio-sexuelle Gewalt zu mehr als 90 Prozent von Männern ausgeht. Was nicht alles an teils verstiegenen Theorien in Richtung männlicher Machtausübung als Erklärung angeboten wird! Solche gesellschaftlichen Modelle sind sicher nicht einfach „falsch", schrammen aber meist an einer kausalen Erklärung vorbei, die in den evolutionär angelegten mentalen Einstellungen zur Vaterschaftssicherung liegt. Menschen sind Säugetiere. Folgerichtig sind auch Menschenfrauen und ihr Nachwuchs von den männlichen Strategien der Partnerschaftssicherung bedroht.

Die Kriminalstatistik belegt, dass die größte Gefahr für Leib und Leben zumeist jüngerer Frauen vom Ex ausgeht.

Und das (unbewusste) evolutionäre Motiv der Vaterschaftssicherung äußert sich in oft gewalttätiger Eifersucht und den Versuchen, seinen Kontroll- und Besitzanspruch zu wahren. Solchermaßen enttäuschte Ansprüche können tödlich enden: Der Gutteil der 41 im Jahre 2018 in Österreich ermordeten Frauen fällt in diese Kategorie. Das größte Risiko ums Leben zu kommen, haben (nicht nur) jüngere Frauen, wenn sie sich von ihrem Partner trennen. Meist weil er sie – mit mehr oder weniger Gewalt – zu kontrollieren versucht. Eifersucht als Antrieb lässt vornehmlich Männer aller sozioökonomischen Schichten sämtliche Grenzen überschreiten. Hinter der Zunahme männlicher Gewalt gegen Frauen steht aber kein gesellschaftlicher Trend zur erhöhten Gewaltbereitschaft, denn Gewaltverbrechen sind insgesamt rückläufig. Seriöse Ursachenforschung ist angesagt;

mit dem Finger auf Einwanderer und den Islam zu zeigen, vermag das Problem nicht zu lösen, aber es besteht der begründete Verdacht, dass Gewalt gegen Frauen mit dem Import patriarchaler Einstellungen zunahm.

Männliche Gewaltbereitschaft wird oft als Triebfeder für Kriege verantwortlich gemacht. Die latent-chronische, evolutionär grundgelegte sozio-sexuelle Gewalt von Männern gegen Frauen ist in Bezug auf ihre gesellschaftlichen Auswirkungen quantitativ jedoch zumindest ebenso bedeutend. Sie ist in unterschiedlichen Ausprägungen in allen menschlichen Gesellschaften zu finden, und das nicht erst heute. Ganz los wird man diese „evolutionär-systembedingte" Gewalt nie werden, man kann sie aber minimieren, indem man Kindern ein gutes Aufwachsen ermöglicht, auf eine geschlechterbalancierte, ökonomisch gerechte und kohäsive Gesellschaft und vor allem auf Bildung setzt – und im Falle von Einwanderungsgesellschaften, die alle europäischen Länder *de facto* geworden sind, entsprechend in Integrationsmaßnahmen investiert.

Polygynie, Polyandrie – und der Wunsch nach Monogamie

Die Strategien der Partner- und Vaterschaftssicherung bilden sich im sozialen Zusammenleben ab. Der US-Völkerkundler George Murdock forschte lebenslang zu Familien- und Verwandtschaftsstrukturen. In den 1960er Jahren listete er die grundlegende sozio-sexuelle Organisation von allen „diskreten", also voneinander abgrenzbaren, leidlich unabhängigen, menschlichen Kulturen auf, derer er habhaft werden konnte. Von den 859 erfassten Gesellschaften lebten 708 (82 %) polygyn, also ein Mann mit mehreren Frauen. Etwa die Hälfte davon war fakultativ polygyn, dort ging Monogamie (ein Mann, eine Frau) gelegentlich in Polygynie über, indem ein Mann eine zweite Frau nahm. Nur 137 Gesellschaften (16 %) lebten hauptsächlich monogam und lediglich vier (0,5 %) polyandrisch (eine Frau mit mehreren Männern).

In allen diesen vier Gesellschaften war Polyandrie durch ökonomische Bedingungen erzwungen. So etwa im nordindischen Ladakh, wo bis heute in Hochlagen auf den Schwemmkegeln von Flüssen karge Landwirtschaft betrieben wird und es nicht möglich ist, Flächen beim Vererben weiter aufzuteilen. Das Problem wird gelöst, indem eine Frau den ältesten Bruder einer anderen Familie heiratet, der nach geraumer Zeit und dem Zeugen einiger Kinder meist abwandert, wonach der nächste Bruder drankommt. Glücklich sind die Menschen mit diesem System nicht. Die Frauen haben alle Hände voll damit zu tun, die Eifersucht unter ihren Männern zu managen und den Familienfrieden zu erhalten.

Interessanterweise fand Murdock keine einige promiske Gesellschaft, wie etwa bei den nächsten stammesgeschichtlichen Verwandten, den Schimpansen üblich.

Monogamie scheint das Ideal des „menschlichen Grundsystems" zu sein: Weltweit wünschen sich junge Leute beiderlei Geschlechts in ihrer Lebensplanung überwiegend eine exklusive Zweierbeziehung. Das bedeutet nicht, dass sie in solchen exklusiven Zweierbeziehungen bis zum Tod zusammenbleiben, oder immer auch sexuell treu sein werden. Ohne starken gesellschaftlichen Druck und eine institutionalisierte Ehe tendieren Menschen zur seriellen Monogamie, wie sie bei vielen Jägern und Sammlern vorkam und auch in modernen liberalen Gesellschaften existiert. Darüber hinaus gibt es mittlerweile fast überall die Möglichkeit zur Scheidung. Man ist ein paar Jahre an einen „Lebensabschnittspartner" gebunden, bis es zu einer neuen Partnerschaft kommt.

Tatsächlich sind Frauen in monogamen Beziehungen am fruchtbarsten und die Sterblichkeit von Kleinkindern am geringsten, wenn diese mit der eigenen Mutter unter einem Dach wohnen.

Ein Zusammenleben mit der Schwiegermutter wirkt sich hingegen negativ auf die Fruchtbarkeit der Frau und die Zahl ihrer überlebenden Kinder aus, wie der deutsch-englische Anthropologe Eckart Voland herausfand. Auch Reibungen zwischen Schwiegertochter und Schwiegermutter sind im Kern offenbar als evolutionärer Grundkonflikt angelegt!

Polygynie entsteht meist aus Monogamie, durch das Hinzukommen weiterer Frauen. Sie spiegelt meist eine stark ausgeprägte gesellschaftliche Schichtung wider: Ungleichheit in der Verteilung von Besitz und Macht. Solche Gesellschaften entstanden erst nach dem Sesshaftwerden. Offenbar besteht ein ursächlicher Zusammenhang zwischen männlichem Macht- und Besitzstreben, dem Zugang zu fertilen Frauen und der Kontrolle ihrer Reproduktion. Die Zahlen zeigen, dass Polygynie vorzugsweise die männlichen Reproduktionsinteressen widerspiegelt: In Harems bekommen Frauen weniger Kinder als in monogamen Beziehungen; die Krux ist, dass in Untertanengesellschaften neben den Haremshaltern oft kaum Männer mit konkurrenzfähiger Versorgerqualität zur Verfügung stehen. Die Tochter im Harem des Fürsten zu wissen, war ja auch eine Strategie der gesellschaftlichen Anerkennung und der materiellen Absicherung der Eltern. Betroffene, etwa Sektenmitglieder, die heute noch polygyn leben, berichten von einem beträchtlichen Aufwand des Mannes, den Frieden unter den Frauen zu wahren.

Auch wenn die Murdock'schen Daten zeigen, dass unter den von ihm erfassten Gesellschaften Polygynie überwog, lässt sich nicht behaupten, sie wäre die „natürliche" Lebensform des Menschen. Das „natürliche" am menschlichen System ist vielmehr seine Flexibilität im Zusammenhang mit ökonomischen und gesellschaftlichen Bedingungen. So ist Polygynie fast immer ein Resultat sehr ungleicher, hierarchischer und patriarchaler Gesellschaften.

Allerdings deckt sich das gesellschaftlich akzeptierte System des Zusammenlebens zwischen den Geschlechtern nie ganz mit dem sexuell praktizierten. So sind Seitensprünge der Partner ein regelhaftes Attribut von Monogamie, während „erschlichene Kopulationen" durch „Beimännchen" Haremssysteme kennzeichnen, nicht nur beim Menschen. Erhebungen in westlichen Staaten zeigen, dass etwa die Hälfte der monogam gebundenen Männer und ein paar Prozent weniger Frauen gelegentlich oder regelmäßig seitenspringen. Unklar ist die konstante Asymmetrie zwischen den Geschlechtern. –

Entweder sind Frauen wirklich treuer oder sie geben Seitensprünge weniger offen zu als Männer.

Eheliche Untreue wird zwar einerseits – und besonders im Fall der Frau – gesellschaftlich negativ gesehen, andererseits kann sie Männern (unter vorgehaltener Hand) Prestige einbringen. Konkurrenzstarke und erfolgreiche Männer bewundert man offen – oder zumindest insgeheim, wenn es um die sexuelle Leistung geht, aber das mag sich zu Zeiten der Feminisierung der Gesellschaft ändern.

Wenn Eltern ihre Kinder töten

Vor allem in stark patriarchalen Gesellschaften ruft die weibliche Bereitschaft zur Untreue männliche Gegenmaßnahmen auf den Plan. Darunter fallen Genitalverstümmelung sowie teils drakonische Maßnahmen wie zum Beispiel Steinigung oder sogenannte

„Ehrenmorde", die oft schon auf Verdacht begangen werden.

Die allermeisten Gesellschaften sind in unterschiedlichem Ausmaß patriarchal und daher durch männliche Eifersucht, Kontrollbestrebungen und Gewalt gegen Frauen und Kinder in unterschiedlichem Ausmaß geprägt.

Kann männliche Gewalt gänzlich unterbunden werden? Zur Effizienz möglicher Kontrollmaßnahmen gibt es keine Daten. Auch wenn liberal-aufgeklärte Gesellschaften stark von emanzipatorischen Bewegungen und dem Bestreben geprägt sind, diese Gewalt zu unterbinden, ist das Problem der sozio-sexuell motivierten Gewaltausübung durch Männer nicht „ein für alle Mal" zu lösen, da sie auf einer evolutionären Strategie beruht. Es bedarf permanenter gesellschaftlicher Anstrengungen sowie der vollen Einbindung der Frauen, um dieses zentrale Problem menschlichen Zusammenlebens zumindest zu minimieren.

Sexuell motivierte Gewalt ist weder auf Menschen begrenzt, noch auf das Monopolisieren von Weibchen, sie umfasst auch den Kindesmord. Biologen kamen, nachdem sie, angespornt von den Berichten der jungen Jane Goodall, ihre Schreibtische verließen, um in der freien Natur zu beobachten, was Tiere *wirklich* tun, mit verstörenden Geschichten zurück: etwa, dass Löwenmännchen, die sich gerade einen Harem erkämpft hatten, in den darauffolgenden Tagen und Wochen trotz Widerstand der Weibchen alle noch milchabhängigen Jungen töteten.

Das kann wohl kaum im Sinne der „Arterhaltung" sein.

Weil es ähnliche Gerüchte über andere Säugetierarten gab, wurde in den frühen 1980er Jahren der Anthropologe und Primatologe Volker Sommer von seinem Göttinger Doktorvater nach Indien entsandt. Er sollte untersuchen, ob systematischer Kindesmord auch bei den Hanuman-Languren bei der Übernahme eines Harems durch ein neues Männchen vorkommt. Diese Languren heißen auch Tempelaffen, weil sie sich bevorzugt um Hindu-Tempel aufhalten, sie werden von den Menschen respektiert, verehrt und gefüttert. Bei ihnen fand Sommer dasselbe Vorgehen wie bei den Löwen: das Töten noch abhängiger Jungtiere durch Männchen, die gerade den alten Haremshalter enttrohnten. In Folge stellte sich heraus, dass es sich bei dieser Form von Kindesmord um ein bei fast allen Säugetieren verbreitetes Muster handelt, einschließlich Bären, Mäuse und – Menschen.

Kindesmord bringt Weibchen rasch wieder in den Östrus; sie tragen die Nachkommen eines neuen Männchens aus, und investieren nicht weiter in die des Vorgängers. Dieser strategische Infantizid ist Folge der bei Säugetieren extrem ausgeprägten und langen Brutpflege und zusammenhängend mit der männlichen Optimierungsstrategie; bei Vögeln ist er kaum zu finden. Durch die lange zeitliche Bindung eines Weibchens an die Aufzucht des Nachwuchses entsteht bei den Säugetieren eine starke Konkurrenz zwischen den Männchen um fertile Weibchen. Diese äußert sich im Bekämpfen von Rivalen und im Töten noch abhängiger Jungtiere, um die Weibchen zum Empfangen von eigenen Kindern bereit zu machen. Dem haben die meist kleineren Weibchen wenig entgegenzusetzen – außer mit ihrem Nachwuchs Männchen zu meiden, wie es etwa Bärinnen tun, oder, wie bei den Schimpansinnen, sich mit allen Männchen zu paaren.

Leider gilt auch für Menschen: Die größte Gefahr für die noch abhängigen Kinder einer Frau geht vom neuen Partner aus.

Der Neue kann sich entweder um die Kinder und solchermaßen auch um die Gunst der Mutter bemühen oder er konkurriert eifersüchtig mit den Kindern um Aufmerksamkeit. Solche Konflikte sind lösbar und es kommt auch vor, dass nicht nur die Frau Kinder in die neue Partnerschaft einbringt. Leider werden im Zusammenhang mit einem neuen Freund Kleinkinder zuweilen vernachlässigt, missbraucht und sogar getötet. Kindstötungen efolgen überwiegend durch den neuen Partner, selten durch die Mutter selbst, aber häufig in verdeckter Komplizenschaft mit ihr. Die typische Säugetierstrategie des Fokus auf die genetisch eigenen Kinder ist den Menschen nicht bewusst. Kinder sind für „den Neuen" schlicht lästig oder Konkurrenten um die Gunst der Frau.

So unterscheiden sich die Todesraten von Kindern, die bei nicht genetischen Eltern aufwachsen, beträchtlich von jenen, die bei den eigenen Eltern groß werden. Die kanadischen Psychologen Martin Daly und Margo Wilson durchforsteten die Kriminalstatistik und fanden auf Basis gut abgeglichener Datensätze heraus, dass altersunabhängig etwa 70-mal mehr Kinder in der Obhut von Stiefeltern ums Leben kommen als in der von genetischen Eltern. Es ist davon auszugehen, dass ähnliche Zahlen für Mitteleuropa zutreffen – Menschen reagieren in sozialen Zusammenhängen erstaunlich einheitlich.

Dem Datensatz von Daly und Wilson zufolge starben in der Gruppe der bis zu Zweijährigen pro einer Million Eltern-Kind-Dyaden und Jahr 635 Kinder bei Stiefeltern, aber nur neun Kinder bei genetischen Eltern. Gefährlichster Faktor auch in dieser Studie: der Stiefvater. Die Kinder starben an Vernachlässigung, wurden zu Tode geschüttelt oder geprügelt. Dahinter steckt, dass das Schreien fremder Kinder – wie das Bellen fremder Hunde – mehr stört als das der eigenen Kinder (oder Hunde). Rufen die „fremden" oft genervte oder sogar aggressive Reaktionen hervor, springt bei den „eigenen" eher die Bereitschaft zur Zuwendung an. – Väter töten sehr selten die genetisch eigenen Kinder; wenn aber doch, dann durch Erschießen oder Ersticken. Im Gegensatz zu den Kindsmorden durch Stiefväter geht mit dem Töten der eigenen Kinder durch die leiblichen Väter meist ein Trennungskonflikt einher und schließt in der Regel die Ermordung der Frau und den eigenen Suizid mit ein.

Eigene Kinder werden nicht „nebenher" oder aus eskalierendem Ärger heraus getötet, sondern im seelischen Ausnahmezustand.

Diese Muster gelten auch für Österreich und Deutschland, werden aber von der Politik ausgeblendet. Die unmittelbaren Ursachen für Kindstötungen – überwiegend durch Männer – liegen durchwegs in jenen sozialen und gesellschaftlichen Zusammenhängen der evolutionär begründeten Motive. Eine realistische Diagnose unter Einbeziehung der evolutionären Grundlagen bleibt die einzig erfolgversprechende Basis für jeglichen Therapieansatz. Man könnte es schaffen, die immer wieder auftauchende männliche Gewalt zumindest zu minimieren. Es gilt realistisch-pragmatisch zu denken und die evolutionär gewordene Natur des Menschen nicht auszublenden, weil etwa nicht sein darf, was nicht sein kann. – Und das vielleicht nur, weil aufgrund ideologischer Festlegung Wissenschaft und Politik die Faschismuskeule schwingen, wenn man es wagt, die eigentlichen, biologischen Ursachen in Betracht zu ziehen.

Handlungsanleitungen aus dem „Off"

Es mögen Zweifel aufkommen, ob sich Menschen von so simplen evolutionären Urstrategien treiben lassen. Auf Populationsniveau ist das nicht zu leugnen: Zahlen lügen nicht – wenn man sie nicht manipulativ gebraucht. Weil aber nicht jedes Individuum in den Populationsmittelwert fällt, muss sich niemand persönlich betroffen fühlen. Zu verstehen, was evolutionäre Strategien von uns wollen – welche Art von „nudging" sie auf uns ausüben –, ist aber Voraussetzung für Entscheidungsfreiheit. Man gewinnt sie, indem man sich der Antriebe aus dem „Off" gewahr wird. Und indem man berücksichtigt, dass einfache evolutionäre Motive im Zusammenhang mit der frühen Sozialisierung, der Persönlichkeit, dem sozialen und gesellschaftlichen Umfeld sowie Alter und Geschlecht auch in „Standardsituationen" zu höchst vielfältigen und komplexen Reaktionen führen können.

Viele der dynamisch sich verändernden sozialen Muster in modernen Gesellschaften passen ins System. Im Einklang mit der soziobiologischen Theorie nimmt etwa die Dauer monogamer Partnerschaften ab, wenn der gesellschaftliche Druck auf das ewige Bestehen von Ehe wie auch die Abhängigkeit vom Einkommen des Mannes, seine Bedeutung als Versorger, nachlässt. Solche Abhängigkeiten sind aber nicht vollständig überwunden. Alleinerzieherinnen geraten viel zu oft in die Armutsfalle, auch weil das politische System keine ausreichende Kinderbetreuung bereitstellt. Hier steht der Neoliberalismus in der Kritik, der sich anschickt, aus der materiellen Not und dem Auseinanderdriften der Gesellschaft eine emanzipatorische Tugend zu machen.

In den letzten Jahrzehnten schlägt die Börse die Realwirtschaft. So steigen Arbeitseffizienz und Aktionärseinkommen, während individuelle Arbeitseinkommen stagnieren. Dies teilt Gesellschaften in kaum Steuern zahlende Besitzende und einen verarmenden Mittelstand, der einen Gutteil der Steuerlast schultert. Um den Lebensstandard halten zu können, steigt der Arbeitsdruck; die Freiheit für die individuellen und partnerschaftlichen Gestaltung des Lebens sinkt. Weil die Wirtschaft aber beide Geschlechter in der Erwerbsarbeit braucht, kann man junge Familien zunehmend auch als ökonomische „Zwangsgemeinschaften" sehen. – Einerseits eine Errungenschaft, da es nicht mehr nur die Männer sind, die sich die Frauen „leisten" können müssen. Andererseits formt sich ein System der ökonomischen Zwänge und des Zeitdrucks bei der gemeinsamen Nachwuchsbetreuung. – Wohl auch ein Grund, warum Partnerschaften volatil geworden sind und sich immer mehr junge Leute als Single durchs Leben schlagen – wenn sie es sich leisten können.

Man könnte flapsig behaupten, dass vor allem in der Stadt heute mehr junge Frauen mit Hunden oder anderen Frauen zusammenleben als mit Männern.

Sogar Papst Franziskus meinte, junge Leute sollten sich weniger um ihre Haustiere kümmern und lieber Kinder aufziehen. Wir sehen darin aber auch im Lichte evolutionärer Prinzipien stimmige gesellschaftliche Entwicklungen. Unter dem Einfluss einer merklichen <u>Feminisierung</u> der Gesellschaft schwindet die Rolle der Männer als materielle Versorger der Frauen, die in zunehmender ökonomischer Eigenständigkeit leben. Umgekehrt treibt der Unwille, eine Partnerschaft um jeden Preis mit einem Mann aufrechtzuhalten, in die typische Armut alleinerziehender Frauen. – Eine Schande eigentlich für eine reiche Gesellschaft, die sich nur durch ideologische Schlagseiten der Gesetzgeber erklären lässt.

Das permanente Zusammenleben mit einem männlichen Partner kann mit erheblichen subjektiven wie objektiven „Kosten" für die Frau verbunden sein: mangelnde Unabhängigkeit, der Zwang zu Kompromissen und gelegentlich Bedrohung durch Gewalt. Auf Basis der evolutionär-soziobiologischen Theorie sollte man daher mit einer weiteren Zunahme von Singles und Alleinerzieherinnen rechnen, vorausgesetzt Frauen können es sich materiell leisten, ihre Kinder ohne männlichen Beistand aufzuziehen und Männer verspüren weniger gesellschaftlichen Druck, auch dann bei der Familie zu bleiben, wenn die romantische Liebe kaum noch vorhanden ist und die Reize einer neuen Partnerin winken.

Die Feminisierung der Welt

Die Feminisierung der Gesellschaft zeigt sich in vielen Bereichen, zum Beispiel darin, dass Bildung zunehmend weiblich wurde und Frauen in sozial wichtigen Berufen dominieren: in der Schule, in der Pflege und medizinischen Bereichen; dass *political correctness* inklusive Gendern zunehmend den Sprachgebrauch prägt – wogegen vor allem ältere Männer protestieren. Geschlechtsneutrale Stellenausschreibungen sind Gesetz geworden. Dass Frauen in der Politik oder beim Heer immer noch unterrepräsentiert sind, stellt angesichts der gesellschaftlichen Bedeutungsverluste dieser Institutionen keinen Widerspruch dar. Auch nicht, dass es in der Technik sowie in den Führungsriegen von Betrieben und Politik noch starke Bastionen konventioneller grauer Männer gibt. Im Populationsvergleich agieren Frauen im Vergleich zu Männern genauer, sachbezogener und pragmatischer. – Wen wundert es, dass sie sich auch in einer feminisierten Gesellschaft nicht in jene Bereiche drängen, in denen sich Männer traditionell wichtigmachen?

Das Ringen zwischen den Geschlechtern um gesellschaftlichen Einfluss setzte in voller Wucht mit dem Sesshaftwerden ein. Im Verlauf der Geschichte hatten überwiegend die Männer die Nase vorne. Dass Murdock Mitte des letzten Jahrhunderts etwa 82 Prozent der Gesellschaften als polygyn einstufte, ist ein eindrucksvolles Beispiel für die globale patriarchale Dominanz, kein Zufall, (ent) standen doch die meisten Gesellschaften im Zeichen kriegerischer Auseinandersetzung mit den Nachbarn, was männlich dominierte, hierarchische Herrschaftsformen förderte. Mit der Demokratisierung von Gesellschaften und der Entwicklung der Menschenrechte gewannen Frauen zunehmend an Einfluss. Durch die Implementierung der Prinzipien der Aufklärung in westlichen Gesellschaften während der letzten 200 Jahre wurden diese wesentlich innovativer – und auch fähiger, sich auf technologische Neuerungen einzustellen. Frauen werden dazu gebraucht, als kreative Köpfe, als Mitwirkende im System globaler Kooperation und Konkurrenz und als Widerständlerinnen in traditionell patriarchalen Systemen. Selbst scheinbar „männliche" Organisationen wie Kirche oder EU brauchen heute Frauen; ihre gleichrangige Beteiligung an der Macht ist damit freilich nirgends endgültig ausgekämpft. – Und wird es wahrscheinlich nie sein.

Stark patriarchalisch-hierarchische Gesellschaften beruhen meist auf religiöser oder politischer Ideologie, sind dogmatisch geprägt. Gesellschaftliche wie technologische Entwicklungen verlaufen in solchen Gesellschaften – wenn überhaupt – nur langsam. Gesellschaften, in denen Frauen und Männer gleichrangig etwas beitragen, mögen zwar sehr kreativ sein, erreichen aber bestenfalls eine labile Stabilität und bleiben stets im Zeichen des Ringens um Einfluss. Der permanente Aushandlungsprozess zwischen den Geschlechtern trägt aber maßgeblich zu Kreativität und Vielfalt bei. Auch in Zukunft besteht keine Gefahr, dass Männer sich widerstandslos den Frauen „ergeben", oder dass Frauen sich wieder zum Kochen und Sockenstopfen ans Haus binden lassen werden – solange Friede herrscht und die Gesellschaft das produktive Ringen tragen kann und will. Je emanzipierter und vielfältiger eine Gesellschaft, desto resilienter ist sie – vielfältigen Ökosystemen gleich – gegen Störungen.

Es kann aber ein stärkerer Wind reichen, und das System kippt wieder in Richtung patriarchaler Strukturen. Der zunehmende Rechtspopulismus weht bereits in diese Richtung.

Manche gesellschaftlichen Erscheinungen passen offenbar kaum zu Feminisierung und Emanzipation, etwa die Sexualisierung. Sexistische Produktwerbung und die Pornoindustrie triggern einerseits schwache Proteste, andererseits entspricht es einem weiblichen Mainstream, sexy sein zu wollen. Die Kluft zwischen emanzipatorischen Tendenzen und der totalen medialen Verfügbarkeit vor allem des weiblichen Körpers scheint paradox. Am biologisch begründbaren „Sex sells" ändert sich auch gegenwärtig wenig, allenfalls die Frage, wie viel Haut im Zuge der Kommerzialisierung gezeigt wird. Es ist, was es scheint: ein direkter Appell an instinktive Verhaltenselemente, der in Richtung heterosexueller Männer so einfach wie zuverlässig funktioniert.

Frauen wird damit suggeriert, dass es okay ist, die eigene Haut zum Markte zu tragen. – Mehr noch, es gehört zum Lebensstil, beim täglichen Laufsteg-Wettbewerb mitzumachen – und es auch noch als Befreiung zu empfinden. Dass es dabei aber vor allem um männliche Begehrlichkeiten geht, zeigt auch die Me-Too-Debatte, die einmal mehr Männern beizubringen versucht, was ohnedies selbstverständlich sein sollte:

dass es, unabhängig vom Erscheinungsbild einer Frau oder der jeweiligen Situation, keinen Freibrief für sexuelle Übergriffe und männliche Machtausübung geben kann.

Das Gesicht der modernen Gesellschaft

Der Kampf um weibliche Souveränität in der Gesellschaft ist auch ein Kampf um Kontrolle beziehungsweise Selbstbestimmtheit von Sexualität. Evolutions- und soziobiologisch gesehen trifft in einem reproduktiven System, in dem Männer immer um den Zugang zu fertilen Frauen konkurrierten, die Frau die Entscheidung, mit welchem Mann (oder welchen Männern) sie sich einlässt. Theoretisch. Denn die Essenz des mit dem Sesshaftwerden entstandenen Patriarchats liegt darin, einerseits männliche Konkurrenten auszustechen, andererseits die freie Partnerwahl der Frauen zu unterlaufen. –

Patriarchat dreht sich immer auch um die Kontrolle weiblicher Sexualität.

Eine Fülle gesellschaftlicher Gepflogenheiten dient alleine dazu, die Freiheit der weiblichen Partnerwahl einzuschränken beziehungsweise abzustellen, von der arrangierten Heirat über den Fetisch Jungfräulichkeit bis hin zur Genitalverstümmelung.

Niedrige Geburtenraten sind ein Merkmal moderner Gesellschaften. Daher sollte sich die männliche Konkurrenz um fertile Frauen entspannen. Weil aber die meisten Frauen nicht mehr ihre gesamte fertile Lebensspanne mit dem Aufziehen von Nachwuchs zubringen wollen, steigt theoretisch ihre Verfügbarkeit. Doch Frauen bestimmen heute selbst über ihren Körper und mittels Empfängnisverhütung über ihre Fertilität. Unklar bleibt, wie sich das auf die Konkurrenz unter den Männern auswirkt oder in welchem Zusammenhang dies mit dem schwer fassbaren, aber offensichtlichen Anstieg von Prüderie in der

Gesellschaft steht. Sehen wir damit bloß den Ausschlag des Pendels in die andere Richtung? Oder drehen die Frauen nach Jahrtausenden des Patriarchats den Spieß nun um? Sehen wir das Ringen um Gleichgewicht zwischen den Geschlechtern oder vielleicht sogar die beginnende Kontrolle der männlichen Sexualität durch die Frauen?

Die neue Prüderie, die Me-Too-Debatte sowie die Erscheinungsformen der *political correctness* in einer zunehmend von weiblichen Interessen geprägten Gesellschaft lassen sich im Kontext der Kontrolle männlicher Übergriffigkeit und Dominanzansprüche interpretieren. Diente die viktorianisch-bürgerliche Prüderie der Gründerzeit eher der Gewährleistung weiblicher „Sittlichkeit", so scheint die heutige Prüderie eher Ausdruck des Bestrebens zu sein, eine neue „männliche Sittlichkeit" zu gewährleisten. Im Jargon der evolutionären, Soziobiologie geht es auch darum, die solidarische Unterstützung der Männer zu sichern, aber Macho- und Philandertum zu beschneiden. Dem entspricht das stetig zunehmende Gewicht der *political correctness* und des sprachlichen Genderns als ihre Hauptsäule.

Die Zahl alleinerziehender Frauen steigt und in den sozial prägendsten Institutionen, Kindergärten und Grundschulen, wirken und lehren fast nur noch Frauen.

Das Fehlen männlicher Vorbilder wird beklagt, auch weil von den Betreuerinnen die raueren Ausdrucksformen der Knaben – „rough and tumble play" – meist als „aggressiv" abgelehnt und durch weiblichere Umgangsformen ersetzt werden. Das Gros der Knaben wird also von klein auf an eine weiblich geprägte Gesellschaft angepasst. Wenn überhaupt, ist das Patriarchat nur in Zeiten des Friedens und der Prosperität zu überwinden. Kriege begünstigen es, indem sie immer auch den weiblichen Körper und seine Reproduktionskapazität zum Schlachtfeld machen. Die frühen Scharmützel der Menschheit standen oft im Zusammenhang mit Frauenraub und in den meisten

Kriegen der Neuzeit sind systematische Massenvergewaltigungen üblich – männliche Machtdemonstrationen, die zur größtmöglichen Demütigung der Frauen und zur sozialen Vernichtung des Gegners führen. Vergewaltigung ist eine Waffe, die Gesellschaften auf Jahrzehnte zerstört. Ob Monogamie, Haremssysteme oder weitgehende Gestaltungsfreiheit der partnerschaftlichen Beziehungen in liberal-egalitären Gesellschaften: Selbst die gegenwärtige gesellschaftliche Vielfalt lässt sich aus dem Zusammenhang zwischen sozioökonomischen Verhältnissen und den Universalien der evolutionären Strategien der Geschlechter erklären.

Ein von Natur aus irrationales Geisteswesen

Menschen sind Geisteswesen. Dennoch sind sie in ihrem Denken und Tun verdammt irrational. – Zumindest glauben wir das gerne von den anderen. Aber was bedeutet eigentlich „irrational"? Der Begriff lässt sich nur an einer geeigneten Nullhypothese festmachen, etwa der Spieltheorie. Aber selbst nach dem Maßstab mathematischer Modelle kann irrationales Verhalten sozial durchaus rational sein, und umgekehrt. – Verzwickt, aber das macht den Menschen aus. So wie das Gehirn; dass man mit dieser evolutionären Bastelei mehr oder weniger systematisch denken kann, grenzt ohnehin an ein Wunder.

Irrationalität: Real oder Popanz?

Dem Geisteswesen Mensch mag die Einsicht in die eigene Irrationalität Kummer bereiten. Ihre Rätselhaftigkeit stachelt forschendes Interesse an, das sich damit aber nicht leichttut. Rationalität gegen Irrationalität: Wer ist stärker, ich oder ich? Der Hausverstand mag sich wundern, wenn kluge Menschen abstrusen Sekten anhängen, wenn ein Bruder die geliebte Schwester tötet, um die „Familienehre" zu retten, wenn jemand sein nicht vorhandenes Geld in ein ebenso teures wie objektiv nutzloses Auto steckt, wenn Leute trotz besseren Wissens immer noch rauchen – oder wenn Liebesbeziehungen in Rosenkriege umschlagen, bei denen es nur mehr darum geht, den anderen zu schädigen, und sei es zum Preis des eigenen Untergangs. Tja, der Hausverstand hat es gut, denn er hat die Gewissheit gepachtet. Das macht ihn brandgefährlich, denn auch mit seiner Rationalität ist es nicht weit her.

Leute entwickeln irrationale Ängste zu buchstäblich allem und jedem; und diese steigern sich allzu oft ins Pathologische. Dann wird Irrationalität zum lebensbedrohenden Gefängnis.

> Angst ist immer irrational, während Furcht vor irgendetwas oder -jemandem durchaus rational sein kann.

Streng genommen ist jeder Glaube irrational: an Gott sowieso, an die schwarze Katze als böses Omen, an politische Ideologien oder gar an die Wahrheit in der Wissenschaft. Weltbilder sind wichtige Grundlage individueller und gesellschaftlicher Einordnung, aber in ihrer allumfassenden Natur dennoch profund irrational. Die typisch menschliche Sinnsucht ist ebenso irrational wie die blinde Ideologie des Schneller-Höher-Weiter, die Gier nach immer mehr Geld und Macht, das Streben nach Abgrenzung, nach Individualität und nach Anderssein um jeden Preis, ebenso wie blinder Konformismus und Regelhörigkeit oder das leidenschaftliche Streben nach Gerechtigkeit. – Und Kants „Kategorischer Imperativ": Ist er rationaler Grundsatz oder irrationaler Anspruch? Glaube, Aberglaube und Vorurteil beeinflussen alle Entscheidungen. Die Biologie mag sich aus ihrer evolutionären und ziemlich positivistischen Perspektive in ihren Einschätzungen leichter tun als die Philosophie. Das bedeutet aber weder, dass sie damit „recht" hat, noch dass es keine anderen gültigen Perspektiven gäbe.

Der systematische Blick auf die menschliche Irrationalität droht bereits an der Frage zu entgleisen, wie man „rational" und „irrational" voneinander unterscheidet. Denn dazu braucht es eine rationale Kontrolle, eine Grundlinie. In den Naturwissenschaften hat man es sich aufgrund der induktiv-deduktiven Arbeitsmethode abgewöhnt, von „der Wahrheit" zu schwärmen. Die, so meinte einst der große US-amerikanische Evolutionsbiologe Stephen J. Gould, wäre „den Pfaffen und Politikern" vorbehalten. Aus guten Gründen konzentriert sich die Naturwissenschaft auf zutreffende und überprüfbare Aussagen – unter dem Vorbehalt des Hume'schen Induktionsproblems: Wie viele Schwäne muss ich gesehen haben, damit der Satz: „Alle Schwäne sind weiß" wahr wird? – Alle natürlich! Die Naturwissenschaft schließt immer von Stichproben auf das Ganze. Auch wenn es unwahrscheinlich ist – aber ein einziger übersehener Schwan könnte schwarz sein. Daher sind naturwissenschaftliche Erkenntnisse vorläufig zutreffende Aussagen, behaftet mit einer definierten Irrtumswahrscheinlichkeit. Machen wir uns also auf die Suche nach zutreffenden Aussagen über die menschliche Irrationalität.

Rationales Denken und Handeln muss funktional sein.

Im evolutionären Zusammenhang wäre für Menschen all das „rational", was sowohl den eigenen (Fortpflanzungs-)Erfolg als auch das Wohl der Gruppe fördert. Das ist weniger widersprüchlich, als es scheint, sind doch Menschen als hochsoziale Wesen in allen ihren

komplexen Eigenschaften an ein Zusammenleben mit anderen angepasst. Menschen sind ohne ihre aktuellen und historischen sozialen
Kontexte weder definiert noch interpretierbar. Dazu braucht es die
Einbettung in soziale Funktionen und Mechanismen, in die stammesgeschichtliche und Individualentwicklung. Im Vergleich zu allen anderen Arten sind Menschen die wohl sozialsten aller Tiere, am
meisten fokussiert auf Kooperation.

Aber Kooperation ist auch die perfideste Art der Konkurrenz,
schafft sie doch dem eigenen Klan, der eigenen Arbeitsgruppe oder
Firma Vorteile gegenüber anderen. Es geht hier um die (Ir-)Rationali-
tät von Kooperation und Konkurrenz, von Konflikt und Versöhnung.
Zwar kann Einsicht in die Zusammenhänge selbst die ererbte Bindung an evolutionäre Strategien lockern; eine Kooperation zum Wohle der gesamten Menschheit oder sogar der Biosphäre ist schwierig,
wenn auch nicht unmöglich. Davon wird unser Überleben und das
der Nachkommen abhängen. Daher kann sogar Altruismus eine sehr
rationale Strategie sein. – Ein schwieriges Thema, denn Rationalität
ist vor allem auch eine Frage des Standpunkts.

Ein „spielerischer" Erklärungsansatz

Wenn es um die Beurteilung rationalen Verhaltens von Individuen
geht, liefert die Spieltheorie brauchbare Grundlinien, ebenso wie die
Theorie der optimalen Nahrungswahl aus der Öko-Ethologie. Die
Spieltheorie wurde von Mathematikern entwickelt. Das merkt man
an ihrer klaren Rationalität ebenso wie an der gelegentlichen Diskrepanz ihrer Aussagen mit Leben und Empfinden. Aber genau die
sind hochinteressant. Es geht um rationales Entscheiden, etwa in der
Wirtschaft, im Krieg und ganz allgemein in allen sozialen und nicht
sozialen Situationen. Die Spieltheorie war durch ihre Pioniere, den
Wiener Oskar Morgenstern und den Budapester John von Neumann,
eine österreichisch-ungarische Erfindung, die allerdings vorwiegend
im US-amerikanischen Exil stattfand.

Zur ihrer Anwendung in der Biologie leisteten der englische Theoretische Biologe John Maynard Smith und auch der Wiener Mathematiker Karl Sigmund viel Entwicklungsarbeit. Auch die Evolution und ihre Proponenten sollten nach den Vorhersagen der Spieltheorie funktionieren, beruht sie doch im Grunde auf Optimierungsprozessen. Die genannten Kollegen stehen stellvertretend für hunderte andere Männer und Frauen, weil die Spieltheorie in fast alle wissenschaftlichen Bereiche Eingang fand. Ausgangspunkt war die Überprüfung des rationalen Handelns des *Homo oeconomicus*. Menschen in der Wirtschaft sollten immer so handeln, dass sie ihren Vorteil wahren. Dem ist aber nicht so, wie unzählige Experimente zeigen, die eine Reihe von Nobelpreisen für Wirtschaftswissenschaften einbrachten, die letztlich für tiefe Einsichten in die Regelhaftigkeit der menschlichen Irrationalität vergeben wurden. Letzter Preisträger in dieser Reihe war der US-Amerikaner Richard H. Thaler.

So bringt das „Ultimatumspiel" bei Menschen unterschiedlicher Kulturen ein recht ähnliches Ergebnis: Einem von zwei Spielern wird ein bestimmter Geldbetrag angeboten, etwa 100 Euro. Er darf seinen Anteil aber nur behalten, wenn er mit dem Mitspieler teilt – und dieser das Angebot annimmt. Lehnt der Mitspieler ab, gehen beide leer aus. Eine rationale Lösung wäre, dem Mitspieler ein Minimum, etwa einen Cent, anzubieten, was dieser auch annehmen sollte, weil ein Cent, objektiv betrachtet, besser ist als nichts. Das funktioniert aber nicht. Tatsächlich muss je nach Kultur und Umständen das Angebot zwischen 10 und 50 Prozent liegen, um angenommen zu werden. Denn Menschen trachten danach, fair behandelt zu werden. Das ist zwar im Sinne der Spieltheorie „irrational". Allerdings fanden Verhaltens- und Kognitionsbiologen bei vielen Arten von anderen Tieren einen ähnlichen Widerstand gegen als ungerecht empfundene Behandlung, egal ob Affe oder Hund. Ein solcher Sinn für Fairness wird heute als wichtige Voraussetzung zur Entstehung komplex-kooperativer Gesellschaften gesehen; unter anderem wirkt er dem Ausgenutzt-Werden entgegen und hält Kooperation in Balance.

Was also aus spieltheoretischer Sicht objektiv irrational erscheint, kann evolutionär und im sozialen Zusammenhang gesehen durchaus rational sein.

John von Neumann war trotz – oder gerade wegen – seines Asperger-Syndroms ein höchst genialer Mathematiker – und gefragter Partylöwe. Er konnte nicht nur das New Yorker Telefonbuch, sondern jedes Buch, das er einmal gelesen hatte, fehlerlos von vorne wie von hinten rezitieren. Ab 1943 arbeitete er im wissenschaftlichen Team des „Manhattan Projekts" der US-amerikanischen Regierung zur Entwicklung einer Atombombe. Als Pionier der Spieltheorie war er von deren praktischem Wert überzeugt – und schlug Anfang der 1950er Jahre die prophylaktische Bombardierung eines unbewohnten Gebietes der Sowjetunion mit der von ihm mitentwickelten Wasserstoffbombe vor, um die Sowjets dauerhaft von der Produktion der Massenvernichtungswaffe abzuhalten. Die Städte Hiroshima und Nagasaki, ausgewählt durch ein Komitee, dem auch von Neumann angehörte, dienten als eindrucksvolle „Testfälle" für die ersten Atombomben. Doch der damalige US-Präsident Dwight D. Eisenhower widerstand der spieltheoretischen Ratio und bombardierte seine Hauptwidersacher im Kalten Krieg nicht – die Irrationalität von Hausverstand und Menschlichkeit siegten, was letztlich global gesehen ziemlich rational war.

Die Rationalität der Spieltheorie kann sich mit der Moral beißen.

Technisch-wirtschaftliche Rationalität entspricht also nicht immer der menschlichen. Das hat viel mit Moral zu tun, die weder beliebig noch rein kulturabhängig ist. Weltweit herrscht grundsätzlich Einigkeit, was man seinen Mitmenschen zumuten kann. Das wurde etwa in den Zehn Geboten formalisiert und wird zu Recht in Hans Küngs Weltethos-Bewegung hochgehalten. Es ist zutiefst menschlich und Teil des Moralkanons vieler Gesellschaften, dass man andere nicht töten oder bestehlen, sie gerecht und gastfreundlich behandeln, ihre Partnerschaften respektierten und ihnen selbstlos Hilfe leisten soll. – All das muss aber nicht immer rational im Sinne der Spieltheorie sein. Diese Vorstellungen fielen auch nicht in Form von Gesetzestafeln vom Himmel, sie sind Ergebnis der Evolution menschlicher sozialer Anlagen. Darum empfindet es kaum jemand in Ordnung, wenn ein Betrieb Mitarbeiter freisetzt, obwohl es ihm wirtschaftlich gut geht, bloß um den Börsenwert zu steigern. Das ist zwar wirtschaftlich rational, im menschlichen Sinne aber nicht. Gerät ein Betrieb durch die soziale Einstellung des Chefs oder der Chefin in Schwierigkeiten, verletzt er oder sie die kaufmännische Sorgfaltspflicht und kann vor Gericht landen. – Um welche Rationalität geht es dann? Sollen die Menschen der Wirtschaft dienen, was rational im Sinne des Neoliberalismus wäre – natürlich zum Besten der Konkurrenzfähigkeit und dem Erhalt von Arbeitsplätzen? Oder soll im Sinne einer unmittelbar menschlichen Rationalität die Wirtschaft dem Menschen dienen? Und wo liegen die Grenzen? Alles eine Frage des Standpunktes.

Optimal Foraging – Spieltheorie und Verhaltensforschung

Eine typisch menschliche Irrationalität liegt in der romantischen Verklärung und Verkitschung von Natur. Blüten als Geschlechtsorgane der Pflanzen gefallen mit ihrer bunten „Reizwäsche" nicht nur den sie bestäubenden Insekten. Sie fallen auch in das ästhetische Schema der Menschen, die prompt meinten, der liebe Gott hätte sie zu unserem Pläsier geschaffen. Und nicht wenige wollen glauben, dass Wildtiere ihr „freies" Leben in der Natur genießen; das tun sie vielleicht, aber nicht nach menschlichen Vorstellungen einer unbeschwerten Freiheit. Vielmehr geht es von Anbeginn der Stammesgeschichte darum, Nahrung zu finden und nicht selbst zur Nahrung für andere zu werden; und das nicht nur, um zu überleben, sondern um möglichst viele reproduktiv aktive Nachkommen zu hinterlassen.

Da hedonistische Reproduktionsverweigerer aller Arten ihre Gene selbst aus dem Spiel genommen haben, beherrscht der „reproduktive Imperativ" die mentalen Einstellungen und das Verhalten aller sich sexuell fortpflanzenden Individuen – gleich ob Pflanze, Tier oder Pilz. Deshalb sind Individuen auf Effizienz in ihrer Energiebilanz getrimmt. Sie entwickelten Strategien der Konkurrenz und Kooperation bei der Suche nach Nahrung und anderen Ressourcen, um nicht nur sich selbst zu erhalten, sondern jene Überschüsse zu erwirtschaften, die in effiziente Reproduktion investiert werden können. Das limitiert die Entscheidungsfreiheit – und sorgt für jene Anpassungen in Anatomie, Verhalten und Einstellungen, die wir als Phänotyp der uns umgebenden Pflanzen und Tiere erleben, oder im morgendlichen Spiegelbild.

Zum Zwecke des Reproduktionserfolgs sollten sich Individuen ökologisch möglichst effizient verhalten, also ihren Nutzen optimieren. Entlang der Linien der Spieltheorie wurde von evolutionären Verhaltensbiologen daher die „Optimal-Foraging-Theorie" zur quantitativen Vorhersage von Verhalten entwickelt. Sie verlieh der Verhaltensbiologie ein erhebliches Maß an Präzision, auf Kosten romantischer Naturkonzepte. Diese Theorie und ihre Modelle können die wichtigsten Faktoren und Antriebe für Verhaltensentscheidungen identifizieren und auch erklären, wenn sich reale Tiere tatsächlich nach den Vorhersagen dieser Modelle verhalten. So lassen sich Währungen, Entscheidungsregeln und Randbedingungen für optimales Verhalten und deren Auswirkungen auf den individuellen Fortpflanzungserfolg realistisch einschätzen.

Die Theorie der optimalen Nahrungswahl trug viel dazu bei, aus der beobachtenden Verhaltensbiologie eine exakte Wissenschaft zu machen.

Ein einfaches Modell sagt etwa vorher, dass Strandkrabben vorzugsweise Muscheln knacken sollten, die zur Größe ihrer Scheren passen. Damit optimieren sie die Profitabilität der Nahrungsaufnahme: Kleine Muscheln sind zwar rasch geknackt, enthalten aber wenig Nahrung, während große Muscheln ein ordentliches Stück Fleisch bringen, ihre Öffnung aber Zeit und Mühe erfordert. Genau diese Zeit haben Strandkrabben aber nicht, weil sie ökologisch gesehen „Verbrauchstiere" sind, denen von vielen Beutegreifern nachgestellt wird. Sie müssen daher die Fresszeit minimieren, und damit die Wahrscheinlichkeit, selbst erbeutet zu werden. Solch einfache, zunächst theoretische Modelle werden mit den entsprechenden Tieren getestet. Wenn deren Verhalten den Modell-Vorhersagen entspricht, kann man davon ausgehen, dass die ins Modell eingeflossenen Faktoren tatsächlich das Verhalten dieser Tiere bestimmen. Optimalitätsmodelle bilden daher sehr anschaulich die Rationalität der Evolution ab.

Der ökologisch irrationale Waldrapp

Interessant wird es, wenn Individuen sich *nicht* nach den Voraussagen von Optimalitätsmodellen verhalten. Dann haben sie entweder das Modell nicht verstanden; wahrscheinlich aber haben Forscher oder Forscherin Faktoren und Randbedingungen übersehen, welche die Entscheidungsfindung beeinflussen. In der klassischen Öko-Ethologie geht man davon aus, dass das Verhalten von Arten und Individuen an die herrschenden ökologischen Bedingungen optimal angepasst ist. Was man dabei übersieht: Die stammesgeschichtliche Anpassung und die Individualentwicklung sind nicht nur in Interaktion mit klassischen ökologischen Faktoren entstanden. Mentale Einstellungen beim Sozialverhalten oder Anpassungen an ökologische Bedingungen, die in dieser Form nicht mehr existieren, können verhindern, optimal adaptiv auf die Bedingungen im Hier und Jetzt zu reagieren.

Ein Beispiel: An der Konrad Lorenz Forschungsstelle in Grünau (KLF) arbeiten wir seit 1997 mit Waldrappen. Ihre letzte natürliche Population in Nordafrika ist vom Aussterben bedroht. Es gelang uns, aus Zoonachwuchs eine freifliegende, einigermaßen ortsfeste Population dieser Ibisvögel zu etablieren, die im Cumberland Wildpark Grünau nisten und ihre Nahrung fünf bis zehn Kilometer nördlich auf den Wiesen um die Ortschaft Grünau suchen. Erstmals flogen wieder Waldrappe nördlich der Alpen, nachdem sie dort vor 350 Jahren ausgerottet wurden. Als Nahrung stochern die Vögel Würmer, Engerlinge und Insekten aus dem Boden. Davon gibt es aber nicht in jeder Wiese gleich viel. Der Theorie zufolge sollten die Vögel immer die an Nahrung reichhaltigsten Wiesen aufsuchen. Das tun sie aber nicht, sie zeigen vielmehr ein konservatives Raum-Zeit-Muster: Stets nutzen sie dieselben paar Wiesen, offenbar ohne zu hinterfragen, ob es nebenan nicht besser wäre. – Warum?

Die Tiere bringen eine mentale Einstellung mit, die sie konservativ an ihren Gewohnheiten festhalten lässt.

Diese Gepflogenheiten der Kolonie übernehmen auch die Jungtiere. Wir sehen also eine Einschränkung der optimalen Wahl des Orts der Nahrungssuche aufgrund sozialer Tradition. Wahrscheinlich würden die Vögel so lange eine bestimmte Futterfläche nutzen, bis ein konkreter Schwellenwert an Profitabilität – also die pro Zeiteinheit aufgenommene Energiemenge – unterschritten wird. Oder wenn es dort aufgrund einer Bedrohung durch Fressfeinde gefährlich wird, beispielsweise ein Habicht die Gegend unsicher macht. Aber solange es geht, hält man als Waldrapp am Althergebrachten fest: Tradition schlägt flexible Anpassung und optimales Verhalten.

So wie die Spieltheorie die unmittelbaren Irrationalitäten beim *Homo oeconomicus* entlarvt, stellt der Vergleich des tatsächlichen Verhaltens des Waldrapps mit den ökologisch fundierten Vorhersagen aus der Optimalitätstheorie dessen evolutionär bedingte „ökologische Irrationalität" bloß. Sie ist das Ergebnis einer Anpassung dieser Vögel an einen relativ stabilen Lebensraum in der Vergangenheit. Diese Anpassung hindert die Vögel nun daran, mit einem gegenwärtig variableren Lebensraum optimal flexibel – im Sinne der Theorie – zurechtzukommen. Die Ressourcennutzung des Waldrapps wird also durch eine Mischung aus ökologischen Bedingungen, evolutionär bedingten Anlagen, sozialen Traditionen und Konformität mit der Gruppe bestimmt. Fast unmöglich, dabei nicht an das aus ähnlichen Quellen gespeiste irrationale Verhalten der Menschen zu denken.

Aber nicht alles, was aus dem Blickwinkel optimaler ökonomischer oder ökologischer Möglichkeiten irrational erscheint, ist es auch.

Menschliche Universalien sind eine fast unerschöpfliche Quelle von Irrationalität. Dazu zählen alle mentalen Anlagen der Gruppenbindung, der die Neigung zu Konformität und Dogmatismus entspringt. Sie sind die Voraussetzung für das Funktionieren hierarchischer Gesellschaften, für das Unterordnen der eigenen Interessen unter das angebliche oder tatsächliche Gemeinwohl. Das ist nicht *per se* irrational, denn perfekt rationales Handeln im Sinne der Spieltheorie würde eine perfekt individualisierte Gesellschaft bedeuten – und damit ihren Zerfall.

Der englische Historiker und Gesundheitswissenschaftler Richard Wilkinson stellt einen Zusammenhang zwischen dem Zusammenhalt einer Gesellschaft, in der sich Ungleichheit in Grenzen hält, und Gesundheit her. Menschen sind in ihrer mentalen Voreinstellung angepasst an eine Gesellschaft, in der man Rücksicht auf andere nimmt und dasselbe auch für sich erwarten kann. Das entspricht nicht dem perfekt rationalen Egoismus der Spieltheorie. Vielmehr wollen Menschen zugehörig sein und sich im Sinn einer typisch menschlichen sozialen Rationalität aufeinander beziehen können.

Immer wieder führt das Waldrapp-ähnliche Beharren auf Zugehörigkeit und Traditionen Menschen in Katastrophen. So mussten die Wikinger Westgrönland nach ein paar hundert Jahren Besiedlung wieder räumen, weil sie ihr Wirtschaften nicht flexibel auf das kälter werdende Klima einstellen konnten. Im Jahr 985 nach Christus begründete Erik der Rote von Island aus in einer Warmzeit eine Kolonie in Südwestgrönland. Zu ihrer Blütezeit lebten dort etwa 3000 Leute samt eigenem katholischem Bistum. Man betrieb Viehzucht, Ackerbau und Handel. Gleichzeitig mit den Nordmännern wanderten die Thule-Inuit ein, und es wurde kälter. Um 1350 bereiteten diese Inuit den Vesterbygd-Grönländern ein kriegerisches Ende, nur wenige überlebten. 1408 fand die letzte Hochzeit in der Kirche von Hvalsey statt, deren Reste noch stehen. Zermürbt von den Scharmützeln mit den Inuit und die durch das vereisende Meer eingeschränkten Möglichkeiten, Handel zu treiben, verließ man Grönland – oder fand dort den Tod, weil nicht genug Heu geerntet werden konnte, um das Vieh durch den Winter zu bringen.

Archäologen stießen in den Siedlungsresten auf massenhaft tote Fliegen, was auf tote Menschen oder Tiere schließen lässt. Über Jahrtausende hatten sich die Vorfahren dieser Wikinger an die Rinderwirtschaft angepasst.

Als es in Grönland Spitz auf Knopf stand, waren sie nicht imstande, die Überlebenskultur der von ihnen als inferior betrachteten Inuit zu übernehmen.

Sie hätte es ihnen erlaubt, weiter auf Grönland zu leben. Man fand Wikingerartefakte in den Siedlungen der Inuit, aber nicht umgekehrt. Die Wikinger scheiterten in Grönland an ihrer kulturellen Arroganz. Die Thule-Inuit leben bis heute dort – um nun in kultureller Entwurzelung unterzugehen.

Logisch denken – zu viel verlangt von einem zusammengebastelten Gehirn?

Funktionell irrationales Handeln geht auf evolutionär angelegte mentale Einstellungen zurück. Zweifellos sind Menschen zu brillant rationalem Denken und Handeln fähig. Dennoch ist der menschliche Alltag von Vorurteilen, Glauben und Aberglauben, Liebe und Hass, sozialer Rücksichtnahme und Rücksichtslosigkeit, mitfühlender Hilfe und grausamer Abwehr geprägt. In den hochkomplexen sozialen Menschen-Gesellschaften ist es offenbar nicht möglich – und auch nicht wünschenswert, gänzlich nach kohärenten rationalen Prinzipien zu leben. Ein wenig Verständnis können hierfür die stammesgeschichtliche Entstehung und der daraus resultierende Bau des Gehirns beisteuern.

Wie treffen menschliche Gehirne Entscheidungen mit unmittelbaren Auswirkungen über Erfolg im Leben, über Freude und Zufriedenheit, Glück oder Unglück und sogar über Gesundheit und Lebensdauer?

Selbst rationalen Zeitgenossen ist kaum bewusst, wie das Gehirn ihre „freien" Entscheidungen gestaltet, wie sehr diese von irrationalen Einflüsterungen angefochten werden. Die kann man verdrängen oder sich ihrer bewusst werden, um zu versuchen, sie in die Entscheidungsfindung einzubeziehen; nur loswerden kann man sie nicht.

Wirbeltiergehirne, also auch das menschliche, entwickelten sich über ein paar hundert Millionen Jahre so, als wären Bastler am Werk gewesen, kein „intelligenter Designer". Im Verlauf der Stammesgeschichte wurden Instinkte und Reiz-Reaktionsmechanismen eingebaut, affektive Motivationssysteme und bestimmte Lernmechanismen. In den letzten paar hunderttausend Jahren wurde noch das reflexive Denken draufgepackt, mitsamt der Symbolsprache als Werkzeug. Aber wenn dieses Denken oft glaubt, die älteren Instanzen dominieren oder gar ausschalten zu können, bereitet dies seinem Träger Probleme.

Mehr als jedes andere Organ bildet das Gehirn die stammesgeschichtliche Entwicklung ab. So entstand ein circa 1,4 Kilogramm schwerer Klumpen aus Nerven- und Gliazellen, der zwar nur zwei Prozent der Körpermasse ausmacht, aber ein Fünftel der Energie verbraucht. Weil wir unsere Körpertemperatur konstant halten, bleibt das Gehirn ständig einsatzbereit. Die individuelle und momentane Einschätzung einer Situation versetzt es in unterschiedliche Funktionsmodi. Kämpft es mit der Lösung eines technischen Problems, ist es nicht geneigt, gleichzeitig traute soziale Kontakte zu pflegen. Wie gut und in welchem Modus das Gehirn funktioniert, hängt von den Umständen und von Vorerfahrungen ab. In einer variablen Welt liefert das Glanzstück menschlicher Evolution variable Entscheidungen.

Es gibt unter den Wirbeltieren absolut größere Gehirne als unseres: Das des Pottwals wiegt um die acht Kilo, bei etwa 50 Tonnen Körpergewicht. Das Gehirn macht hier also bloß 0,02 Prozent aus, ein Hundertstel im Vergleich zum Menschen. Nur wir schleppen im Verhältnis zu unserer Körpergröße ein derart großes Gehirn mit uns herum.

Das Prinzip „mehr hilft mehr" trifft für das Gehirn zwar in Maßen zu, ein großes Gehirn hat jedoch nicht nur Vorteile.

Sein Betrieb ist energetisch aufwendig. Es wachsen zu lassen geht auf Kosten des Verdauungssystems, vor allem aber auf Kosten der Vermehrung. Tiere mit relativ großen Gehirnen bekommen weniger Nachwuchs als jene mit kleinen, gleichen dies aber durch intensivere Brutpflege aus. Bestes Beispiel: die Säugetiere. Ihr Nachwuchs entwickelt sich zunächst in der Gebärmutter und wird dann recht lange mit Milch versorgt. Der paradoxe Nachteil großer, assoziations- und reflexionsfähiger Gehirne ist, dass bewusstes Denken Entscheidungsfindungen aufwendig und langsam macht, wohingegen rexflexhafte Entscheidungen auf Basis unbewusster Mechanismen rasch erfolgen.

Instinkte – immer dabei!

Tragisch, dass in den letzten paar tausend Jahren Denker ihr Bestes versuchten, um die animalischen Anfechtungen aus den ursprünglichen Teilen des Gehirns zugunsten der Ratio zu entmachten; Fühlen zugunsten des Denkens, Spiritualität zugunsten der Nüchternheit. Sie schufen das Kultur- und Geisteswesen Mensch unter Ausschluss des Naturwesens. So stellte die Leitfigur der Aufklärung, der französische Philosoph René Descartes, das Denken ins Zentrum der menschlichen Existenz. Tieren würde Bewusstsein und daher Schmerzempfinden fehlen, nur Menschen verfügten über einen vom Körper unabhängigen „Geist". Damit stand der Mensch auf dem Podest, das ihn über seine Natur erhob. An dieser Fehleinschätzung leiden Menschen in ihrer Beziehung zu Natur und Tieren und zu sich selbst bis heute.

Aber man sollte Descartes und die Philosophen der Aufklärung nicht zu Popanzen stilisieren. Es gab auch solche, die Denken und Fühlen als Teil der Körperlichkeit und den Menschen als Teil der Natur sahen. Etwa Michel de Montaigne, dessen naturverbundene Philosophie aktueller ist denn je.

> „Wenn ich mit meiner Katze spiele, bin ich nie ganz sicher, ob nicht ich ihr Zeitvertreib bin."

Mit einem Satz wie diesem erkennt Montaigne die Katze als Person und Partner an. Er konnte nicht wissen, dass sie mit ihrem dem Menschen sehr ähnlichen Säugetiergehirn die Grundzüge der Emotionen, des Denkens und Bewusstseins mit ihm teilte. Er erkannte dies dank seiner Beobachtungs- und Empathiefähigkeit.

Als ausschließliche Grundlage für gute Lebensentscheidungen reicht die Ratio nicht aus. Der Schweizer Psychiater Luc Ciompi wies mit seinem Konzept der „Affektlogik" darauf hin, dass es die reine

Logik, den reinen Geist ohne das Mitmischen bewertender Instanzen, ohnehin nicht gibt.

Denken integriert die Affekte – sowie die instinktiven Komponenten für die Entscheidungsfindung, wie zu ergänzen wäre.

Heute kann man dieses Konzept erweitern: Die angepasste, lebenserhaltende Funktion des Denkens erklärt sich aus dem Einbeziehen affektiver Bewertungen von Situationen und ihrem Abgleich mit bereits gespeicherten Erfahrungen. Diese Erfahrungen können aus der Stammes- wie auch der Individualgeschichte kommen.

Dass sogar bewusstes Denken nie losgelöst von Instinkten, archaischen Schemata, Gefühlen und Vorerfahrungen möglich ist, wird aus dem Bau des menschlichen Gehirns und seiner stammesgeschichtlichen Entwicklung verständlich. Man sollte zwar vorsichtig sein, von der anatomischen Struktur auf die Funktion zu schließen, in grobem Maße ist dies aber möglich. Dem Lanzettfischchen, das oft modellhaft für die frühen Chordatiere steht, wächst noch kein echter Kopf. Sein Rückenmark endet in einer Art „Hirnbläschen", das noch keine Ähnlichkeit mit dem Bauplan der Gehirne der Wirbeltiere aufweist. Bei den kieferlosen Fischen, mit den Neunaugen und Schleimaalen als heutigen Vertretern, tritt dieser Bauplan bereits zutage. Interessanterweise ist die fast segmentale Gliederung bereits früh in der Embryonalentwicklung gut erkennbar, ein klarer Hinweis auf deren frühen stammesgeschichtlichen Ursprung.

Bei den Wirbeltieren läuft das nach vorne verlängerte Rückenmark, das Stammhirn, unter dem Vorderhirn aus. Man nennt es dort Zwischenhirn. Es steuert lebenserhaltende Funktionen wie Atmung und Wasserhaushalt und unterstützt soziale und sexuelle Aktivitäten. Dies geschieht mittels Botschaften an den Körper via Nervenbahnen und über das Blut in Form von Hormonen, teils autonom, teils in enger Rückkopplung mit anderen Teilen des Gehirns. Nach vorne sitzt dem Zwischenhirn das Vorderhirn mit dem Geruchsbulbus auf, die gemeinsam eine Art Geruchshirn bilden. Jede Verhaltenssteuerung, die über reine Rückenmarksreflexe hinausgeht – also alles, wo Entscheidungen eine Rolle spielen, läuft über das Vorderhirn. Nach hinten folgen Mittelhirn mit optischem Dach, Kleinhirn und dahinter die Wülste des Stammhirns, in denen die Sinneseindrücke eines guten Dutzend von Gehirnnerven enden.

Obwohl Menschen mit Schleimaalen über einen gemeinsamen Vorfahren vor etwa 500 Millionen Jahren bloß sehr entfernt verwandt sind, folgt das menschliche Gehirn immer noch demselben Grundbauplan. Hirnstamm und Zwischenhirn blieben ähnlich, Vorderhirn und Kleinhirn wurden größer und umfassen die alten Teile jetzt vollständig. Bei relativ ähnlich bleibender Anatomie baut das Wirbeltiergehirn im Laufe der Stammesgeschichte sein Leistungsspektrum gehörig aus.

In der Regel entwickeln sich neue Strukturen und Funktionen aus bereits Vorhandenem, ohne dass die früheren Funktionen völlig verschwinden. Ständig wird angebaut und ergänzt.

So evoluierte auch ein spezialisiertes Gehirn wie das menschliche. Im Vergleich zu den anderen Wirbeltieren wurde es samt seines stammesgeschichtlichen Erbes zum Rekordhalter in bewusstem Denken, was man an der „Übergröße" der stark gewundenen Hirnrinde ablesen kann. Mit Ausnahme des Kleinhirns überwuchert sie alle anderen Hirnteile.

Extrem große Hirnrinden, gepaart mit einem riesigen Kleinhirn findet man auch bei anderen Säugetieren wie dem Blauwal. Aber die Kortexstruktur des Vorderhirndachs stellt zunächst bloß die Rechenkapazität bereit. Erst die Verkabelung entscheidet, in welchen

Funktionsbereichen die unterschiedlichen Flächenanteile dieses Kortex eingesetzt werden. Bei den Walen sind dies neben den sozialen Funktionen die Echo-Orientierung sowie ihre Fähigkeit, durch die Weltmeere zu navigieren.

Was ausgeflippte Spezialisierungen des Gehirns betrifft, schießen aber moderne Knochenfische den Vogel ab: Der in trüben Gewässern Südostasiens lebende, schwach elektrische Tapirfisch verfügt über das (relativ) größte Kleinhirn aller Wirbeltiere. Es ist mit der Steuerung des komplexen elektrischen Kommunikationssystems befasst und überdeckt das gesamte Gehirn, wie es sonst nur die Großhirnrinde der Säugetiere tut. Tapirfische leben in einer Welt, die sich „normale" Wirbeltiere wie wir nicht ansatzweise vorstellen können.

Generell ist Säugetierhochmut angesichts winziger Gehirne, wie bei den Barschfischen, nicht angebracht. Die schafften es nämlich, die kleinsten Nervenzellen aller Wirbeltiere extrem dicht zu packen und damit ein wahres Hochleistungsgehirn zu entwickeln.

Die Geburt der Empathie

Für ein einfaches Leben in einfacher Umgebung reicht ein relativ kleines Gehirn mit reflexiver Entscheidungsfindung. Großhirnige Tiere wie die Primaten „emanzipierten" sich in ihrem sozialen und sexuellen Verhalten nicht nur von der Dominanz einfacher, pheromon- und hormongesteuerter Reiz-Reaktionsmechanismen, sie leben auch in komplexen sozialen Gruppen. Man kennt die anderen und unterhält mehr oder weniger freundliche Beziehungen, bildet Allianzen und zieht gemeinsam den Nachwuchs auf. Das erfordert hohe geistige Flexibilität, denn es geht ständig darum, den eigenen Platz im sozialen Netzwerk zu behaupten. Um in einem solchen System zu bestehen, muss man Instinkte und Impulse kontrollieren können.

Bereits die mit Hornkiefern bestückten „Kieferlosen" gingen auf die Jagd und mussten vermeiden, selbst zur Beute zu werden. Das war wichtiger als alles andere – mit Ausnahme der Vermehrung. Wer es nicht schaffte, starb aus, lieferte sozusagen das Bio-Substrat für die Selektion der Erfolgreichen. Diese Tiere benötigten eine gewisse Lernfähigkeit samt Gedächtnis, um sich an eine variable, nicht sehr freundliche Umwelt anzupassen. Man setzte nicht nur auf Panzer und Reflexe, sondern bereits ein wenig auf Köpfchen.

Eine der ersten und wirksamsten Methoden zum Schutz vor Fressfeinden war es, sich zu Gruppen oder Schwärmen zusammenzutun.

Dazu wurden Gehirne benötigt, die ihre Träger veranlassten, den Schwarm nicht zu verlassen – und es ihnen ermöglichten, synchron zu schwimmen. Schon die Fische des Erdaltertums konnten das. Damit wurden die Grundlagen für das soziale Zusammenleben geschaffen, nämlich sich innerhalb der Gruppe wohler zu fühlen als außerhalb. Auf dieser Basis entwickelten sich alle positiven und negativen Emotionen sowie leistungsfähige Stress-Systeme, wie wir sie heute noch haben. Zudem mussten bereits Urfische abschätzen können, ob sie von Größe, Aussehen und ihrer Bewegungsweise her in einen Schwarm passten. Denn Räuber fokussieren auf Individuen, die aus der Masse hervorstechen. Wahrscheinlich stammen die Vorläufer der Spiegelneurone aus dieser Zeit, wie auch die Basis für Körper- und Selbstwahrnehmung.

Intelligenz im menschlichen Sinn, in Zusammenhang mit der individuellen Bindung zwischen Eltern und Nachkommen oder zwischen Geschlechtspartnern, kam erst mit den komplexeren sozialen Beziehungsgeschichten in die Welt. Damit wurde das Gehirn getrieben, größer und klüger zu werden.

Dieser Prozess begann bei den herrschenden Dinosauriern des Erdmittelalters. Sie hatten zwar recht kleine Gehirne, kannten aber schon ein Beziehungsleben in der Gruppe sowie Brutpflege. Damit stieg der Druck, das Gehirn permanent einsatzfähig zu halten, was eine konstant hohe Körpertemperatur erforderte. Daher waren die moderneren Dinosaurier wohl die Erfinder der Homöothermie. Sie begannen ihre Körpertemperatur zu halten und entwickelten Federn, zunächst zur Kälteisolation. Das ließ sie in Folge auch flugfähig werden, der Weg zu den Vögeln war geebnet. Bereits vor dem Ende des Erdaltertums begann die Entwicklung zu den Säugetieren aus Reptilienvorläufern. Der Druck durch die Dinos zwang den Ahnen der Menschen im Erdmittelalter ein nächtliches oder unterirdisches Leben und kleine Körper auf. Das Gehirn musste also klüger werden, was indirekt auch zu weniger, dafür aber gut betreutem Nachwuchs führte. Als vor 66 Millionen Jahren ein Riesenkomet bei Yucatán einschlug, war dies das Ende der blühenden Saurierfauna. Die Säugetiere kamen aus ihren Löchern und eroberten bei Tag die Welt: Der Weg zu den Pferden, Walen, Wölfen und Menschen war frei.

Bis heute sind Gehirnfunktionen von den eingebrannten Spuren des Räuber-Beute-Wettlaufs der ersten dreihundert Millionen Jahre geprägt. Damals entstanden die Prinzipien des Vermeidens und Verweilens, mit der die Legislative Gehirn die Exekutive des Verhaltens und seiner Werkzeuge, das autonome Nervensystem und die Stress-Systeme steuert. Als Spiegel der herrschenden ökologischen und sozialen Bedingungen entstanden jene sozio-sexuellen Strategien zur Optimierung des Fortpflanzungserfolgs, die immer noch für einen Gutteil unserer (Ir-)Rationalität verantwortlich sind: Gier, Machtstreben und männliches Konkurrenzgehabe. Viel an diesem mentalen Reaktionsrepertoire entstand im Zusammenhang mit dem komplexen Sozialleben während der letzten hundertfünfzig Millionen Jahre.

Der Großteil der Entscheidungen wird durch unbewusste Prozesse vorbereitet.

Solche impliziten Prozesse funktionieren rasch und ohne viel Aufwand, filtern vor, womit und in welcher Weise sich das bewusste Denken beschäftigt. Im Gegensatz zu den unbewussten Prozessen laufen explizite Prozesse langsam und aufwendig ab. Solch bewusstes Denken wird benötigt, um uns an komplexe Situationen anzupassen. Mit der Beziehung der impliziten, unbewussten Mechanismen der Entscheidungsfindung zu den expliziten, bewussten verhält es sich etwa so wie mit der Sekretärin zu ihrem Chef: Er trifft zwar die letztlichen Entscheidungen, aber was auf seinem Schreibtisch landet, entscheidet sie. Sollte die Chefsekretärin aber ihre Filterfunktion nicht im Sinne des Systems erfüllen, wird sie rasch ersetzt werden, detto ein fehlentscheidender Chef.

Entscheidungsfindung läuft bei allen Wirbeltieren ähnlich ab: Mit einer bestimmten Situation konfrontiert, durchsuchen die impliziten Mechanismen des Gehirns zunächst die Bibliothek an gespeicherten Erfahrungen und instinktiven Reaktionen in den tieferen Teilen des Gehirns. Wenn etwas davon zur Situation passt, kann die Reaktion rasch erfolgen oder gehemmt werden. Durch einen Konkurrenten provoziert, kann jemand sein Repertoire an aggressiven Verhaltensweisen spontan aktivieren; ist dieser Konkurrent aber ein ranghohes Mitglied der eigenen Gruppe, werden in einem gut funktionierenden Stirnhirn die aggressiven Reaktionen zugunsten von Rückzug oder jovialer Freundlichkeit angepasst.

Die Reaktion erfolgt gemäß der sozialen Konventionen, erfordert aber kaum bewusstes Denken.

Gut sozialisierte Erwachsene mit einem Stirnhirn, das seine Exekutiven Funktionen gelernt hat, zeigen kaum mehr spontan-instinktive Reaktionen. Jede Situation aktiviert also zunächst das alte Repertoire an Mechanismen: Es wird unbewusst beurteilt, ob das Gegenüber ein lebendes Wesen ist oder ob es in ein archaisches Schema fällt wie zum Beispiel Spinnen oder Schlangen. Anschließend wird affektiv bewertet, indem die im Moment wahrgenommene Situation mit bereits vorhandenen mentalen Repräsentationen abgeglichen wird. Diese halten immer auch über das Limbische System mit den Emotionen Rücksprache. Dabei fließen Konzepte über die Welt mit ein: etwa worin die kulturspezifischen Rituale der Höflichkeit Vorgesetzten gegenüber bestehen. Alles läuft im Stirnhirn zusammen, das in sich ständig wiederholenden Bearbeitungsschleifen arbeitet und etwa fünfmal pro Sekunde die Situation auf Basis des bereits Gespeicherten mit den eingehenden Informationen abgleicht.

„Bauchentscheidungen" werden spontan und ohne weiteres Nachdenken getroffen.

Langsam kann es werden, wenn das logische Denken einhakt und beginnt, die komplexen Konsequenzen von Entscheidungen zu wälzen. Das ist angemessen, wenn es um Beruf oder Partnerschaft geht. Aber man sollte es nicht übertreiben. So etwa zeichnet sich beispielsweise das Universitätsbiotop durch viele überaus gescheite Kolleginnen und Kollegen aus (bei denen ich gleich Abbitte leiste), von denen nicht wenige Probleme mit raschen Entscheidungen haben, selbst bei Kleinigkeiten. Sie sind es gewöhnt, rational zu urteilen und misstrauen ihrem Bauchgefühl, der Kommunikation zwischen expliziten und impliziten Mechanismen. Diskussionen in universitären Gremien können zur Qual werden, wenn Entscheidungen ewig dauern, die eine Gruppe von Pflichtschulkindern in wenigen Minuten getroffen hätte. Auch mir passierte es, dass ich Kandidatinnen oder Kandidaten für Diplom- und Masterprojekte aufgrund von objektiven Leistungskriterien akzeptiert habe, obwohl ein flaues Bauchgefühl mich eigentlich gewarnt hätte – es sollte meist recht behalten.

Dafür oder dagegen? – Wovon unsere Entscheidungen beeinflusst werden

Welch radikal soziale und sprachbezogene Wesen Menschen sind, zeigt sich an der Beeinflussbarkeit von Entscheidungsprozessen: Man ist für oder gegen etwas, weil andere dafür oder dagegen sind. Gruppenzugehörigkeit bestimmt Entscheidungen; in unserer heutigen Gesellschaft möglicherweise nicht mehr so stark wie bis in die 1980er Jahre, als noch aus Tradition eine bestimmte Partei gewählt wurde. – Das ist aber nicht einer Zunahme an kritischer Rationalität anzurechnen, sondern eher dem fortschreitenden Zerfall „der Gesellschaft" in Meinungsblasen und Echokammern. Als Teil einer solchen ist man vor allem gegen „die Anderen".

An der Sprache hängt untrennbar Bewertung. Berühmtestes Beispiel: das halb volle oder halb leere Glas, das positive oder negative Assoziationen weckt. – Entscheidungsfindung und menschliches Denken wollen „geprimed" sein. Bekannt wurde das Beispiel der Beeinflussbarkeit von Lehrpersonen, in Abhängigkeit davon, wie diesen ihre zukünftigen Schüler vorgestellt wurden. Wenn es hieß, sie hätten großes Potenzial, fielen die Noten signifikant besser aus als im umgekehrten Fall. In diesem Zusammenhang wurde „Framing" zur Wissenschaft, also die gezielte Nutzung des affekiven Zusammenhangs von Sprache, um seine Ziele zu erreichen. Einer seiner Erfinder war der schon erwähnte Verhaltensökonom Richard H. Thaler.

Menschen sind stark durch Wording beeinflussbar.

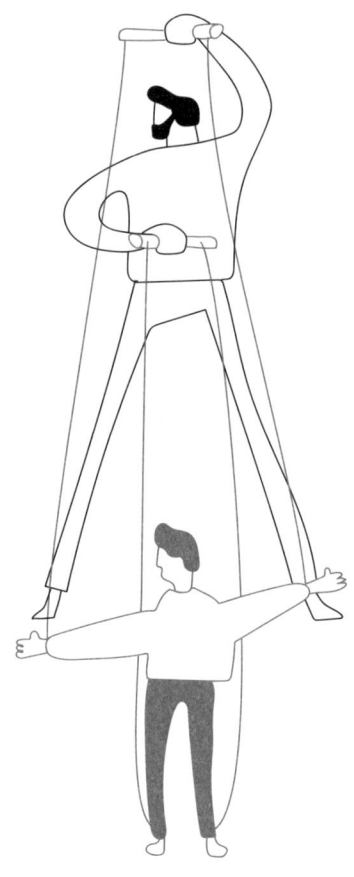

Das macht den Marketing-Sprech in Politik und Werbung leicht durchschaubar. Mainstream-Politiker der Mitte setzen auf sanfte, glatte Vernunft und ein nettes Äußeres, die extremen Ränder dagegen befleißigen sich einer kantigen Sprache. Technikinventare wurden entwickelt, um Gesprächspartner im eigenen Sinn zu manipulieren, beispielsweise durch „Neurolinguistisches Programmieren" (NLP). Hier werden die Spezifika beziehungsweise Universalien der zwischenmenschlichen Kommunikation genutzt, um das Gegenüber für sich einzunehmen. Etwa indem man auf Synchronie achtet.

Überliefern schlägt die große Planung

Ein Alien, konfrontiert mit den technischen und zivilisatorischen Leistungen der Menschen, würde diese wohl für höchst planvolle Wesen halten. Das Rad, die Städte im Zweistromland, die Domestikation von Pflanzen und Tieren bis hin zur Weltraumtechnologie, all das schaut nach rationalen Planungsleistungen aus. Heute ist man sich nicht mehr so sicher. Zunehmend wird bewusst, dass die menschliche Fähigkeit zur Überlieferung, Anhäufung und Kombination von kleinen Erkenntnissen und Errungenschaften für den technologischen Fortschritt wichtiger ist als die großen Planungsentwürfe. Das bildet ab, was wir heute vom menschlichen Gehirn wissen: Es ist vor allem ein soziales Organ mit technisch-rationalen Fähigkeiten, nicht umgekehrt.

Pferde wurden zunächst eher spielerisch als Last- und Reittiere entdeckt, dann aber sehr rasch als „Kriegsgerät" eingesetzt. Sie blieben es bis zur Erfindung von Verbrennungsmotor und Maschinengewehr. Vor 40 000 Jahren gingen die in Eurasien angekommenen Jäger und Sammler erste Partnerschaften mit Wölfen ein. Dass sich daraus später exzellente Partner beim Jagen, Kriegführen und zum Hüten der Herden entwickeln sollten, konnten sie nicht ahnen. Das Rad wurde mehrmals voneinander unabhängig durch Versuch und

Irrtum gefunden und bald schon als zentrales Bauelement leistungsfähiger Transport- und Kriegsgefährte entwickelt, aber nicht überall. Die Inka waren bei der Ankunft der Spanier eine hochentwickelte Zivilisation – ein Riesenreich mit gut ausgebauten Straßen sowie einem gedrillten Militär –, verwendeten das Rad aber nicht. Eher nicht aus technischer Inkompetenz, sondern wahrscheinlich weil es für eine profane Nutzung zu nahe an ihrem Sonnengott-Symbol war.

Technisch gesehen irrational, aber zutiefst menschlich.

Die sozialen Regeln der Traditionsbildung erklären auch, warum alle Versuche, Lehrkräfte aus Fleisch und Blut durch Bücher oder Computer zu ersetzen, scheiterten. Die Weitergabe technischer und sozialer Neuerungen ist auf direkte menschliche Vermittlung angewiesen. Moderne Universitäten verkörpern dieses Prinzip: nicht von ungefähr stehen im Zentrum aller Qualitätsrankings die Betreuungsverhältnisse. Für technisch-rationale, planende, nicht aber sozial integrierende Wesen wäre so etwas ohne Belang. Buchstaben, Bits und Bytes würden, rational betrachtet, als Basis für eine kreative Entwicklung ausreichen. So sind sogar die Unis in ihrem Kern nach technischem Maß irrational, nach menschlichem aber höchst rational organisiert. Diese soziale Konstruktion der Unis entstand ja auch nicht am grünen Tisch. Vielmehr begannen um 1130 nach Christus in Bologna Gelehrte, Studenten um sich zu scharen; in Paris waren es die Studenten, die sich die besten Lehrenden der damaligen Zeit holten und in Wien um 1365 der Herrscher in der Person von Rudolf dem Stifter, der eine solche Organisationsform verordnete.

Egal ob Universität „von unten" oder „von oben" – die Lehrer-Schülerbeziehung ist bis heute ihr zentrales Element.

Auch Firmenmanager sollten dies beherzigen, anstatt im rationalen Bestreben nach Kostenersparnis Personal auszudünnen und vor allem die teureren älteren Mitarbeiter „freizusetzen". Damit verletzen sie die menschliche Rationalität der Weitergabe von Information und der kreativen Neuentwicklung, die Teil sowohl des Tradierungs- als auch des Innovationsprozesses ist. Auf der Wirtschaftsuniversität lernt man vielleicht rechnen, aber wenig über die menschliche Natur.

Ein Individuum aus Ei plus Samenzelle

Die beiden DNA-Stränge aus Ei- und Samenzelle verschmelzen und los geht es mit der Entwicklung eines Individuums. – Schon, aber nicht nur die Gene der Ahnen und der elterliche Lebensstil bestimmen, was aus uns wird, sondern ganz stark die leibliche Mutter, die den frühen Embryo mit ihren Hormonen beeinflusst. Überlebenswichtig ist die Qualität der sozialen Betreuung nach der Geburt. Die primären Betreuungspersonen steuern die Entwicklung von Persönlichkeit, Sozialfähigkeit und Chancen in Schule, Beruf und Gesellschaft. Individuelle Menschen werden also sozial gemacht – auf Basis ihrer Gene, ihres Epigenoms und der Zeit in der Gebärmutter.

Was uns nicht umbringt, macht uns härter?

Was Menschen ausmacht, lernt man am besten über die Bedingungen, die sie benötigen, damit sie sich von Geburt weg gut entwickeln, die ihnen ermöglichen, neugierig und offen in die Welt hinauszugehen und gesund und in emotionaler Balance alt zu werden. Tatsächlich unterscheiden sich Babys und Kleinkinder weltweit in ihren Grundbedürfnissen individuell wenig und kulturell gar nicht. Das reiche Inventar der menschlichen Universalien umfasst auch – und vor allem – die Bedingungen für ein optimales Heranwachsen, für ein optimales Hineinwachsen ins Leben.

Menschen kommen mit einem unglaublich breiten Spektrum an Umwelt zurecht, sie überleben und vermehren sich sogar unter grauenhaften Bedingungen, wie Berichte aus den Nazi-Vernichtungslagern belegen. Dort wurde nicht nur gestorben, sondern gelegentlich auch geboren und herangewachsen. Zu den großen Wundern und Rätseln zählt, dass Menschen unterschiedlich resilient aus ihrer Individualentwicklung hervorgehen können. Manche überstehen lebensbedrohliche Herausforderungen, etwa den Verlust von Partner oder Familie, letztlich sogar gestärkt, andere entwickeln aus scheinbar nichtigen Anlässen mentale und körperliche Probleme und zerbrechen. Ein Schlüssel zu diesen Unterschieden liegt in der Frühentwicklung.

Wie gut sich Menschen an suboptimale und Extremsituationen anzupassen vermögen, zeigt die Geschichte. In akut lebensbedrohlichen Situationen – beispielsweise in einem Todeslager, aber auch ohne Sauerstoff nahe dem Gipfel am Mount Everest – können sie unglaubliche Überlebenskräfte mobilisieren, indem sie sich auf das Wichtige konzentrieren.

Ein solches Überleben durch schiere Willenskraft kann als menschliche Universalie gelten.

– Kein Wunder eigentlich, denn Naturkatastrophen, Vertreibung, Flucht, Hunger, Kälte und Krankheit sind „Standardbedingungen", seit es Menschen gibt. Stabile Perioden wechseln mit instabilen ab. Letzteren verdanken Menschen wohl ihre teils unglaubliche Resilienz.

Wäre es nicht so makaber, könnte man in Bezug auf die Pestepidemien im mittelalterlichen Europa zitieren: „Was uns nicht umbringt ...". – In diesem Fall stimmt es sogar. Die Epidemien entvölkerten in Allianz mit Kriegen und schlechten Lebensbedingungen ganze Landstriche. Die Überlebenden und ihre Nachkommen zeigen seitdem eine höhere Resistenz gegen Infektionskrankheiten als Bewohner von Weltgegenden, in denen es keine Pestepidemien gab. Sogar das HI-Virus löst bei einem höheren Prozentsatz an Europäern beziehungsweise „weißen Kaukasiern" keine AIDS-Symptome aus als bei allen anderen Menschen auf der Welt. Selbst klassische „Kinderkrankheiten" führen lediglich bei einem relativ geringen Prozentsatz der europäischen Bevölkerung zu Komplikationen – im Gegensatz zu den Indigenen anderer Erdteile. Wahrscheinlich ist auch dies eine Spätfolge der Pest.

Ei und Spermium, Genom und Epigenom

Eigentlich ein Wunder, dass jeder der Milliarden hochkomplexer Menschen auf der Welt letztlich aus bloß zwei elterlichen Keimzellen entstand, Ei und Spermium. Die Entwicklung, die nach ihrer Verschmelzung losgeht, verstehen wir heute besser denn je; auf dem Gebiet der Merkmalsentwicklung zwischen Genen und Umwelt bleibt aber noch viel zu lernen und zu forschen. Aus jeder der so gebildeten Zygoten, dem Verschmelzungsprodukt von Ei- und Samenzelle – genauer: des in den Geschlechtszellen enthaltenen Erbmaterials –, kann sich ein neuer Mensch entwickeln. Das ist insofern nichts Besonderes, da man heute aus jedem Zellkern einen neuen Menschen klonen könnte. Die ethischen Dämme, dies zu tun, wackeln bereits bedenklich. Mit der Bildung der Zygote beginnt die Entwicklung. Jede

Definition, ab wann dem sich vergrößernden Zellhaufen menschliche Eigenschaften zugeordnet werden können, muss willkürlich bleiben. Ist nun bereits die Zygote – wie jede einzelne Körperzelle des Menschen – genauso schutzwürdig wie der voll ausgebildete Mensch? Das bleibt eine Frage der Einschätzung, ein ideologisches Minenfeld, etwa in der immer wieder schwelenden Abtreibungsdebatte.

Oder in der Tierschutzdebatte, in der sich der Pragmatismus des australischen Philosophen Peter Singer durchsetzte. Schutzwürdigkeit wird hier von Menschenähnlichkeit und entsprechenden Merkmalen wie Denk- und Leidensfähigkeit abhängig gemacht, was aber immer zu irrationalen Abgrenzungen führen muss. So behütet das österreichische Tierschutzgesetz Wirbeltiere, „höhere" – also zehnfüßige – Krebse und Tintenfische, nicht aber Insekten. Armer Maikäfer, womit hat er das verdient! Diese Merkmalsabhängigkeit von Schutzwürdigkeit führte dazu, dass mit Menschenaffen in vielen Ländern keine Tierversuche mehr gemacht werden. Sie trieb aber auch schauerliche Blüten: zum Beispiel den Vorschlag, man solle Versuche nicht an leidensfähigen Tieren, sondern an behinderten Menschen durchführen, die nicht mitbekommen, was mit ihnen geschieht. So schnell kann eine rationale Abgrenzungs- und Merkmalsdebatte zum Thema Schutzwürdigkeit in die blanke Antithese zur Aufklärung kippen. Persönlich ist mir die irrationale Argumentation lieber, lebenden Wesen prinzipiell Schutzwürdigkeit zuzubilligen – einfach weil sie existieren.

Regenwürmer genauso schutzwürdig wie Schimpansen? – Ja. Das schließt aber ein persönliches Notwehrrecht, etwa gegen Bettwanzen, nicht aus.

Zurück zur Embryonalentwicklung: Als Folge von Reifeteilung und der Rekombination des Erbmaterials der Geschlechtspartner ist jeder Mensch ein Unikat, auch in der individuellen Ausprägung seiner Merkmale. – Außer er oder sie wurde als eineiiger Zwilling geboren, dann existieren zwei Individuen als genetischer Klon. Phänotypisch entwickeln sich Zwillinge dennoch individuell: Weil sie nie über ihre gesamte Entwicklung hindurch den exakt selben Umweltbedingungen ausgesetzt sind – auch wenn sie im selben Haushalt aufwachsen.

Noch vor Jahrzehnten meinten manche, dass damit die „angeborenen" Unterschiede zwischen Individuen erklärt wären, während andere nicht an die Gene glaubten, sondern Milieu und Lernen für die Ausbildung individueller Merkmale verantwortlich machten. Dies firmierte lange Jahre als „Nature-Nurture-Debatte". Es verwundert nicht, dass die Biologie eher die Macht der Gene, die Sozial- und Kulturwissenschaften stärker die formende Kraft der Umwelt verfochten. Die Synthese fand man schließlich in der Epigenetik, im Wesentlichen neues Wissen darüber, wie die Umwelt auf die Regulation der Genexpression einwirkt. Gene wandeln ihre Information nicht einfach in die von ihnen kodierten Proteine um. Ihre Aktivität wird von den Entwicklungsgenen kontrolliert: durch das Abspulen von evoluierten Entwicklungsplänen im Dialog mit der Umwelt, durch die aus einer Zygote ein voll ausdifferenziertes Individuum entsteht. Zudem befindet sich die Aktivität so gut wie aller Gene unter der Kontrolle des Epigenoms.

Darunter versteht man die chemischen Veränderungen der DNA, etwa die Methylierung, sowie die Anlagerung von Histon-Proteinen an den DNA-Strang. Sie bestimmen, welche Gene eingeschaltet und Proteine kodiert werden und welche nicht. Diese Veränderungen und Anlagerungen erfolgen in regelhafter Interaktion mit der Umwelt.

Über das Epigenom können also erworbene Eigenschaften über eine oder mehrere Generationen weitergegeben werden, allerdings ohne dass sich am Code der DNA, also am Genom selbst, etwas ändert.

Dies bedeutet auch, dass während der Bildung von Geschlechtszellen das Epigenom zumindest teilweise weitergegeben wird: Sein Informationsbeitrag zu den Nachkommen wird in der Reifeteilung nicht auf null gestellt. Und um gleich einem verbreiteten Irrtum wohlmeinender Milieutheoretiker zu begegnen: Mit dem Epigenom wurde das Genom nicht „entmachtet". Es gibt auch eine Genetik der Epigenetik, zumal für jene Proteine, die sich regulierend an die DNA anlagern, ebenso Gene kodieren müssen. Aber Zellen bestimmen nicht autonom darüber, ob und welche Teile der DNA sie methylieren. Dies erfolgt im Rahmen eines komplexen Regulationsregelwerks, mit der DNA in führender Position und den Umweltfaktoren sozusagen als Beirat.

Durch das Epigenom wird die Lebenserfahrung der Eltern an ihre Nachkommen weitergegeben: mit guten, aber auch negativen Konsequenzen, je nach Lebensstil.

So erklärt sich, dass die Kinder einer abstinent und gesund lebenden Mutter mit Missbildungen oder Entwicklungsnachteilen zur Welt kommen können, wenn ihr Erzeuger ein Säufer war. Im Epigenom und anhand seiner Wirkweise kann man einen adaptiven Mechanismus sehen, der es den Eltern erlaubt, ihre Nachkommen an die zu erwartenden Umweltbedingungen anzupassen. Was funktioniert, wenn die Umwelt, in der die Mutter lebt, auch für die Nachkommen stabil bleibt: Im Falle einer sich von der Mutter zum Kind rasch verändernden Umwelt kann das aber auch gründlich schiefgehen.

Forschungsergebnisse zeigen, dass Kinder von Müttern, die während einer Mangelperiode mit ihnen schwanger waren, relativ gut an ein Aufwachsen im Mangel angepasst sind. Wenden sich jedoch die ökonomischen Bedingungen zum Guten und stehen diesen Kindern genügend kalorisch hochwertige Nahrungsmittel zur Verfügung, neigen sie stärker zu Fettleibigkeit, Typ II-Diabetes und anderen Stoffwechsel- sowie Herz-Kreislauf-Problemen als Kinder von Müttern, denen schon während der Schwangerschaft genügend Nahrung zur Verfügung stand. Beispiele dafür liefert die Entwicklung eines neuen

Mittelstandes zunächst in Indien, dann in China. Auch dort schlug der Nahrungsmangel der schwangeren Mütter bei den heranwachsenden Kindern ins Gegenteil um. Eine Reihe von Mechanismen ist an der Weitergabe solcher Informationen über die Generationen beteiligt. Beispielsweise kann der Stoffwechsel der Mutter ziemlich direkt, unter Vermittlung von Hormonen, die Steuerung der Genexpression beeinflussen.

Dass geringe Mengen an Hormonen während der Entwicklung von Säugetieren große Effekte nach sich ziehen können, zeigte der US-Forscher Frederick S. vom Saal in den 1990er Jahren an Embryonen von Mäusen. In den Uterushörnern der Mausmütter kommen zufällig verteilt weibliche und männliche Embryonen nebeneinander zu liegen, die bereits in frühen Embryonalstadien in geringem Ausmaß Geschlechtshormone produzieren. Diese Steroide lassen sich von Zellmembranen nicht aufhalten, sie erreichen daher die benachbarten Geschwister. Weibchen, die *in utero* zwischen zwei Brüdern lagen, vermännlichten in ihrem späteren Verhalten, während bei Männchen zwischen zwei Schwestern das Sexualverhalten beeinflusst war. Diese Versuche zeigen, dass geringste Mengen von Hormonen in frühen Embryonalstadien erhebliche Auswirkungen auf Körperbau und Verhalten von erwachsenen Tieren haben können. Was die embryonale Position *in utero* betrifft, führt jedoch der Zufall Regie.

Wie man die eigenen Nachkommen manipuliert

Derselbe Wirkmechanismus kann aber auch von Weibchen eingesetzt werden, um die Nachkommen mehr oder weniger gezielt auf eine zu erwartende Umwelt einzustellen. So wirken sich bei Säugetieren Stresszustände der Mutter während der Schwangerschaft auf den Phänotyp des Kindes aus. Das wurde an der Universität Münster in Experimenten mit Meerschweinchen nachgewiesen. Trächtige Weibchen wurden regelmäßig in fremde Gruppen „umgesetzt", was zu einem hohen Spiegel des Stresshormons Kortisol in ihrem Blut führte. Dies führte zu drastischen Unterschieden in ihren Nachkommen im Vergleich zu jenen von Kontrollmüttern, die trächtig in stabilen sozialen Gruppen gehalten wurden: Töchter vermännlichten, während Söhne „infantilisierten", also nie richtig erwachsen wurden und ein schwach ausgeprägtes Sexual- und Konkurrenzverhalten zeigten. Man könnte diese „mütterlichen Effekte" auf die Nachkommen als adaptive Manipulation der Nachkommen interpretieren, um sie an die zu erwartende stressige (oder ruhige) soziale Umwelt anzupassen. Sehr wahrscheinlich, dass dieser Mechanismus bei allen Säugetieren in ähnlicher Form existiert.

Besonders gut können diese über Hormone laufenden mütterlichen Effekte bei Vögeln untersucht werden.

Diese legen ihre Eier frühzeitig; daher müssen sich die Weibchen bereits bei der Bildung des Eies „überlegen", mit welchen Ingredienzien sie diese versehen. Wir wissen, dass ein hoher Spiegel an Karotinoiden dem Dotter nicht nur die orangegelbe Farbe verleiht, sondern auch eine gute Entwicklung des Embryos und seines Immunsystems unterstützt. Dies können sich aber nur Weibchen leisten, denen es selbst gut geht. Interessant sind auch die Einflüsse der erwähnten Steroidhormone. Indem sie an Rezeptoren an der Zellmembran binden, wirken sie auf das Verhalten. Vor allem aber binden sie im Zellkern – und sind so maßgeblich an der Regulierung der Genexpression beteiligt.

Steroidhormone werden aus Cholesterin gebildet. Davon enthält der Dotter der Vögel so viel, dass nicht geraten ist, zu viele Eier zu essen. Es entstehen daraus Progesteron, sowie Östrogen und Androgene, also weibliche und männliche Geschlechtshormone. Hubert Schwabl von der Washington State University bestimmte Hormone aus Dottern von Kanarienvögeln. Er fand, dass die Weibchen unterschiedlich viel Androgen in den Eiern eines Geleges deponierten, was zur Folge hatte, dass die geschlüpften Nestlinge umso energischer bettelten, je mehr Androgene der Dotter ihres Eies enthielt. Später fand man heraus, dass Hormone nicht passiv aus dem Blutkreislauf der Mutter in den Dotter diffundieren; sie werden in den dotterbildenden Zellen synthetisiert und gezielt in den Dotter abgegeben. Die Mutter entscheidet natürlich unbewusst, wie viel Androgen sie in den Dotter jedes einzelnen Eies aufgrund ihres physiologischen Status und ihrer sozialen Umgebung packt.

Möwenweibchen deponieren besonders viel Androgen in ihren Eiern, wenn sie in dichten Kolonien brüten, wo es zwischen Nachbarn recht aggressiv – auch kannibalistisch – zugeht.

Das zeigte die Arbeitsgruppe von Ton Groothuis an der Universität Groningen. Aus solchen Eiern schlüpfen besonders aggressive Küken, die sich von Anbeginn von ihren Nachbarn nichts gefallen lassen. Den Androgen-Vorteil gibt es aber nicht umsonst. Eine bestimmte Dosis Androgen im Ei fördert die Entwicklung des Embryos in ähnlicher Weise wie Anabolika die Muskeln von Bodybuildern. Ein Zuviel an Androgen im Dotter aber hemmt die körperliche Entwicklung und die Ausbildung von Organen des Immunsystems.

Wie fast alle Steroidhormone zeigen Androgene eine glockenförmige Dosis-Wirkungskurve. Das Optimum für die körperliche Entwicklung muss aber nicht dem Optimum für aggressive Verteidigung entsprechen. Dazu kommt, dass die Androgene im Ei nicht nur das Verhalten des Schlüpflings, sondern die Persönlichkeit auch der erwachsenen Tiere prägen. Aggressionsbereitschaft mag zwar in manchen Situationen vorteilhaft sein, bringt Individuen in anderen Situationen aber in Gefahr. Solch aggressive, „proaktive" Persönlichkeiten fürchten sich wenig vor Fressfeinden, inspizieren tapfer neue Lebensräume und gehen innerartliche Konflikte forsch an. Das kann sie zu Kolonisatoren machen, verringert aber auch ihre Überlebenschancen.

Gemeinsam mit dem britischen Postdoktoranden Jonathan Daisley testeten wir an der Konrad Lorenz Forschungsstelle im Almtal Mitte der 1990er Jahre die Kausalität dieses Mechanismus. Dazu braucht es gezielte experimentelle Manipulationen. Nur den natürlichen Androgengehalt der Eier zu messen und später mit dem Verhalten der geschlüpften Tiere zu korrelieren, mag erste Anhaltspunkte geben, erlaubt aber keine Aussagen über eine mögliche Ursachenbeziehung. Wir injizierten also frisch gelegte Graugans- und Wachteleier mit geringen Dosen von Androgenen. Das erhöhte den Hormongehalt der Dotter so geringfügig, dass es zwar das Verhalten der Schlüpflinge, nicht aber ihre körperliche Entwicklung beeinflusste.

Das Ergebnis war wie vorhergesagt: In zahlreichen Verhaltenstests zeigten die Küken und heranwachsenden Vögel eine Verschiebung ihrer Persönlichkeit in Richtung „proaktiv" – im Vergleich zu Kontrollgruppen, denen nur die Trägersubstanz in den Dotter injiziert wurde.

Und unabhängig vom Geschlecht vermännlichte das Verhalten:

Die aus den Androgen-Eiern geschlüpften Vögel waren zielstrebiger und rascher im Erforschen ihrer Umwelt und sozial weniger bedürftig. Sie schieden etwas weniger Stresshormone als die Kontrolltiere aus, wenn man sie von ihrer Gruppe isolierte, und waren auch im

Erlernen von Farben besser. Erklärbar sind solche weitreichenden Wirkungen durch direkte Effekte auf die Genexpression über Hormonrezeptoren im Zellkern.

Als Faustregel gilt: Je früher in der Entwicklung Faktoren wirken, desto prägender und nachhaltiger ihre Wirkung. Das gilt nicht nur für Hormone, sondern auch für soziale Reize.

Geringe Unterschiede an mütterlichen Steroidhormonen im Dotter wirken sich also beträchtlich darauf aus, wie Nachkommen lebenslang auf Herausforderungen reagieren: forsch oder eher zurückhaltend. Das Wirkprinzip dieses Mechanismus beschränkt sich nicht auf Vögel. Ähnliches wurde bei Fischen und Säugetieren gefunden. Stammesgeschichtlich weit verbreitet, scheint die Funktion allerdings zwischenartlich zu variieren: Kanarienvögel beispielsweise unterstützen das energische Betteln ihrer aus erstgelegten Eiern schlüpfenden Nachkommen mit Androgen, während viele Reiher oder Greifvögel nur zwei Eier legen und in der Regel nur einen Schlüpfling aufziehen. Das zweitgelegte Ei dient als Ersatz, sollte das erstgelegte Ei nicht befruchtet sein oder einem Räuber zum Opfer fallen. Folgerichtig wird das erstgeschlüpfte Küken durch mütterliches Androgen im Dotter unterstützt; dieses unterdrückt aggressiv das Betteln des Zweitgeschlüpften oder tötet es direkt. Zwei Junge aufzuziehen ist in guten Jahren möglich und geschieht auch gelegentlich; in schlechten Jahren aber würden beide verhungern, wenn das Zweitgeschlüpfte nicht geopfert würde. Wieder ein Beispiel dafür, dass die Evolution Muster zur Optimierung des Fortpflanzungserfolgs schafft, die uns aber nicht notwendigerweise gefallen müssen.

Bei sozialen Säugetieren, besonders beim Menschen, kann auch das soziale Umfeld nach der Geburt Persönlichkeit und Verhalten im späteren Leben beeinflussen. Dass Merkmale nicht einfach „angeboren", also 1 : 1 und direkt in den Genen eingeschrieben sind, sondern die Individualentwicklung viel Spielraum lässt, ist heute eine Selbstverständlichkeit, die aber erst im 20. Jahrhundert hart errungen wurde. Wenn Konrad Lorenz von angeborenem Verhalten („Erbkoordination") schrieb, schloss er damit Umwelteinflüsse zwar nicht aus, es wurde aber so verstanden.

Etwa von dem US-Naturforscher und vergleichenden Psychologen Daniel Lehrman. Dieser kritisierte Lorenz und dessen Ethologie 1953 scharf, aus guten fachlichen Gründen, aber auch auf Basis persönlicher Betroffenheit. Lehrman war jüdischer Abstammung, seine Verwandten wurden im Holocaust ermordet. Kein Wunder, dass er dem genetischen Determinismus kritisch gegenüberstand, zumal der eine der pseudowissenschaftlichen Säulen des Nazi-Regimes bildete. Die europäischen Ethologen tobten erst ob dieser als ungerechtfertigt empfundenen Kritik, und auch viele US-amerikanische Kollegen waren konsterniert. Den kühlsten Kopf bewahrte Niko Tinbergen, der einerseits die inhaltlichen Fehler Lehrmans aufzeigte, andererseits aber vermittelte. Daraus entspann sich eine fruchtbare Debatte, in deren Verlauf beide Seiten ihren Dogmatismus ablegten.

Schon zuvor versuchten Ethologen und Biologen die evolutionären Funktionen von Merkmalen, die dahinterliegenden physiologischen Mechanismen und deren evolutionäre Geschichte zu erforschen. Nun kam die Individualentwicklung als Fokus dazu. Die Nature-Nurture-Debatte verlor an Schärfe, weil schon damals klar war, dass kein Merkmal entweder angeboren oder erworben beziehungsweise erlernt ist. Leider werden Fragen dieser Art immer noch gestellt: von der Öffentlichkeit, von journalistischer Seite, sogar von manchen Fachleuten. – Als hätte die Entwicklung der letzten 70 Jahre nie stattgefunden! Ich habe gelernt, mein Erschrecken zu verbergen, wenn etwa Studierende der Biologie oder Medizin im 21. Jahrhundert noch immer von „angeborenen" Verhaltensweisen oder Merkmalen sprechen. Dem halte ich stets entgegen, dass zwar „nichts angeboren, aber alles erblich" sei.

Überlebensfrage Frühbetreuung

Ein differenziertes Licht auf die menschliche Natur werfen jene Bedingungen, die ein optimales Aufwachsen und ein langes, gesundes und erfülltes Leben ermöglichen. Sie sind menschliche Universalien sollten daher zu einem Teil des Katalogs der allgemeinen Menschenrechte werden. Dazu gehören die zuverlässige und sensible soziale Betreuung im Baby- und Kleinkindalter sowie ein Aufwachsen in Kontakt mit Tieren und Natur. Beides ermöglicht die Entwicklung einer balancierten Emotionalität im Erwachsenenalter, der entscheidende Faktor für ein langes und gesundes Leben; erst weit danach kommen Faktoren wie gesunde Ernährung und gute Luft. Dies deckt sich mit der trivialen Erfahrung, dass zufriedene und dankbare Menschen lang leben, etwa Ordensleute oder Lehrkräfte an Universitäten, denen ein regelmäßiger, disziplinierter Lebenswandel gemeinsam ist. Der deutsche, in den USA wirkende Evolutionsbiologe Ernst Walter Mayr lebte von 1904 bis 2005, sein letztes Buch erschien in seinem Todesjahr. Der österreichische Mathematiker Leopold Vietoris wurde 1891 geboren und starb 2002. Sein letztes Buch publizierte er 1995 – mit 104 Jahren! Die Liste der Berufe mit geringer Lebenserwartung führen leider noch immer Journalisten mit ihrem stressigen Lebensstil an. Ausnahmen wie der 1927 geborene, immer noch aktive Hugo Portisch bestätigen die Regel; möge er noch lange in geistiger Frische leben!

„Balancierte Emotionalität" – das klingt gut, aber wie ist sie zu erreichen? Offenbar nicht so leicht, sonst gäbe es die Heerscharen von Coaches und Psychologen nicht, die in der Diskrepanz zwischen einfachem Ideal und komplexer Wirklichkeit sowie am flächendeckenden Verlust von Orientierung ihr Geld verdienen. Das weist darauf hin, dass es zwar beim Sozialwesen Mensch darauf ankommt, sich mit anderen zu arrangieren, balancierte Emotionalität aber vor allem intrinsisch begründet ist, also von innen kommt.

Zufriedenheit findet man in sich selbst oder gar nicht, schuld an allem sind nicht immer „die Umstände" oder „die Anderen".

Neben Regelmäßigkeit und Selbstbestimmtheit zeichnet Menschen, die balanciert, aus ihrer Mitte heraus durchs Leben gehen, vor allem auch die Fähigkeit aus, soziale Unterstützung geben und annehmen zu können. Diese „innere" Fähigkeit fällt jedoch nicht vom Himmel, sie entsteht in einem optimalen Heranwachsen auf Basis von Genen und Epigenom: in der Gebärmutter, nach der Geburt fürsorglich umhegt, später sozial gut eingebettet und in sinnvoller, erfüllender Tätigkeit.

Die Behauptung, Menschen seien die sozialsten aller Wirbeltiere, lässt sich unter anderem anhand der Gesichtsmuskulatur belegen – der komplexesten aller Primaten. Ihre fast ausschließliche Funktion ist es, dem sozialen Umfeld emotionale Befindlichkeit zu kommunizieren. Ein noch beeindruckenderes Beispiel der extremen sozialen Bedürftigkeit der Menschen sind Babys. Sie bis ins zweite Jahr „satt, sauber und trocken" aufzuziehen, ihnen aber ihre spezifischen sozialen Bedürfnisse nach Zuwendung vorzuenthalten, führt in die programmierte Katastrophe. Solche unbeabsichtigten „Experimente"

passierten um die Zeit des Falls des Eisernen Vorhangs in manchen Waisenhäusern Osteuropas. Die meisten der „gepflegten" Kleinkinder ohne Zuwendung entwickelten Symptome von Hospitalismus, wie etwa Stereotypien, sowie andere schwere psychische Störungen. Häufig kam es in solchen Fällen zu einer anhaltenden Verkümmerung jener Stress- und hormonellen Systeme, die im Sozialleben eine große Rolle spielen, wie dauerhaft nach unten regulierte Sozialhormone Kortisol und Oxytocin. Viele Kinder starben.

Haben Umwelttheoretiker also doch recht?

Braucht es für eine optimale Entwicklung „bloß" die entsprechenden *Umweltbedingungen?* Nicht ganz. Denn die Ausbildung jeder Eigenschaft beruht auf genetischer Erblichkeit. Bei Tieren gibt es das experimentell einfache, in der Durchführung aufwendige Verfahren zum Nachweis der Erblichkeit schon lange: Geht es zum Beispiel um das Merkmal „Lauffreudigkeit" bei Mäusen, stellt man jedem Individuum einer Gruppe von Mäusen über Nacht ein Laufrad zur Verfügung. Manche Mäuse werden viel, andere wenig laufen. Nun züchtet man ein paar Generationen je eine Linie der Viel- und eine der Wenigläufer. Wenn das Merkmal Lauffreude genetisch erblich ist, werden sich nach einigen Generationen die beiden Zuchtstämme darin signifikant unterscheiden. Schließlich kreuzt man Tiere beider Stämme. Durch einen Vergleich der Variabilitäten in der Lauffreude der beiden Reinstämme mit der Kreuzungsgruppe erhält man den Grad der genetischen Erblichkeit. Das ist eine Zahl zwischen Null (= kein Beitrag der Gene) und Eins (= vollständig genetisch verankert). Null oder Eins kommt aber so gut wie nie als Ergebnis vor, weil *de facto* jedes Merkmal genetisch unterlegt ist. Ein Wert von mehr als 0,2 zeigt bereits eine deutliche genetische Erblichkeit an. Im Fall der Laufaktivität der Mäuse liegt dieser zwischen 0,4 und 0,6 – abhängig von den Umweltbedingungen, unter denen die Mäuse gehalten wurden. Daher Vorsicht bei der Interpretation von genetischer Erblichkeit!

Die Umwelt moduliert immer, wie stark die Gene am gezeigten Merkmal beteiligt sind.

Es wäre also nicht ganz richtig, im konkreten Fall zu behaupten, die Laufaktivität bei Mäusen wäre zu 40 bis 60 Prozent genetisch determiniert – obwohl dies medial und in der Öffentlichkeit immer wieder zu vernehmen ist.

Die genetische Erblichkeit menschlicher Eigenschaften kann und will man nicht durch Selektionsexperimente ergründen. Eine gute Alternative dazu bieten Untersuchungen an Kohorten von ein- und zweieiigen Zwillingen, die im selben oder in getrennten Haushalten aufwuchsen. Daraus kann man tadellos die genetische Erblichkeit errechnen, was zu vielen Eigenschaften auch gemacht wurde. Beispielsweise zu den „Big Five", also jenen Dimensionen von Persönlichkeit (Extraversion, emotionale Stabilität, Offenheit, soziale Verträglichkeit und Verlässlichkeit), von denen bereits die Rede war. Im Wesentlichen liegt ihre genetische Erblichkeit zwischen 0,2 und 0,6. Sie sind also zu einem erheblichen Teil genetisch unterlegt, aber ebenso durch das sozio-kulturelle Umfeld beeinflusst.

Der Beteiligung der Gene hängt vom jeweiligen Merkmal ab. Für den mimischen Ausdruck des Überaugengrußes wäre eine genetische Erblichkeit von 0,9 zu postulieren, weil er stereotyp von allen Menschen gezeigt wird. Untersucht wurde das allerdings aufgrund seiner Trivialität nie. Demgegenüber hätte meine Neigung, das Auto über Nacht in die Garage zu stellen, wahrscheinlich eine genetische Erblichkeit von circa 0,2. Auch das wurde begreiflicherweise nie untersucht und stand wohl kaum unter direkter evolutionärer Selektion. Dennoch wird in der bürgerlichen Mittelschicht die Bereitschaft zur Nutzung der Garage über Nacht variieren. Die Variabilität des Merkmals hängt möglicherweise damit zusammen, dass die Garage fallweise zur Lagerung von Gerümpel zweckentfremdet wird. Sicherlich aber damit, dass Leute, die eine gewisse emotionale Instabilität, gepaart mit hoher Verlässlichkeit aufweisen – beides gut erbliche Komponenten –, das Fahrzeug eher in der Garage übernachten lassen. Man weiß ja nie …

Wie die Dimensionen der Persönlichkeit, kommen alle menschlichen Merkmale mit einer bestimmten genetischen Erblichkeit: die Anlagen für die Qualität der Exekutiven Funktionen, für Langlebigkeit, für die Anfälligkeit gegenüber Krankheiten, für die Fähigkeit eine balancierte Emotionalität zu entwickeln und glücklich und zufrieden durchs Leben zu gehen sowie für die Ausbildung von Resilienz. Fragt sich nur, wie wichtig sie samt der von den Eltern kommenden epigenetischen Prägungen für die optimale Entwicklung eines Menschen sind. Und wie man ihr Potenzial in der Individualentwicklung optimal ausschöpfen kann. Die seit den 1960er Jahren andauernde Forschung an der frühen sozialen Bedürftigkeit der Menschen zeigt klar:

Die soziale Einbettung nach der Geburt und weiter bis zum Tod schlägt die genetischen Anlagen.

Zu bedenken bleibt natürlich, dass jene Anlagen, die unsere weitgehende soziale Bedürftigkeit begründen, in hohem Ausmaß genetisch erblich sind. – Sozusagen Freiheit über den Determinismus der Gene, aber auf ihnen basierend.

Zentral für unser aller Leben: Bindung und Zuwendung

Der englische Psychologe John Bowlby baute nach dem Zweiten Weltkrieg eine Abteilung für Kinderpsychotherapie an der Tavistock-Klinik auf. Mit James Robertson und der Entwicklungs- und Persönlichkeitspsychologin Mary Ainsworth begründete er jene Bindungsforschung, ohne die ein tiefes Verständnis der Natur des Menschen kaum möglich wäre. Weitere Gefährten in dieser recht praktisch und verhaltensbiologisch orientierten Forschung waren der US-Amerikaner Harry Harlow sowie der britische Pionier von Verhaltensbiologie und evolutionärer Psychologie Robert Hinde. Ihnen ist es zu verdanken, dass wir heute so genau über die für eine optimale Entwicklung nötigen sozialen Bedingungen des Aufwachsens Bescheid wissen. Was diese Pioniere begannen, wurde in den letzten Jahrzehnten um die Erkenntnisse über die dazugehörigen physiologischen Mechanismen und Funktionen im Gehirn ergänzt.

John Bowlby entstammt einem großbürgerlichen Londoner Haushalt. Der Vater war Chirurg, die Mutter sah Bowlby täglich für kaum eine Stunde. Die Eltern blieben ihrem Kind gegenüber distanziert, denn man glaubte damals noch, dass Gefühlsbekundungen von Eltern die Nachkommen verweichlichen würden. John wurde von einem Kindermädchen betreut, bis er drei Jahre alt war. Mit acht kam er ins Internat, wo er zutiefst unglücklich war. Die frühkindliche soziale Vernachlässigung und soziale Kälte, die seine Kindheit prägten, sollten zu seinem Lebensthema in der Wissenschaft und in seiner medizinischen Praxis werden. Nach dem College in Dartmouth begann der hochbegabte 17-Jährige ein Studium der Medizin und Psychologie. Schon während der Studienzeit begann er eine psychoanalytische Ausbildung. Nach seinem Abschluss arbeitete Bowlby mit sozial vernachlässigten Kindern, ab 1936 auch an der London Child Guidance Clinic. Damals wurden viele Kinder vor der Bedrohung durch die Nazis in England in Sicherheit gebracht und von Pflegeeltern oder Institutionen übernommen. Diese Maßnahme sicherte den Kindern das Überleben, blieb aber nicht frei von negativen Folgen. In der Arbeit mit diesen Kindern fand Bowlby all jene psychischen, körperlichen und Entwicklungsprobleme, die er von sich selbst so gut kannte.

Bowlby und Ainsworth beobachteten seit den frühen 1950er Jahren das Verhalten von Mutter-Kind-Paaren in deren Zuhause. Sie fanden heraus, dass die Qualität der Fürsorge mit dem Bindungsverhalten der Kinder in engem Zusammenhang stand. Die beiden „Verhaltenssysteme" Fürsorge und Bindung, wie Robert Hinde es später bezeichnen sollte, stellten sich als zwei Seiten einer Medaille heraus. Mary Ainsworth führte ihre Beobachtungen in England und Uganda durch und fand dort dieselben Beziehungsmuster zwischen Mutter und Kleinkind.

Fürsorge und Bindung sind menschliche Universalien: Systeme, die in Menschen angelegt sind und schon früh, etwa in kindlichen Rollenspielen, gezeigt werden.

Die Pioniere beschränkten sich auf die Kind-Mutter-Beziehung; aber mit den zunehmenden Einsichten in die zugrunde liegenden physiologischen Mechanismen, etwa die Beteiligung des Oxytocinsystems, wurde das Konzept der Bindung in den 1990er Jahren auf die Partnerbindung zwischen Erwachsenen ausgedehnt, ab 2010 auch auf die Beziehungen von Menschen zu ihren Kumpantieren. Bowlby kam zur Einsicht, dass Bindung („Attachment") von zentraler Bedeutung für die Entwicklung einer gesunden Emotionalität ist, und zwar „von der Wiege bis ins Grab".

John Bowlby und seine Kollegen fanden heraus, dass die Qualität der Frühbetreuung in den ersten Jahren nach der Geburt die Entwicklung nachhaltig prägt. Zuverlässige, sensibel auf die Signale des Babys eingehende Fürsorge führt zu einem „sicheren Bindungsmuster": Kinder lernen ihre „primären Betreuer", meist die Eltern, als zuverlässige Partner kennen. Daher suchen sie die Nähe der Eltern, wenn sie gestresst sind und getröstet werden wollen: Eltern sind „Häfen der Sicherheit". Weil ihre Nähe mit positiven Emotionen und Beruhigung verbunden ist, wollen Kinder in ihrer Nähe bleiben, Trennung ist mit negativen Emotionen verbunden und löst „Bindungsverhalten" aus: Das Kleinkind versucht, die Mutter zu erreichen, protestiert und weint, streckt ihr die Arme entgegen, sucht Kontakt und will getröstet werden. Wird das Kind aufgenommen, beruhigt es sich rasch.

Welche evolutionäre Funktion hat dieser auffällige Verhaltenskomplex? Kleinkinder suchen die Nähe ihrer „primären Betreuer", meistens die Eltern, wenn sie in Angst oder Stress geraten, also subjektiv Gefahr wahrnehmen.

Die Überlebenssicherung des Kindes scheint also die Hauptfunktion von Bindungsverhalten zu sein.

Nicht nur, weil von jeher manche Beutegreifer kein Problem damit hatten, sich an menschliche Babys zu halten. Noch wichtiger scheint aber der Schutz gegen artinternen Kindesmord zu sein. Die Gefahr ging (und geht) vorwiegend von fremden Männern aus, weswegen Kleinkinder mit ein paar Monaten zu „fremdeln" beginnen; wie übrigens Hundewelpen im vergleichbaren Entwicklungsstadium auch, und zwar in Spiegelung der evolutionären Hauptgefahr besonders stark gegenüber fremden Männern. Auch die Reproduktionskonkurrenz unter Frauen mag dabei eine Rolle gespielt haben. Gruppenintern sorgt man zwar liebevoll für Babys, man tötet sie fallweise aber auch – je nach Beziehungsqualität.

Die Ausprägung dieses Verhaltenssystems zeigt sich daran, dass der Selektionsdruck zur Entwicklung der mentalen Voraussetzungen und der Verhaltensmuster von Bindung und Fürsorge sehr stark gewesen sein muss. – Und das nicht erst beim Menschen. Bindung ist zwar eine menschliche Universalie, aber kein Alleinstellungsmerkmal. In den meisten ihrer neuronalen, hormonellen und mentalen Komponenten ist sie vielmehr stammesgeschichtliches Erbe; die Grundprinzipien gelten für alle Säugetiere, vielleicht auch für soziale Vögel. Zwischenartliche Unterschiede gibt es wahrscheinlich vor allem in den mentalen Komponenten von Bindung. Bei Menschen haben die in frühester Kindheit erworbenen Bindungsmuster großen Anteil daran, als welche Art von Mensch ein Erwachsener durchs Leben geht.

Eine „sichere Bindung" gilt als beste Voraussetzung für eine optimale kognitive, emotionale, soziale und selbst körperliche Entwicklung.

Warum man Babys in Stress versetzt

Was aber bedeutet der Begriff „Bindungsmuster"? Hier verhilft der von Mary Ainsworth entwickelte „Strange Situation Test" (SST) zu mehr Klarheit. Er dient der Diagnose des frühkindlichen Bindungs- und mütterlichen Fürsorgemusters. Der SST besteht aus neun Episoden, die das Kind systematisch in Stress versetzen. – Klingt nicht fein, ist aber die einzige Möglichkeit, Bindungsverhalten auszulösen, das nur anspringt, wenn das Kleinkind aus seiner Komfortzone geholt wird. Der Test kann mit bis zu 18 Monate alten Kleinkindern durchgeführt werden. Bei älteren Kindern setzt bereits komplexes Denken ein, was die Beobachtungen schwer interpretierbar macht. Bindungsmuster bei Erwachsenen klassifiziert man gewöhnlich mit „assoziativen Tests", die aber viel schwieriger zu interpretieren sind als die relativ einfachen Verhaltensbeobachtungen im SST.

Bei diesem etwa 30 Minuten dauernden Versuch betritt eine Mutter mit Baby einen gemütlichen Raum mit interessantem Spielzeug. Im Laufe der neun Episoden kommt zunächst eine fremde Person in den Raum und fordert das Kind in Anwesenheit der Mutter zum Spielen auf; dann verlassen abwechselnd Mutter und fremde Person den Raum. Die Mutter insgesamt zweimal, sie kommt jedes Mal nach kurzer Abwesenheit zurück. Beobachtet wird, wie das Kind auf die fremde Person, vor allem aber auf das Weggehen und Wiederkommen der Mutter reagiert; und auch, in welcher Form von Fürsorgeverhalten sich die Mutter während des gesamten SST auf das Kind bezieht.

Kinder mit der oben erwähnten „sicheren Bindung" spielen mit der ihnen unbekannten Person nur zögerlich und unter Rückkopplung auf die Mutter; sie protestieren und weinen, wenn diese den Raum verlässt, reagieren auf ihre Rückkehr mit weiterem Bindungsverhalten und beruhigen sich dann rasch; diese Kinder lassen sich in Abwesenheit der Mutter von der fremden Person kaum ins Spiel verwickeln. Solche sicher gebundenen Kinder haben die Mutter beziehungsweise Eltern als verlässliche und empfindsame Partner erfahren, die da sind, wenn sie gebraucht werden.

Manche Kinder hingegen reagieren kaum, wenn die Mutter den Raum verlässt, wenden sich den Spielsachen zu und lassen sich wenig davon ablenken, wenn die Mutter wiederkommt. Oder sie klammern, wenn die Mutter versucht, den Raum zu verlassen, erst recht nach ihrer Rückkehr. Diese Kinder beruhigen sich nur schwer und verhalten sich teils aggressiv gegenüber der Mutter, sie beißen, kratzen, schlagen. Solche Verhaltensmuster sind typisch für „unsicher-vermeidend" beziehungsweise für „unsicher-ambivalent" gebundene Kinder. Sie entstehen aus der Erfahrung der Kinder, dass die Betreuungsperson nicht immer verfügbar ist, wenn man sie braucht.

Babys haben übrigens kein Verständnis dafür, wenn die Eltern meinen, sie müssten zuerst das E-Mail fertigschreiben oder mit Freunden twittern.

Sie erwarten Service in Echtzeit, sie können nicht warten. Das Konzept, dass man selbst nicht immer der Mittelpunkt der Welt ist, reift im Kind erst langsam mit dem sich entwickelnden Stirnhirn. Es wäre gefährlicher Unsinn zu meinen, das Brüllen des Babys, dem zugemutet wird, allein im dunklen Zimmer einzuschlafen, würde seine Lungen stärken; ebenso wie die paranoide Vorstellung, man mache sich durch eine sofortige, zuverlässige und sensible Zuwendung zum Sklaven des Babys. – Das kann schon sein, aber was ist die Alternative? Nur wenn die Erwachsenen sich dem evolutionär angelegten Entwicklungsprogramm anpassen, kann das Kind seine Chance auf eine bestmögliche Entwicklung wahren. Jeder Versuch dieses Programm zu beschleunigen oder auszutricksen – etwa indem man den Bildschirm zur „Betreuungsperson" macht, verbaut dem Kind eine seinen Anlagen entsprechende optimale Entwicklung.

Lernt das Kleinkind, dass Erwachsene in der Umgebung keine verlässlichen Trostspender sind, werden sie zu „Vermeidern" und suchen Trost im Ersatz, etwa Spielzeug. Wobei Messungen des Stresshormons Kortisol zeigten, dass diese äußerlich ruhigen Kinder trotzdem gehörig unter Stress stehen – was der Entwicklung ihrer Emotionen, ihres Selbstwertgefühls und des Nervensystems nicht guttut. Die „Ambivalenten" haben ihre Betreuer ebenso als unzuverlässig erlebt, entwickeln aber weniger Ablenkung durch Beschäftigung, sondern Klammern als kontrollierende Gegenstrategie. Die Kortisolwerte auch dieser Kleinkinder bleiben nach der Rückkehr der Mutter hoch.

Diese drei Bindungsmuster waren Standardinventar der frühen Bindungsforschung. Später ergänzten die US-Psychologinnen und Bindungsforscherinnen Mary Main und Judith Solomon das Spektrum um die „desorganisierte Bindung". Unsichere Bindungsmuster können immer noch als angepasste Strategien interpretiert werden, mittels derer das Kind sich in seinem Verhalten an die suboptimale soziale Umgebung anpasst und so lernt, zurechtzukommen. Aber Main und Solomon fielen bei SSTs immer wieder Kinder auf, die sich seltsam verhielten; und ihre Mütter waren entweder distanziert oder übergriffig. Diese Kinder reagierten kaum auf deren Weggehen und Wiederkommen und zeigten paradoxe Verhaltensweisen; sie erstarrten, blickten lange in eine Zimmerecke, waren distanzlos freundlich mit der fremden Person oder zeigten stereotype Verhaltensweisen. Diese Gruppe rechtfertigte eine eigene Kategorie – die „desorganisierte Bindung".

Desorganisiert gebundene Kinder erleben ihre Eltern als unzuverlässige Betreuer oder erleiden durch sie sogar Traumata: durch Vernachlässigung, körperliche oder seelische Gewalt oder sexuellen Missbrauch. Sie machen die paradoxe Erfahrung, dass jene Personen, bei denen sie Schutz und Trost finden sollten, selbst Quell von schwerem Unbill und traumatischem Stress sind. Aber auch hier sorgte die Evolution mit einem Schutzmechanismus vor: Traumata können mental weggesperrt – dissoziiert – werden und sind dann der bewussten Erinnerung nicht mehr zugänglich. So stehen sie der relativ normalen Entwicklung von Beziehungen zu neuen Bindungspartnern nicht im Weg. Dies ist mit ein Grund, warum solche Kinder trotz allem – oder gerade deswegen – eine sehr starke Bindung zu ihren Eltern entwickeln können. – Nicht nur Hunde kann man in die Bindung prügeln, allerdings zum Preis schwerer Traumata.

Wie sich Bindungsmuster auf das Leben auswirken

Bei desaströsen frühen Betreuungsbedingungen entwickeln Kinder also ein desorganisiertes Bindungsmuster; bereits bei Kleinkindern brechen fast alle adaptiven Strategien zusammen, es kann zu schweren emotionalen, kognitiven, sozialen und physiologischen Entwicklungsstörungen kommen. Sogar die angepasste Modulation des Stoffwechsel- und Stresshormons Kortisol und des Sozialhormons Oxytocin können beeinträchtigt sein. Als Rest einer angepassten Strategie entwickeln diese Kinder früh das Bedürfnis nach Kontrolle über ihre Eltern und ihre Umgebung. „Selbst kontrollieren" lautet die Devise. Viele, aber beileibe nicht alle Kinder mit desorganisiertem Bindungsmuster enden in Alkohol- und Drogenproblemen, sind unfähig Bindungen über längere Zeit zu halten oder werden Dauergäste in Institutionen der Gesellschaft, wie Gefängnissen.

Zum Glück entwickeln sich die meisten Kinder mit desorganisiertem Bindungsmuster zu unauffälligen, sozial gut eingebetteten Mitgliedern der Gesellschaft. Man weiß in Ansätzen auch, was solche Kinder resilient macht, sie also befähigt, sich trotz katastrophaler Frühbetreuung gut zu entwickeln: Neben entsprechenden genetischen Anlagen sind es einmal mehr die sozialen Beziehungen. Nicht selten übernehmen Fünf- bis Achtjährige die Fürsorge für ihre Eltern oder für ihre jüngeren Geschwister. Solche Kinder durchleben zwar keine unbeschwerte Kindheit, entwickeln sich in der Regel aber nicht nur „normal", sondern zeigen später sogar oft großes soziales Engagement.

Auch eine gute Beziehung zu einem Kumpantier, etwa einem Hund, kann gegen die Spätfolgen einer desorganisierten Bindung puffern.

In den frühen 2000er Jahren versuchte man, die Anteile der erwachsenen Menschen mit den unterschiedlichen Bindungsmustern in Deutschland abzuschätzen. Demnach wären etwa 60 bis 70 Prozent der Bevölkerung vorwiegend sicher gebunden, 30 Prozent unsicher (vermeidend und ambivalent) und immerhin 10 bis 15 Prozent desorganisiert. „Vorwiegend" bedeutet, dass in Bezug auf das Bindungsmuster niemand „sozial reinerbig" ist. Vielmehr haben alle Menschen sichere, unsichere und auch desorganisierte Anteile, die in unterschiedlichen Situationen unterschiedlich stark hervortreten. Zumal Menschen mit unterschiedlichem (epi-)genetischen Hintergrund zur Welt kommen und eine makellos-perfekte soziale Frühbetreuung praktisch nicht vorkommt.

Überwiegen aber unsichere und desorganisierte Anteile und wird dieser Zustand weder erkannt noch bearbeitet, kann es im späteren Leben kritisch werden.

Suboptimale Bindungsmuster sind ein fast durchgängiges Merkmal in klinischen Populationen, also bei Leuten, die früher oder später mit einem Spektrum an mentalen Problemen auffallen – angefangen von Lernschwierigkeiten bis hin zu schweren mentalen Störungen. Sie verringert offenbar drastisch die spätere Resilienz gegenüber mentalen Problemen. Heute weiß man, dass bei der Ausbildung von sozialer Beziehungsfähigkeit die frühe Sozialisierung zwar der wichtigste Faktor ist, aber auch, dass die genetischen Anlagen und das durch das soziale Umfeld der Eltern produzierte Epigenom beteiligt sind. Ein Beispiel: Übergewicht in der Familie wird nicht nur über einen ungünstigen Ess- und Lebensstil sozial an die Kinder tradiert, dieser hinterlässt auch Spuren im Epigenom. Das kann es solchen Kindern erschweren, trotz Lebensstilkorrektur normalgewichtig zu werden. Analog dazu trifft dies wahrscheinlich auch auf die Bindungsmuster zu; es wäre unwahrscheinlich, würden sie keine Spuren im Epigenom hinterlassen.

Faszinierend auch, dass das Bindungsmuster offenbar die Berufswahl und die sozialen Rollen mitbestimmt.

So scheinen besonders Menschen mit hohen desorganisierten Anteilen Berufe zu ergreifen, in denen sie Kontrolle ausüben können: Sie gehen zur Polizei, werden Lehrer oder Hundetrainer.

Das muss nicht so schlimm sein, wie es klingt. Denn das Bindungsmuster – so hartnäckig es sich als primäre soziale Repräsentation Updates und Veränderungsbestrebungen widersetzt – ist zwar quasi ein Urteil auf „lebenslang", aber Menschen kommen auf unterschiedliche Weise damit zurecht; es erhöht auch die Vielfalt an Persönlichkeiten. Unsicher oder desorganisiert gebundene Kinder können zudem „sekundär sicher" werden, indem sie zumindest einen Menschen finden, zu dem sie ein tiefes Vertrauensverhältnis aufbauen können. Oft sind das Sozialpädagogen, die wissen, dass es dafür Zeit und Geduld braucht. Denn in der Regel versuchen Kinder und Erwachsene, Erfahrungen aus ihrem Bindungsmuster mit jedem neuen Partner zu replizieren.

Ein solches Kind wird so lange biestig agieren, bis der neuen Betreuungsperson der Kragen platzt. Das Kind anzuschreien, wäre aber unprofessionell und kontraproduktiv. Die Betreuungsperson hätte das Verhalten des Kindes gespiegelt und ihm damit dessen Bindungserfahrungen bestätigt; der Aufbau einer neuen Vertrauensbeziehung ist dann kaum mehr möglich. Personen, die mit solchen Kindern arbeiten, wissen daher, dass sie deren Verhalten keinesfalls spiegeln dürfen. Sekundär sichere Lehrpersonen oder Polizeibeamte dagegen sind meist hervorragende Pädagogen, weil sie aus eigener Erfahrung wissen und begriffen haben,

welche Folgen Bindungsmuster nach sich ziehen können – und wie man damit umgeht.

Wie aber ist ein „Bindungsmuster" von seinen dahinterliegenden Mechanismen her definiert? John Bowlby entwickelte ein „internes Arbeitsmodell" sozialer Beziehungen – in der Sprache der modernen Psychologie: eine „primäre mentale Repräsentation". In Kontakt mit seinen ersten Betreuern lernt ein Kind unter Anleitung einer im Gehirn angelegten Vorlage, wie mit einem neuen Sozialpartner umzugehen sei. Kinder und Erwachsene übertragen so unbewusst ihre Bindungserfahrung auf weitere Sozialbeziehungen. Die Funktion dieses mentalen Mechanismus wäre, frühkindlich eine angepasste Erwartungshaltung aufzubauen, die dafür sorgt, dass man in neuen sozialen Beziehungen gut zurechtkommt. Das klappt mit einer sicheren Bindung meist sehr gut, gibt im Fall von unsicher-desorganisierten Bindungsmustern aber keine gute Vorlage für gedeihliche Beziehungen im weiteren Leben ab.

Vor allem wird das eigene Bindungsmuster auch in der Art der Fürsorge für das eigene Baby gespiegelt.

Menschen mit sicherer Bindung sind darin meist zuverlässig, sensibel und flexibel, ziehen also wieder sicher gebundene Kinder groß. Leider spiegeln auch Menschen mit suboptimaler eigener Bindungserfahrung diese in ihrem Fürsorgeverhalten. Das führt dazu, dass sie ebenfalls überwiegend Kinder mit ihrem eigenen Bindungsmuster aufziehen. Solche sozial – und wahrscheinlich auch epigenetisch – hartnäckig erblichen Muster sind schwer zu durchbrechen. Für nachgeburtliche Betreuungsmaßnahmen schätzt man die Erfolgsquote – also die Verbesserung der sozialen Muster der Nachkommen – auf etwa fünf Prozent. Besser greifen vorgeburtliche Maßnahmen, welche die Mutter und das elterliche Umfeld unterstützen. Noch sicherer ist es, Kinder aus schwer desorganisierten Familientraditionen nach der Geburt in gute Fremdbetreuung zu geben. Was natürlich äußerst heikel ist, denn es braucht schon sehr gute Gründe, leiblichen Eltern ein Kind zu entziehen.

Unter Bindung versteht man heute also die Bowlby'sche primäre mentale Repräsentation sozialer Beziehungen, im Verbund mit einem reflexartig-instinktiven Bindungsmechanismus, der etwa bei der Geburt oder beim Verlieben einhakt. Letzteren kannte Bowlby noch nicht. Dieser reflexartige Mechanismus bewirkt die Ausschüttung des Bindungshormons Oxytocin, was die Bindungsbereitschaft mit dem Kind oder einem Geschlechtspartner stark erhöht.

Kritisches Denken wird gehemmt – Liebe macht tatsächlich blind.

Dass diese instinktartige Bindungskomponente erst bei großhirnigen Säugetieren mit dem „internen Arbeitsmodell" verknüpft wurde, zeigt wie zentral Bindung und Fürsorge im Leben von Menschen sind. So ist ein sicheres Bindungsmuster die beste Voraussetzung für offene Neugierde anderen gegenüber, für eine bestmögliche Ausbildung des Selbst, für ein selbstbestimmtes Leben, für die Fähigkeit, soziale Unterstützung geben und empfangen zu können sowie für eine optimale Entwicklung der Exekutiven Funktionen, die wiederum die wichtigste Voraussetzung für eine gute soziale Einbettung und für Erfolg in Schule, Beruf und Gesellschaft darstellen. Die Weichen für das Leben eines jedes Menschen werden also sozial am stärksten vor und unmittelbar nach der Geburt gestellt.

Welcher Mensch aus einem Baby wird, bestimmen also maßgeblich die Wechselwirkungen der von den Eltern stammenden Gene samt Epigenom mit dem Fürsorgestil der Mutter beziehungsweise der „primären Betreuungspersonen". Im Zuge des Heranwachsens wird Person und Persönlichkeit von den jeweiligen sozialen Netzen geprägt, in denen sich Kind, Jugendlicher und Erwachsener befindet.

In der Pubertät stellen sich Jugendliche auf ein selbstständiges Leben ein, mit entsprechenden Ablösungskonflikten und weitreichenden Umbauten im Gehirn. Konflikte mit den Eltern und anderen

Betreuungspersonen sind während dieser Zeit nicht nur normal, sondern nötig, um den Ablösungsprozess zu unterstützen. Diese Abnabelung kann für Eltern kränkend sein, wenn sie nicht antizipiert wird. Versetzten früher lange Haare und flotte Sprüche der Pubertierenden Eltern in Angst und Schrecken, so ist es heute der zunehmende elterliche Kontrollverlust durch elektronische Medien und Smartphone.

Die Provokation wurde digital.

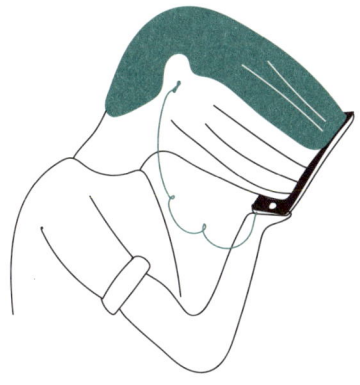

Die neu erworbene Distanz ist eine wichtige Voraussetzung für eine gute Beziehung zu den Eltern im späteren Leben. Eltern, die pubertäre Konflikte vermeiden und ihre Kinder bei jeder Verrücktheit unterstützen beziehungsweise zu deren „besten Freunden" werden wollen, tun ihren Kindern und der künftigen gemeinsamen Beziehung keinen guten Dienst. Pubertäre wollen provozieren und damit Grenzen ausloten; Eltern sollten das in Maßen zulassen, aber auch klare Grenzen setzen. – Solange es geht und sinnvoll ist. Eltern, die erst angesichts pubertierender Kinder draufkommen, dass sie langsam mit dem Erziehen beginnen sollten, haben den Zug ohnehin verpasst.

Damit und mit einigen Bemerkungen zu wichtigen weiteren Bedingungen für eine gute Entwicklung, der Biophilie und den Auswirkungen der Faktoren der Frühentwicklung auf die Ausbildung von Persönlichkeit möchte ich es bewenden lassen. Es geht hier nicht darum, den zahllosen Beiträgen zur Entwicklungspsychologie des Menschen Konkurrenz zu machen, das wäre ein ganz anderes Buch. Hier sollten vielmehr die wichtigsten evolutionär bedingten Strukturen der menschlichen Psyche skizziert werden, sozusagen die einflussreichsten menschlichen Universalien für eine gute Entwicklung.

Ganz ohne Natur und Tiere geht es nicht!

Der von Mary Ainsworth entwickelte Strange Situation Test wird auch genutzt, um die Bindung zwischen Hunden und ihren Menschen zu untersuchen. Immerhin sind Hunde seit 35 000 Jahren die wichtigsten Tierkumpane der Menschen. Und wir wissen heute, dass man zu ihnen in ähnlichen Bindungsbeziehungen leben kann wie zu anderen Menschen. Daher sollte es vergleichbare Bindungs- und Fürsorgemuster zwischen Menschen und ihren Hunden geben wie zwischen Eltern und Kleinkindern.

In dieser Version des SST spielt der Hund die Rolle des Kleinkindes. Nun sind Hunde im Gegensatz zu diesen zwar erwachsen, dennoch lässt die Eltern-Kind-ähnliche Beziehung erwarten, dass der Test auch mit Hunden valide Ergebnisse bringt. Hunde gelten als „neotäne" Wölfe, also als dauerhaft „verjugendlicht", und daher abhängiger von ihren Bezugspersonen, als sozialisierte Wölfe es wären – oder Kinder nach der Pubertät.

Unter maßgeblicher Mitwirkung von Judith Solomon führten wir 2018 diesen Test an insgesamt 60 Mensch-Hund-Paaren durch. Das Beziehungsverhalten der Hunde und ihrer Halter ähnelte verblüffend dem von Mutter-Kind-Paaren. Wir fanden eine Verteilung der Bindungsmuster, wie sie auch in der Menschenpopulation zu erwarten wäre: 61 Prozent sicher gebundene Hunde und 39 unsicher Gebundene, einschließlich Vermeidende, Ambivalente und ein paar Desorganiserte. Ziemlich klar hingen die Bindungsmuster der Hunde mit der Art der Betreuung ihrer Halter zusammen – und auch mit den für die Hunde von ihren Besitzern per Fragebogen angegebenen Persönlichkeitsmustern.

Es gibt Hinweise darauf, dass zumindest bei kurzzeitigen Begegnungen Menschen ihre Bindungsmuster auf andere Menschen, nicht aber auf Tiere übertragen. Unsere Ergebnisse sprechen für Langzeitpartnerschaften mit Kumpantieren aber eine andere Sprache:

Das von den Hunden gezeigte Bindungsmuster wird wahrscheinlich vom menschlichen Betreuer verursacht.

Daher spiegeln die Bindungsmuster der Hunde letztlich die ihrer Halter wider. Dass wir geringfügig weniger sicher gebundene Hunde fanden, als es bei Menschen in der Vergleichspopulation zu erwarten wären, kann Zufall sein, oder dadurch verursacht, dass etwas mehr Menschen mit suboptimalen Bindungsmustern mit Hunden leben als solche mit sicherer Bindung.

Dieser Hund-Mensch-Bindungstest steht hier nicht als kuriose Randnotiz, sondern als Beispiel für die Relevanz der Bindungsmechanismen auch bei anderen Tieren und als Bestätigung für die Bedeutung eines Lebens mit Tieren. Wie schon erörtert, sind Menschen biophil. Neuere Daten zeigen, dass ein Aufwachsen von Kindern mit Tieren und in Kontakt mit viel Grün die emotionale, kognitive, soziale und sogar körperliche Entwicklung von Kindern fördert, insbesondere die Exekutiven Funktionen, Verantwortlichkeit und Selbständigkeit. Ihnen das vorzuenthalten kann – wie im Buch bereits beschrieben – zu einem „Nature Deficit Syndrome" führen: zu suboptimal ausgebildeten Exekutiven Funktionen und einem relativ häufigen Auftreten einer Fülle von mentalen Problemen im späteren Leben. Im Positiven schenkt ein Leben in guter sozialer Beziehung zu einem Tier und in einer Umgebung, in der Natur noch ihren Platz hat, subjektives Wohlbefinden. Sehr wirksam darin ist unser ältestes Kumpantier:

Nicht nur subjektiv, auch objektiv leben Menschen mit Hund gesünder als ohne. Es scheint, als wären Menschen an ein Leben mit Tieren angepasst.

Individuen und Gesellschaften: Vielfalt auf einfacher Basis

Konkrete Menschen entwickeln sich nicht im luftleeren Raum. Vielmehr nimmt das kulturelle Umfeld starken Einfluss auf die Ausbildung der individuellen Persönlichkeit und des Sozialverhaltens. Darauf ist aber auch die menschliche Genetik programmiert. So wird sich ein Individuum mit bestimmtem Genom und Epigenom, das von seiner Mutter während der Schwangerschaft dementsprechend beeinflusst wurde und nach der Geburt eine bestimmte Qualität der Fürsorge erfuhr, in einem brasilianischen Umfeld anders entwickeln als in einem skandinavischen. In Brasilien wird das heranwachsende Kind soziale Verbundenheit, Neugierde an anderen und eine gewisse Körperlichkeit in der Kommunikation als vorherrschenden sozialen Stil erfahren. Man hält dort geringe Individualdistanzen und findet nichts dabei, einander während des Gesprächs zu berühren. Anders in Skandinavien: Dort wird die Verantwortlichkeit für Werte, Gemeinschaft und Zusammenhalt zwar stärker als anderswo vermittelt; man lernt aber auch von Kindesbeinen an, die Sphäre des anderen zu achten und Mitbürger nicht durch eigene Gepflogenheiten zu „belästigen". So sorgt das jeweilige kulturelle Umfeld für eine unterschiedliche Sozialisation mit der für das gesamte Leben so wichtigen Regulierung von Nähe und Distanz. Diese kulturellen Eigenheiten bewirken, dass sich eine identische Persönlichkeitsstruktur in Skandinavien oder Brasilien in ziemlich unterschiedlichem Sozialverhalten niederschlägt.

Denn alle Menschen unterliegen einem Konformitätszwang; meist wollen sie sich gemäß den ungeschriebenen Regeln ihrer Gesellschaften verhalten.

Das kann einen Umzug in ein anderes Land interessant, aber auch schwierig gestalten. Schon der Wechsel von Österreich in die Schweiz oder nach Deutschland – ja selbst von Wien nach Vorarlberg – bietet diesebzüglich mehr oder weniger vergnügliche Aha-Erlebnisse.

Kaum etwas im individuellen Verhalten und in den gesellschaftlichen Strukturen ist zufällig, auch wenn es manchmal so scheinen mag. Die Komplexität der Ursachen sowie die ebenfalls hochkomplexen menschlichen Universalien bedingen eine Vielfalt an individuellen, gesellschaftlichen und kulturellen Ausbildungsformen. Dies stets im Rahmen der weiten menschlichen Reaktionsnorm, und ebenso im Rahmen erkennbarer, typisch menschlicher Strukturelemente. Diese oft progressiv anmutende Vielfalt auf Basis grundgelegter, recht konservativer Strukturen bildet den Rahmen des letzten Kapitels.

Wie kann es mit der Natur des Menschen weitergehen?

Werden die jüngsten Techniken der Genetik die biologische Evolution aushebeln? Und wie wirken sich innovative Technologien und sich wandelnde sozioökonomische Verhältnisse auf die weitere Evolution des Menschen aus? Wie anpassungsfähig sind Menschen an die selbst verursachten Veränderungen ihres Lebensraums? Wird es schon bald den „neuen Menschen" geben? – Oder doch nur eine Hightechversion der steinzeitlichen Jäger und Sammler? Was fangen die Darwin'schen Mechanismen mit diesen Technologien und menschengemachten Lebensumständen an? Wird es weiterhin „eine Menschheit" geben, oder wird eine herrschende Kaste entstehen?

Prognosen sind schwierig, vor allem wenn sie die Zukunft betreffen …

… sollen wahlweise Karl Valentin, Mark Twain oder Niels Bohr, vielleicht aber auch alle drei gemeint haben. Damit könnte ein seriöses Buch zur menschlichen Natur enden. Punkt und Schluss, denn zur Zukunft weiß man zu wenig. Es scheint aber tief in der menschlichen Natur verankert zu sein, mehr oder weniger wilde Zukunftsphantasien und -erwartungen zu hegen. Auch eine menschliche Universalie, die im Ergebnis aber – je nach sozio-kulturellem Hintergrund – unterschiedlich ausfällt, wie Jan Martin Ogiermann in seinem Buch „Biographie der Zukunft" höchst erhellend beschreibt.

Menschen sind nicht nur sinnsüchtig, sondern auch zukunftsversessen.

Sie brauchen Vergangenheit zur Verwurzelung und können Gegenwart als unendlich kurze Einheit des unmittelbaren Erlebens nur mystisch-spirituell fassen, weil sie eben schon vergangen ist, wenn man sich mit ihr beschäftigt. Daher brauchen sie Zukunft als Imaginationsfläche unendlich vieler zukünftiger Gegenwarten. Man will ja nicht nur wissen, was in diesen Gegenwarten sein wird, sondern diese auch, wenn möglich, beeinflussen. Darin liegt eine Prise Größenwahn, typisch menschlich also; weswegen man den Versuch, die Zukunft zu erschauen immer wieder für unschicklich hielt, speziell nach der Erschaffung eines allmächtigen Gottes, dem allein dieses Privileg zukommt.

Diesem menschlichen Zukunftsverlangen war selbst durch Androhung der Todesstrafe nicht beizukommen – obwohl sich rationale Geister von der Antike bis heute über Aberglauben und Hokuspokus lustig machten. Das focht deren mächtige Proponenten aber nicht an. Bruchlos führt der Weg von den frühen Leberschauen über den Fortschrittsglauben des 19. und 20. Jahrhunderts, die Astrologie, die bluttriefenden utopischen Ansprüche der Bolschewiken und die mörderischen Phantasien der Nationalsozialisten bis zur gegenwärtigen Orientierungslosigkeit zwischen ökologisch-politischen Untergangs- und technokratisch-eskapistischen Machbarkeitsphantasien.

„Die eine Zukunft" gibt es heute nicht mehr, es sind deren viele geworden.

Manche davon virtuell: hochkomplexe Realitäten abseits der Realität. Entwaffnend trivial dagegen immer noch die Alltagspraxis der Zukunftsschau. Sie entfaltet sich beispielsweise im täglichen Horoskop in den diversen Boulevardmedien. Ein Mainstream an Hedonismus, Konsumismus sowie das Eintauchen in digitale Medien verdrängt zudem allzu viele Gedanken an die Zukunft. – Könnte man meinen. Wie immer funktioniert Verdrängen nur oberflächlich. Das zeigen zunehmende Zukunftsskepsis und -sorge. Typisch menschlich, sich darüber Gedanken machen zu *müssen*. Daher kann es nicht ganz falsch sein, sich auf Basis des Wissens über die Vergangenheit einigermaßen informierte Gedanken darüber zu machen, wie es um die Zukunft der menschlichen Natur bestellt sein könnte.

Die letzten paar Seiten sollen kein pessimistisches Gestrampel zur Gestaltung der Zukunft und zur Rettung der Welt werden

– selbst wenn es angesichts der Lage der Welt schwerfällt, dies zu vermeiden. Nicht weil es nicht nötig wäre, sondern weil einschlägige Rettungsversuche in den letzten paar Tausend Jahren immer erfolglos waren. Immerhin gibt es die Welt noch, wenn auch verändert. Es braucht auch keine Dramatisierungen, denn eine faktenbasierte Einschätzung dessen, was in nicht allzu ferner Zukunft sein könnte, fällt ohnehin hinreichend krass aus. Dass die Lage noch nie so komplex war wie heute und technisch-gesellschaftliche Entwicklungen schneller verlaufen denn je, beflügelt darüber hinaus das Interesse an Zukunftsszenarien.

Wie kann es also mit der biologischen Evolution der Menschen in einer Welt weitergehen, die in einem nie gekannten Ausmaß durch Menschen verändert wurde und wird? Wie werden zukünftige Generationen mit dem ökologisch-politischen Multitrauma zurechtkommen, in das die Menschen der letzten 100 Jahre die Biosphäre stürzten? Welche oft merkwürdigen, utopistischen Fluchtphantasien löst dieses Wissen um den Stand der Dinge aus? Und welche Lösungsansätze sind angesichts der doch recht evolutionär-konservativen menschlichen Denk- und Handlungsmuster realistisch? Werden sich Menschen endlich zusammentun, um das weltweite Gemeinwohl als Handlungsmaxime durchzusetzen, oder werden immer weniger Leute ihre Schäfchen ins Trockene bringen – auf Kosten der Biosphäre und der überwiegenden Mehrheit? Eine reale Basis zur Reflexion dieser Fragen bilden die bisherigen Konstanten in der Natur des Menschen.

Zukünftige Evolution – mit oder ohne uns?

Werden wir in einigen Jahrzehntausenden mit vergrößerten Köpfen und reduzierten Beinen und Körpern durch die Gegend watscheln? Oder wird die Menschheit in einen „Superorganismus", ein eusoziales Kastenwesen, differenzieren? – Mit wenigen großhirnigen „Herrenmenschen" an der Spitze, und vielen kleinhirnigen Leuten, die – gesteuert per Computerchip – glücklich sind, wenn ihre unmittelbaren Bedürfnisse erfüllt werden? Werden Menschen dereinst – genetisch optimiert – 250 Jahre leben oder nur mehr dann sterben, wenn sie das selbst wollen? Alles nicht sehr wahrscheinlich, aber auch nicht unmöglich – der Phantasie sind kaum Grenzen gesetzt. Zudem wird weltweit in den Labors mit Hochdruck an der genetischen Optimierung und der Unsterblichkeit gearbeitet. So lässt sich selbst das unwahrscheinlichste Szenario auf Basis heutiger Entwicklungen argumentieren – vor allem, wenn man die über große Zeiträume stabilen menschlichen Universalien außer Acht lässt. In ernst gemeinten Zukunftsszenarien schränkt allerdings die ziemlich konservative menschliche Natur die spekulativen Freiräume deutlich ein.

Aber bevor die wissenschaftliche Spaßbremse losgelassen wird, dürfen wir ein wenig spekulieren. Es ist nicht verboten und zudem unterhaltsam, sich Gedanken über die zukünftigen Auswirkungen des evolutionären Prozesses auf die Biosphäre zu machen. Das tat der britische Paläontologe und Evolutionsforscher Dougal Dixon mit seinem Werk „Die Welt nach uns. Eine Zoologie der Zukunft". Das großartig illustrierte, wissenschaftlich makellose Buch spinnt die Evolution der Tiere, von der bekannten Stammesgeschichte ausgehend, 50 Millionen Jahre in die Zukunft. 1981 schlug es auch deswegen wie eine Bombe ein, weil Dixon sich gar nicht die Mühe machte, die Menschen in irgendeiner evoluierten Form dann noch leben zu lassen. „[Die Menschheit ...] hat in ihrem Lebensraum eine schreckliche Zerstörung angerichtet, ehe sie aussterben und die Evolution wieder ans Werk gehen ließ, um diesen Schaden zu beheben und die hinterlassenen Lücken aufzufüllen." Was sich damals abzeichnete, ist heute Gewissheit:

Menschen verursachen eines der größten Artensterben der Erdgeschichte.

Es gleicht in seinem Ausmaß den fünf oder sechs bisherigen Vernichtungsereignissen der letzten 400 Millionen Jahre, die durch vulkanische Aktivität oder Meteoriteneinschläge verursacht waren. Nach jeder dieser Katastrophen explodierte die Artbildung und das wird auch nach uns so sein. Katastrophen, wie wir Menschen sie gerade verursachen, beflügeln Evolution. Allerdings ist auf Basis unseres gegenwärtigen Wissens auszuschließen, dass wir oder unsere veränderten Nachfahren in 50 Millionen Jahren die Erde noch bevölkern. Der *Homo sapiens* wird wie alle biologischen Arten aussterben, er legt bereits solide Grundsteine in diese Richtung.

Aber wann wird „nach uns" sein?

Das erfahren wir auch in einem weiteren populären Werk nicht: „The Future is Wild – die Welt in Jahrmillionen". An dieser dreiteiligen BBC-Serie plus zugehörigem Buch war, neben britischen und US-Wissenschaftlern, federführend auch wieder Dougal Dixon beteiligt. Dargestellt wird die Welt und ihre Fauna in fünf, hundert und zweihundert Millionen Jahren. Die Szenarien sind hinreichend makellos wissenschaftlich fundiert, um die Serie als ernsthafte Dokumentation der Zukunft durchgehen zu lassen. Die Plattentektonik, also die auch heute stattfindende Verschiebung der Kontinente, wird weitergesponnen, und daraus die Entwicklung von Klima und Lebensräumen in ferner Zukunft abgeleitet. Menschen stören dabei nicht mehr; sie verursachten laut Begleitbuch „eine Vergiftung der Atmosphäre, Massenaussterben und Klimaerwärmung, die aber dann rasch in eine neue, fast erdumspannende Eiszeit mündete, in der die

letzten Menschen ausstarben". Die Serie war populär, aber einmal
mehr verursachte das Aussterben der Menschen Irritationen. Offenbar beanspruchen Menschen für sich nicht nur eine unsterbliche See-
le, sondern wollen auch als Art oder neuerdings sogar als Individuen
von Sterblichkeit nichts wissen – obwohl die alttestamentarischen
Religionen ein apokalyptisches Weltenende vorsehen. Aber das ist
etwas anderes: In den Himmel kommt man immer selbst, in die
Hölle die anderen.

Die weitere Entwicklung des Körpers

Bequem, die Menschen einfach bald aussterben zu lassen, man
braucht sich dann um ihre weitere Evolution nicht mehr zu kümmern. – So elegant kann ich mich in einem Buch über die Natur
des Menschen aber nicht aus der Affäre ziehen. Um es vorwegzu-
nehmen: Einer Menge futuristischer Spekulationen steht nicht allzu viel an wissenschaftlich belastbaren Daten und Konzepten zur
weiteren Evolution des modernen Menschen gegenüber. Darauf
sollte man aber beharren, will man nicht in die kulturpessimisti-
schen Spekulationen eines Konrad Lorenz verfallen. In seinen „Acht
Todsünden der zivilisierten Menschheit" meinte er, dass das Leben
in der selbstgeschaffenen Zivilisationsumgebung jene Selektion
außer Kraft setze, die bei den „edlen Wilden" in ihren natürlichen
Lebensräumen für eine entsprechende Auslese sorgen würde. Folge
wäre eine „Verlotterung" der menschlichen Gene, wodurch es zu
einer Anhäufung von Erbkrankheiten und zur Degeneration der sozialen Instinkte käme. Das ist nicht ganz falsch, aber weder unsere
heutige Diktion, noch die ganze Geschichte.

Durch einen Wandel der Lebensbedingungen ändern sich natürlich auch die Selektionsbedingungen, die wiederum über ihre Auswirkungen auf den individuellen Fortpflanzungserfolg die Merkmale
der Menschen laufend verändern. Ob dies auch in Zukunft so sein
wird, hängt davon ab, ob das relativ neue und einfache Editieren von

Genen per CRISPR-Cas-Technologie (Genschere) auch auf menschliche Genome angewandt wird und in welchem Umfang dies geschehen wird. Meine Skepsis, dass dies je in einem quantitativ für evolutionäre Entwicklung bedeutenden Ausmaß der Fall sein wird, lässt mich darauf schließen, dass auch der *Homo sapiens* – so wie alle anderen biologischen Arten – dem Darwin'schen Mechanismus bis auf Weiteres verhaftet bleiben wird, zumindest was die meisten Menschen betrifft.

Darauf beruhen die nun folgenden Überlegungen, die sich auf dokumentierte evolutionäre Veränderungen bei Menschen in der jüngsten Vergangenheit stützen. Viele betreffen Körper und Physiologie. Zweifellos spannend, im Rahmen dieses Buches aber eher trivial. Die Natur des Menschen wird vor allem durch mentale Wesenszüge bestimmt, für deren Ausprägung größtenteils das Gehirn verantwortlich bleiben wird, wenn auch in Kooperation mit dem Körper.

Relevant ist daher, was sich in Bezug auf das Gehirn tat und tun wird – die wissenschaftliche Suppe ist diesbezüglich leider besonders dünn.

Einiges geschah in jüngster Vergangenheit mit Körper und Physiologie. Über die letzten 70 000 Jahre passten sich Menschen etwa an ein Leben in großer Höhe an: unabhängig und auf verschiedene Weise im Hochland von Tibet und in den Anden. In Tibet setzte man auf eine Erhöhung der Sauerstoffbindung im Blut, in den Anden eher auf die Vergrößerung von Brustkorb und Lungenvolumen. Menschen passten sich aber auch an ein Leben in der arktischen Kälte an. Und Leute, die im Zuge kannibalistischer Rituale menschliches Gehirn verzehren, entwickelten immunologische Anpassungen gegen die allzu leichte Übertragung von Krankheiten. Weil die austronesischen Sama-Bajau seit tausenden Jahren um ihre Nahrung tauchen, entwickelte sich bei ihnen eine vergrößerte Milz zur Speicherung roter Blutkörperchen. Die in Afrika verbreitete Sichelzellenanämie schwächt zwar ihre Träger, schützt sie aber auch vor Malaria, weswegen sie nicht ausselektioniert wurde. So weit diese wenigen Beispiele von der Lebensrealität der meisten Menschen, die gerade dieses Buch lesen, auch entfernt sein mögen – sie zeigen das menschliche Potenzial, sich an spezifische Lebensumstände relativ rasch anzupassen. An diesem Potenzial wird sich auch in Zukunft nichts ändern.

Näher an der Realität des pizzaessenden Mainstreams liegen Anpassungen, die seit dem Sesshaftwerden geschahen, etwa hin zu einer besseren Verträglichkeit stärkehaltiger Nahrung: Mit dem Aufkommen des Getreideanbaus nahm die Aktivität des stärkespaltenden Enzyms Amylase zu, wie auch die Immunabwehr gegen Kariesbakterien; Karies triumphierte erst wieder mit der beliebigen Verfügbarkeit raffinierten Zuckers ab dem 19. Jahrhundert. Bei Leuten, die Viehwirtschaft trieben, erhöhte sich die Toleranz gegen Milchzucker, was Milch als Nahrungsmittel auch für Erwachsene ermöglichte. Heute scheint der Selektionsdruck in diese Richtung nachzulassen – immer öfter tritt Laktoseintoleranz auf.

Dass Westler im Schnitt mehr Alkohol vertragen als manche Ostasiaten, könnte auf seinen kulturspezifisch unterschiedlichen Gebrauch in der Vergangenheit zurückzuführen sein.

Bei Ersteren wurde die Leber evolutionär mit dem alkoholabbauenden Enzym Alkoholdehydrogenase stärker aufmagaziniert als bei Letzteren. Vor einem allzu mechanistisch-genetischen Denken warnt aber der Umstand, dass der Milchkonsum in China zurzeit steigt, obwohl dort die Laktosetoleranz nicht allzu ausgeprägt ist. Das könnte darauf hindeuten, dass das soziale Prestige des Milchkonsums die physiologische Verträglichkeit schlägt.

Evolutionäre Veränderungen können sehr rasch erfolgen. Das zeigte etwa Philipp Mitteröcker von der Universität Wien am Beispiel der Veränderung des weiblichen Beckens durch Kaiserschnitte. Es wurde bereits dargelegt, dass sich ein breites weibliches Becken, wie es für den Durchtritt des Kopfes des Kindes bei der Geburt erforderlich ist, nicht gut mit der Laufleistung verträgt; weswegen Männern proportional schmälere Becken wachsen als Frauen. Die routinemäßigen und seit den 1950er Jahren häufig durchgeführten Kaiserschnitte scheinen dieses evolutionäre Gleichgewicht zu verschieben. So können heute auch Frauen mit schmalem Becken dank Kaiserschnitt problemlos Riesenbabys zur Welt bringen.

Der Trend geht in diese Richtung – medizinischer Fortschritt verändert also tatsächlich den Lauf der menschlichen Evolution.

Es ist schwer vorherzusagen, wohin uns der beschleunigte urbane Lebensstil noch treiben wird. In Richtung eines kürzeren, aber intensiveren Lebens? Eher unwahrscheinlich, zumal immer mehr Frauen ihre Kinder erst spät, gegen Ende ihrer reproduktiven Periode bekommen. Erstgebärende Mütter um die 40 sind heute die Regel, nicht mehr die Ausnahme; der Trend geht in Richtung 50, der Reproduktionsmedizin sei Dank. Dies würde einen Selektionsdruck zu einer später einsetzenden Menopause erzeugen – wenn nicht immer mehr dieser Kinder unter Vermittlung der Reproduktionsmedizin entstünden. Ob und welche Effekte dies nach sich zieht, bleibt noch unklar. Ganz sicher werden damit das Epigenom, die mütterlichen Einflüsse auf den Fötus während der Schwangerschaft sowie die Art der Betreuung des Nachwuchses nach der Geburt beeinflusst.

Kinder wachsen behüteter und umsorgter, aber auch wesentlich unselbstständiger auf als früher.

Damit steigt ihr generelles Unfallrisiko, weil sich ihre Bewegungsroutinen und ihre Risikoabschätzung schlechter entwickeln. Andererseits mag sich ihre Sozialisierung mit Kulturtechniken verbessern, aber auch ihre Bereitschaft zum systemkonformen Handeln.

Wie gesellschaftliche Trends und technologische Neuerungen Evolution beeinflussen können, zeigt auch die Verfügbarkeit von Vaterschaftstests, welche die Häufigkeit fremdgezeugter Kinder verringert. Damit wird die „evolutionär vorgesehene" alternative reproduktive Strategie des weiblichen Seitensprungs eingeschränkt. Plausibel, aber noch fehlen belastbare Daten. Auch die weibliche Empfängnisverhütung scheint ihren Anteil daran zu haben, dass der Prozentsatz fremdgezeugter Kinder von Frauen in festen Partnerschaften von geschätzten fünf Prozent in den 1950er Jahren auf wesentlich unter zwei Prozent nach der Jahrtausendwende fiel. Neuere Untersuchungen legen allerdings nahe, dass Fremdzeugungsraten immer überschätzt wurden. Vielleicht hat sich also in den letzten Jahrzehnten diesbezüglich gar nicht so viel geändert.

Vom Überlebensorgan zum Hightechinstrument

Mehr als alles andere zeichnet uns das große, leistungsfähige Gehirn aus. Stammesgeschichtlich kam es bei den vor etwa einer Million Jahre lebenden Menschen, ausgehend von einer ohndies bereits beachtlichen Gehirngröße, zu einer weiteren Zunahme: Aus dem soliden Überlebensorgan der menschenaffenartigen Vorfahren wurde ein Hochleistungsgehirn, das heute jeden Supercomputer in komplexen Denk- und Bewertungsaufgaben schlägt, und wahrscheinlich noch lange schlagen wird. Das gab es aber nicht umsonst.

Einem hochgetunten Rennauto gleich, wurde unser Gehirn dabei offenbar ziemlich störungsanfällig.

Bis vor etwa zwei Millionen Jahren dümpelte das Gehirnvolumen unserer Vorfahren bei etwa 500 Kubikzentimetern, etwas mehr als das, worüber moderne Schimpansen heute verfügen. Erst ab dem *Homo habilis* mit einem Gehirnvolumen von circa 600 Kubikzentimetern ging es steil nach oben. Der *Homo erectus* war vor etwa 700 000 Jahren bereits mit einem 900 Kubikzentimeter großen Gehirn ausgestattet. Um diese Zeit beschleunigte sich seine Größenzunahme bei unseren direkten *Homo-sapiens*-Vorfahren noch weiter, bis sie es gemeinsam mit der Seitenlinie der Neandertaler auf etwa 1 400 Kubikzentimeter brachten.

Diese Größenzunahme geschah vor allem durch embryonales und frühkindliches Gehirnwachstum. Während dieses bei Schimpansen nach der Geburt fast abgeschlossen ist, geht es bei Menschen in den ersten fünf Lebensjahren rasant weiter. Weil der große Kopf die Geburt ohnehin schwieriger macht als bei allen anderen Säugetieren, wurde ein Großteil der Entwicklung des Gehirns auf die Zeit nach der Geburt verlegt. So entstand – qasi als Nebeneffekt – die Möglichkeit, das frühe soziale Umfeld stark auf die Gehirn- und Persönlichkeitsentwicklung Einfluss nehmen zu lassen. Dies bedingt eine wesentlich stärkere Möglichkeit für soziale und kulturelle Einflüsse und für Traditionsbildung als bei allen anderen Menschenaffen – mit dem Ergebnis, dass Menschen sozusagen von Natur aus zu Kulturwesen wurden.

Unklar ist, was in den letzten 10 000 Jahren geschah. Das Gehirn der modernen Menschen scheint um etwa 10 Prozent kleiner geworden zu sein. Wahrscheinlich sehen wir damit bloß eine kleine Delle in der Anpassung an die neue sesshafte Lebensweise, denn es gibt keinen Grund, warum die über die letzte Million Jahre steil nach oben zeigende Größenentwicklung des menschlichen Gehirns in kürzester Zeit völlig einknicken sollte.

Wahrscheinlicher ist, dass unsere Nachfahren in 100 000 Jahren ein vielleicht 1 500 Kubikzentimetern großes Gehirn mit sich schleppen werden.

Aber Vorsicht vor allzu viel Vertrauen in die Aussagekraft der schieren Quantität; denn die Hirngröße steht in enger Beziehung zur Körpergröße. Diese begann in den letzten 10 000 Jahren stark zu variieren, nahm in einigen Populationen ab und stieg in anderen an, wahrscheinlich als Ergebnis einer spezifischen Anpassung an die jeweilige Lebensweise. Dies macht es schwierig, allgemeingültige Trends für die Gehirnentwicklung „der Menschheit" in den letzten paar tausend Jahren sauber herauszurechnen. Und selbst wenn immer komplexere Rechentechniken existieren, sollte man Ergebnisse kritisch evaluieren. So lieferte eine inkorrekte Statistik unzutreffende Ergebnisse, die sich in Form ideologisch unterlegter wissenschaftlicher Mythen bis heute halten: Frauen hätten ein zehn bis fünfzehn Prozent kleineres Gehirn als Männer. Obwohl längst als statistisches

Artefakt entlarvt, geistert diese Botschaft hartnäckig weiter durch unsere immer noch patriarchalen Wissenschaftswelten.

In der Primatenlinie zum Menschen steigt vor allem die Komplexität der Verschaltungen der Großhirnrinde.

Ihr evolutionär jüngster Teil, das Stirnhirn, erreicht bei modernen Menschen seine größte Ausdehnung. In der Entwicklung der Hominiden nahm das Gehirn also nicht gleichmäßig an Größe zu. Vor allem seine modernen, assoziativen Teile wurden größer und in ihren Verschaltungen komplexer, das Gehirn bei gleicher Größe leistungsfähiger. Aber Größe und Struktur sind nicht alles. So ergaben vergleichende Studien zur Genexpression im Gehirn bei modernen Menschen und Schimpansen eine wesentlich höhere Aktivität im menschlichen Gehirn. Man denke an einen Verbrennungsmotor, der als Basis für die Grundleistung bei Menschen nicht nur dreimal so viel Hubraum bekam, sondern zusätzlich auch noch auffrisiert wurde.

Wiederholt wurden spezifische Veränderungen von wenigen Genen für die Regulation des Gehirnwachstums beim Menschen gefunden, ASPM („abnormal spindle-like microcephaly associated") und „Microcephalin". Beide Gene scheinen immer noch einer dynamischen Evolution unterworfen. So entstand eine der menschentypischen Varianten des ASPM in Form einer Mutation vor etwa 5800 Jahren; seitdem verbreitete es sich rasch in vielen Populationen. Es scheint Funktionen im Bereich der Gehirnleistung zu erfüllen, Genaueres weiß man aber noch nicht.

In den Industriestaaten nahm die über konventionelle IQ-Tests gemessene Intelligenz bislang kontinuierlich zu.

Dieser Effekt wurde nach seinem Entdecker „Flynn-Effekt" genannt. Unkritisch könnte man meinen, er reflektiere die zunehmende Leistungsfähigkeit des Gehirns. Aber Vorsicht! Erstens sind, je nach Studie, 30 bis 90 (!) Prozent der Intelligenzleistung umweltbedingt. Bessere Ernährung, Kinderfürsorge und Schulbildung reichen daher aus, den Flynn-Effekt zu erklären, man braucht nicht die Evolution persönlich dafür bemühen. Und zweitens hängen Intelligenztests immer auch von Kultur und Bildung ab; man misst damit nicht einfach den „Naturzustand". Daher muss man weder beunruhigt sein, noch gleich die Evolution verantwortlich machen, wenn sich in neuen Studien zur Entwicklung des IQ von 1977 bis 2014 zeigt, dass der Zuwachs auf Populationsniveau abflacht oder sogar geringfügig sinkt. Zu gering ist dieser Effekt, um gleich nach Ursachen suchen zu müssen. Schuldzuweisungen, wie sie aus politisch rechten Kreisen kommen, die die Migration dafür verantworlich machen, halten keiner Untersuchung stand.

Wahrscheinlich ist der gegenwärtige Zenit im IQ erreicht – vielleicht sinkt auch die Qualität der Allgemeinbildung in der Bevölkerung, wer weiß?

Ein noch größeres Gehirn?

Einsichten, wie es zur enormen Größen- und Leistungssteigerung des Gehirns auf dem Weg zum modernen Menschen kam, zeigen auch, wie es weitergehen könnte; obwohl es gerade in der Evolutionsbiologie gefährlich ist, aus Mustern der Vergangenheit auf die Zukunft zu schließen. Zu sehr hängt der Verlauf der Evolution von Systemeigenschaften ab, die komplexen Systeme der Biosphäre zeigen nun mal „emergente" Eigenschaften. Dies bedeutet, dass ihr Verhalten und ihre Interaktionen nicht aus den Eigenschaften ihrer Einzelteile vorhergesagt werden können. Deshalb bleiben uns exakte Vorhersagen evolutionärer Entwicklungen verwehrt.

Erkenntnisse über die Evolution in der Vergangenheit erlauben aber, Grundregeln zu erstellen und Wahrscheinlichkeiten abzuschätzen, wie es weitergehen könnte – und wie nicht. Auf Basis solchen Wissens ist nahezu auszuschließen, dass aus hochspezialisierten Strukturen wie dem menschlichen Gehirn etwas grundlegend Neues entstehen kann. Mit hoher Wahrscheinlichkeit werden von ihrer anatomischen und funktionellen Differenzierung am „Stammbaum" sitzende Knospen mit generalisierten Eigenschaften austreiben, wenn es nach dem großen Artensterben die evolutionäre Gelegenheit dazu gibt.

Sollte es also Weiterentwicklungen des menschlichen Gehirns geben, dann als Ausdifferenzierung des Bestehenden.

Auszuschließen ist also die Entstehung grundlegend neuer Substrate für das Wahrnehmen, Fühlen und Denken. Und damit auch, dass sich die mentalen menschlichen Universalien in Anpassung an völlig neue Lebenswelten radikal ändern können.

Immer größere Gehirne schufen neue Zwänge und engten die ökologischen Fähigkeiten ihrer Träger ein. Das so entstandene Organ macht zwar nur zwei Prozent der menschlichen Körpermasse aus, verbraucht aber ein Fünftel der über die Nahrung aufgenommenen Energie. Mit Größe und Komplexität der sozialen Umwelt wuchs auch seine Störanfälligkeit. Heute gibt es vor allem in komplexen urbanen Gesellschaften kaum noch Menschen, die im Verlauf ihres Lebens nie mentale Probleme entwickeln; Depressionen und Angststörungen sind wie emotionale und Persönlichkeitsprobleme stark im Kommen. Kann es sein, dass unser hyperkomplex und störanfällig gewordenes Gehirn auch dazu neigt, sich selbst zu überfordern? Oder war das schon immer so und fällt erst heute auf, weil es genügend Psychologen gibt, die von Diagnose und Behandlung solcher Leiden leben? Eine Kombination aus beidem ist wahrscheinlich.

Die Biologie zeigt immer deutlicher, dass im Falle des Gehirns „größer" und „leistungsfähiger" nicht unbedingt „besser" bedeuten muss. Von Energiebedarf und Störanfälligkeit abgesehen, dauert es wesentlich länger, rein kognitiv Entscheidungen zu treffen, anstatt schnellen, unbewussten Mechanismen zu vertrauen. Entscheidungsqualität geht auf Kosten der Geschwindigkeit, was umgekehrt ebenso zutrifft. Das mag in komplexen Funktionskreisen ein Vorteil sein, verringert aber die allgemeine Lebenstüchtigkeit. Ein großes Gehirn geht auch mit „Kosten" für Evolution und Individualentwicklung einher: Wird zu viel in das Gehirn investiert, fehlen die Ressourcen für ein adäquates Verdauungssystem und eine effiziente Vermehrung. – Evolutionär ist die eierlegende Wollmilchsau nicht zu erreichen. So kraus diese Idee auch klingen mag, sie wurde durch Forschungen an klein- und großhirnigen Fischen bestätigt. Menschen sind zwar keine Fische, unterliegen aber ähnlichen evolutionären Gesetzmäßigkeiten.

So oder so – das neue, große und schlaue Gehirn erlaubt eine flexible Nahrungsbeschaffung. Folgerichtig können sich Menschen im Gegensatz zu anderen Tieren jederzeit vermehren, weil sie für ihre Kinder (beinahe) immer und überall Nahrung auftreiben können. Ihre durch das große Gehirn bedingte geringere Fruchtbarkeit gleichen sie durch stärkere und schlauere Investitionen in einzelne Nachkommen aus.

Die einschränkende Wirkung auf das Darmsystem kompensierte das große Gehirn, indem es den Kochtopf erdachte.

Nahrung zu garen ist eine typisch menschliche Gepflogenheit; es schließt selbst pflanzliche Kost für die Menschen mit ihren vergleichsweise mickrigen Gebissen und Gedärmen auf. Und das Garen von Fleisch verbessert nicht nur dessen Kaubarkeit und Verdaulichkeit, es unterbindet auch die Übertragung gefährlicher Parasiten. Ohne Feuer und Kochtopf kein modernes Gehirn – und umgekehrt.

Vor etwa 10 000 Jahren, beginnend mit dem Sesshaftwerden, veränderte sich der Lebensstil der Menschen dramatisch. Seitdem wurden unsere Schädel runder, Zähne und vielleicht auch das Gehirn kleiner, Gedärm sowie Muskel- und Skelettapparat zarter. Eine Voranpassung an ein Leben in der Zivilisationsumgebung, wo es mehr auf Grips denn auf Muskelkraft ankommt? Vielleicht. Möglicherweise ist diese Entwicklung mit natürlicher Selektion schlecht zu erklären, denn die Muster dieser jüngsten Veränderungen entsprechen dem Darwin'schen Domestikationssyndrom.

Menschen passen damit ins Bild ihrer nächsten stammesgeschichtlichen Verwandtschaft. Die Schimpansen nördlich des Kongos sind grobknochig, stark bemuskelt und gewalttätig. Ihre engsten Verwandten südlich des Kongo sind feingliedriger gebaut, rundköpfiger, weniger muskulös und haben kleinere Zähne. Hauptunterschied bleibt, dass bei Schimpansen gewalttätige Männerbünde herrschen, während bei den Bonobos die Weibchen bestimmen, wo es langgeht. Damit Bonobomänner „zu etwas kommen", müssen sie um die Gunst der Weibchen und deren Kinder werben. Hier fand eine starke „Selektion auf Nettsein, also auf Zahmheit" statt, im Laufe derer sich die anatomischen Merkmale in Richtung des Darwin'sche Domestikationssyndroms änderten. Dieser Mechanismus wurde durch den russischen Genetiker Dimitri Belyaev in seinen Experimenten an Silberfüchsen belegt. Die Bonobos und mehr noch die Menschen unterwarfen sich vielleicht einer Art „Selbstdomestikation". Wahrscheinlich gehen Menschen heute zumindest innerhalb ihrer Gruppen netter und kooperativer miteinander um als ihre Vorfahren vor 30 000 Jahren – mit den entsprechenden Folgen für Körperbau und einer geringfügig verringerten Größe des Gehirns, was aber keine Rückschlüsse auf dessen Leistungsfähigkeit erlaubt.

Unklar bleibt, was all das für die Zukunft des Gehirns bedeutet. Sicher ist, dass eine weitere Evolution des Menschen und dessen Gehirns stattfinden wird, nicht aber was dabei herauskommt. Der dänische Philosoph Sören Kierkegaard meinte einst, dass das Leben nur rückwärts verstanden werden kann, obwohl es vorwärts gelebt werden muss, was aber nur in Kenntnis der Vergangenheit möglich sei. Trotz aller Unsicherheiten über die Zukunft und die Bedingungen, welche die Entwicklung des Gehirns evolutionär treiben, sind daher wüsten Spekulationen dennoch nicht Tür und Tor geöffnet. Absehbar ist, in welche Richtung sich die Lebensbedingungen in kommenden Jahrhunderten verändern werden. Abschätzen kann man auch, wie weit mögliche Anpassungen durch die evolutionär konservativen menschlichen Universalien eingeschränkt werden könnten. Auf dieser Grundlage kann man vorsichtig darüber nachdenken, welche Veränderungen möglich oder wahrscheinlich sind – und welche nicht.

Neue Bedingungen für die Evolution der Menschen

Gehirn plus menschliche soziale Organisation veränderten die Erde bereits hinreichend stark, um ein neues Erdzeitalter zu rechtfertigen, das „Anthropozän".

Erdzeitalter werden von Geologie und Paläontologie definiert, und die benötigen deutliche Grenzmarken in der steingewordenen Geschichte des Lebens. Darum ist man sich noch nicht einig, wann man das Anthropozän beginnen lassen will. Konsequent wäre der Zeitpunkt während der Ausbreitung des modernen Menschen über die Erde, was in der Fossilgeschichte sichtbar ist, weil Menschen überall, wo sie ankamen, das Aussterben vieler Arten verursachten. Wahrscheinlich wird man sich aber auf Ereignisse einigen, die besonders scharfe Marken hinterließen, etwa die überirdischen Atomwaffentests ab 1945.

Es wäre ein Missverständnis anzunehmen, menschliche Evolution sei vorüber, nur weil Menschen verstärkt unter den von ihnen selbst geschaffenen Selektionsbedingungen leben und ihre angestammten „natürlichen" Lebensweisen nicht mehr pflegen. Die selbstgeschaffenen Bedingungen und Begleiterscheinungen der Zivilisation stellen die neuen Randbedingungen für die weitere Evolution dar. Neu daran ist, dass das weltweite Konstruieren von Nischen durch die Menschen bedrohliche Dimensionen erreicht. Dies geht weit über die Gestaltung des eigenen Umfelds, der Arbeits-, Freizeit- und sonstigen Bereiche hinaus. Die Krux: Das Handeln von Einzelnen sowie von Interessengruppen hat die Biosphäre in jene kritische Lage gebracht, zu deren Überwindung es die gemeinsame Anstrengung aller bräuchte.

Das gegenwärtige Multitrauma der Biosphäre bildet den Rahmen auch für menschliche Evolution, daher sollen ein paar Krisenbereiche erwähnt sein.

Jubelmeldungen, dass eine moderne, intensive, wissenschaftlich begründete Landwirtschaft acht, zehn oder mehr Milliarden von Menschen zu ernähren vermag, kontrastieren mit der Gewissheit, dass diese nicht nachhaltig sein kann. Das Landwirtschaftswunder beruht unter anderem auf Kunstdünger, der in einem energieaufwendigen

Verfahren aus der Luft gebunden wird. Auf die Felder und in die Umwelt ausgebracht, erzeugte dies längst eine „Stickstoffkrise". Denn nur ein Bruchteil des aufgebrachten Stickstoffs – ebenso Phosphor und andere Pflanzennährstoffe – wird von Pflanzen aufgenommen. Der Großteil landet im Grundwasser, in Flüssen, Seen und Meeren, wo die Überdüngung weitreichende ökologische Veränderungen bewirkt. Arten sterben aus, die Funktionsgefüge großer Ökosysteme verändern sich, vieles davon irreversibel. Das geschieht nicht nur über die Düngechemie. Der Platzbedarf und das ökologieferne Wirtschaften der modernen intensiven Landwirtschaft vernichtet Lebensräume und bringt Arten zum Verschwinden. Intensive Landwirtschaft ist der Hauptfaktor für die Verringerung der Dichte an Insekten in Mitteleuropa binnen weniger Jahrzehnte um etwa 70 Prozent, sowie für das Aussterben vieler Arten – mit weitreichenden Folgen für Nahrungsnetze und Ökosysteme.

Böden und Klimazonen sind weltweit nicht mehr, was sie einst waren. Die Versteppung und Wüstenbildung schreitet immer weiter nach Norden fort. Indirekt durch die Klimaerwärmung oder durch direktes Eingreifen: So bringen nach Abholzung der amazonischen Regenwälder die Böden als Felder nur wenige Ernten; dann versteppen und verwüsten sie, bieten also der angestammten Fauna und Flora keinen Lebensraum mehr und machen dem Klima zusätzlich Stress. Jedes Kind kennt heute die Ursachen: Menschliches Wirtschaften verändert die Zusammensetzung der Gase in der Atmosphäre – es wird wärmer auf der Erde. Zwar sind heftige Klimaveränderungen in der Erdneuzeit die Regel, aber nie zuvor ging es so rasch.

In einer von fast acht Milliarden Menschen besiedelten Erde sind die Folgen dramatisch. Immer schon haben sich Menschen auf Wanderschaft begeben. Ein paar hundert oder tausend Leute sind menschheitsgeschichtlich „normal". Wenn aber die immer schlechter werdenden Lebensbedingungen Millionen zum Aufbruch in den Norden zwingen, entstehen Probleme; auch für jene, die dort ihren

Wohlstand und Lebensstil verteidigen. Heute sind es 80 Millionen, vor 20 Jahren war es die Hälfte.

Verlust an Lebensräumen und Arten, Erderwärmung, Kriege um Ressourcen und dadurch verursachte Wanderbewegungen führen zu immer schärferen Konflikten unter einer immer dichteren, ungleich wohlhabenden Erdbevölkerung.

Dies sind sozial verursachte Probleme, deren Ursprung in der „Tragedy of the Commons" liegt, also darin, dass der Kurzzeitvorteil das Gemeinwohl sticht. Trotz aller – nach dem Zweiten Weltkrieg entstandenen – Bemühungen ist die Gemeinwohlorientierung für alle Menschen nicht durchzusetzen. Im Gegenteil. Obwohl – oder gerade weil – die Welt am ökologischen Abgrund steht, leben heute weltweit Nationalismen auf; frei nach dem Motto „America first": das Eigene vor dem Anderen, die Arbeitsplätze vor der Ökologie, die Wirtschaft vor der CO_2-Steuer. Und die Politik? Sie regrediert in einer Zeit, da die anstehenden Probleme nur noch international zu lösen sind, auf unmittelbare nationale Interessen, obwohl die Zusammenhänge bekannt sind. Ein beliebter Ansatz ist das Leugnen von Fakten, etwa des Klimawandels. Das kommt gut an bei der oft weniger gebildeten Klientel populistischer Politik und bei denen, die es nicht wissen wollen. Jene aber, die sich der verschärfenden Probleme bewusst sind, reagieren entsetzt und oft fatalistisch, aktiv wird nur eine wenig organisierte Minderheit. Die Gräben in den modernen Gesellschaften vertiefen sich.

Anpassung woran und wie?

Auch auf Basis der optimistischsten Szenarios ist nicht davon auszugehen, dass sich die menschengemachten Umweltveränderungen auf ihren Ausgangszustand zurückdrehen lassen. Damit stellt sich die Frage, ob Menschen sich an diese veränderte Umwelt anpassen können: an immer mehr Substanzen, denen wir ausgesetzt sind, Feinstaub oder auch an die Lebensbedingungen in den Städten. Es ist nicht ausgeschlossen, dass Menschen entstehen, die mit diesen Bedingungen besser zurechtkommen als wir heute. Fraglich bleibt allerdings, ob wir diese Zeit als *Homo sapiens*-Art noch haben, denn solche Anpassungen dauern einige Generationen und gehen mit jeder Menge Selektion einher, also mit dem frühen Tod Vieler oder mit Einschränkungen ihrer Reproduktion.

Offen ist auch, ob Menschen dies mental aushalten werden, wenn bereits das Wissen über gravierende, vor allem ökologische Probleme sie überfordert.

Schon heute zeigt sich, dass ein Leben in Unsicherheit und gegen die menschlichen Anlagen und Universalien Probleme verursacht. Ist eine mäßig rasche physiologische Anpassung an die neuen Umweltbedingungen nicht auszuschließen, wird die Psyche kaum mithalten. Denn evolutionär gesehen sind Gehirn und Psyche hochspezialisiert und in der Regel gilt, dass sich Spezialisierungen nur schlecht an sich verändernde Umwelten anpassen.

Das sollte nicht als Kulturpessimismus im Sinn von Arnold Gehlen oder Konrad Lorenz gelesen werden. Die Bedrohungen sind real wie die Erwartung, dass sich die Lage zuspitzt. Dem gegenüber stehen natürlich auch positive Entwicklungen: Hunger und Unbildung nahmen in den letzten Jahrzehnten weltweit ab, es ging uns noch nie so gut. Nie zuvor wurden so wenige Menschen durch andere getötet, vor allem wenn man dies als Prozent der heute auf der Erde lebenden Menschen in Beziehung ausdrückt. Aber wie nachhaltig können all diese Errungenschaften sein?

Menschen reagieren auf Bedrohungen in vielfältiger Weise, eine Minderheit durchaus mit ernsthaften Bemühungen, etwa einer Ökologisierung der eigenen Lebensweise oder durch politisches

Engagement: Müll trennen und Grün wählen. Aber nicht überall sind Grünparteien derart erfolgreich wie im Moment in Deutschland. Liegt vielleicht an der mangelnden Qualität ihrer Politik. Oder daran, dass es den Leuten Probleme bereitet, die ökologische Lage mit der realen Politik zu verbinden und dass sie hoffen, dass es doch irgendwie in gewohnter Weise weitergehen wird. Ökologie und Umweltschutz haben bei den meisten Priorität, aber bitte nicht auf Kosten des eigenen Wohlstands, der eigenen Mobilität oder anderer lieb gewordener Gewohnheiten.

Viele klammern sich an jene traditionellen Parteien, die zwar die Lösung der Umweltprobleme versprechen, dies aber ohne CO_2-Steuer und gleichberechtigt mit dem Wirtschaftswachstum. Während die populistische Rechte in die gesellschaftliche Vergangenheit zurückwill, beamen sich die Technokraten in eine bessere materielle Zukunft, und die humanistische Linke bleibt romantisch und desorientiert den alten Grundsätzen treu. Auf ihre Weise will jede dieser politischen Strömungen mit Volldampf zurück in die Vergangenheit. – Hoffnung machen die recht spontan entstehenden „Graswurzelbewegungen" wie „Fridays for Future", die der etablierten Politik Beine machen, wenn auch nur in Maßen.

Utopische Phantasien – oder phantastische Utopien?

Zur optimismusschwangeren Flucht in die futuristischen Phantasien der Silicon-Valley-Boys neigen vor allem Technokraten und die männliche Hälfte der Bevölkerung.

CO_2? Kein Problem, entfernen wir technisch aus der Atmosphäre!

Die mit der Klimaveränderung verbundenen Wetterkapriolen werden wir mit *Geoengineering* in den Griff bekommen! Und wenn auf der Erde gar nichts mehr geht, übersiedeln wir eben alle auf den Mars. Manche dieser Entwicklungen wird es geben und einige mögen dazu beitragen, dem Multitrauma der Welt entgegenzuwirken.

Aber liegen die Lösungsansätze wirklich im Weiterleben wie bisher plus neue Technologien?

Lassen sich soziale Probleme, aus denen die ökologischen entstehen, rein technologisch lösen? Wie alle bisherigen technologischen Neuerungen werden auch die zukünftigen die Gesellschaften verändern – aber in welcher Weise? Sind solche futuristische Phantasien tatsächlich lösungsorientiert oder haben wir es mit Marketingstrategien zu tun, die von den eigentlichen Problemen ablenken? Ein gutes Beispiel dafür sind Elektromobilität und autonomes Fahren; sie werden Industrie und Wirtschaft noch eine Weile florieren lassen, ihr Beitrag zur Lösung der ökologischen Probleme ist aber gering. – Außer man kann die Sonne bald direkt tanken, was irgendwann mit ökologisch gewonnenem Wasserstoff der Fall sein könnte.

Viele Zukunftsphantasien reagieren auf bestehende Probleme, sind bestenfalls gut gemeinte Naivität, allzu oft aber gewollte Manipulation, um die Leute ruhig zu halten. Die Welt, in der wir leben, wurde unüberschaubar komplex – auch weil uns die digitale Revolution überwiegend negative Informationen in kaum mehr bewältigbarer Dichte vermittelt. Die ständig auf uns einprasselnden Negativbotschaften zu Erderwärmung und Artensterben, dem galoppierenden Verlust an Staatlichkeit, der „Migrantenflut" und angeblich steigenden Kriminalität informieren, alarmieren, lassen aber auch hilflos zurück und machen Angst.

Man weiß zwar, dass Medien von Negativbotschaften leben, verwechselt aber dennoch Nachricht und Wirklichkeit.

Das beruht auf der menschlichen Universalie, dass das Gehirn sich einfacher in Angst- als in Glückszustände bringen lässt und negative Botschaften – aufgrund ihrer stammesgeschichtlich angelegten Überlebensrelevanz – mehr Aufmerksamkeit erregen als positive. Wir ahnen den bedrohlichen Zustand der Welt mehr, als wir ihn verstehen. Ausweichstrategie ist wie im Falle individueller Traumata das Dissoziieren: Negativbotschaften ignorieren und sich selbst eine heile Welt basteln.

Das Boomen der Gaming-Industrie ist getragen von der privaten Flucht in Phantasiewelten angesichts einer Wirklichkeit, die dem Einzelnen immer mehr das Gefühl gibt, nur noch passiver Passagier in Richtung Katastrophe zu sein – oder nützlicher Idiot von Politsystemen zum Nutzen weniger. Menschen wollen wahrgenommen werden und etwas bewirken. Wenn das in einer überregulierten realen Welt nicht mehr geht, erfolgt der Rückzug in private oder virtuelle Welten, wo die eigene Wirksamkeit noch erlebbar ist. Würden all die Zeit und das Hirnschmalz, die in diese virtuelle Realitätsverweigerung fließen, für die Lösung realer Probleme aufgewendet werden, wäre schon viel erreicht.

Gaming findet seine wissenschaftlich-technologische Entsprechung in den neu belebten Träumen von der Besiedlung des Weltraums: den Mars kolonisieren, wenn es auf der Erde ungemütlich wird – oder Menschen durch unfehlbare künstliche Intelligenz „ersetzen". Ziemlich reale Entwicklungen angesichts der ernsthaften Forschungsarbeit an Unsterblichkeit oder der gigantischen Fülle von Anwendungen künstlicher Intelligenz, die die Bedeutung der individuellen Intelligenz zurückdrängt. Genährt wird dieser Utopismus einerseits von der Zukunftsangst und dem Fehlen echter Problemlösungen durch die Politik, andererseits durch eine immer mehr um Selbstvermarktung bemühte Wirtschaft und Wissenschaft. „Raus aus dem Elfenbeinturm!", lautete eine der (auf-)dringlichsten neoliberalen Forderungen. Als eine der Folgen davon liefen utopische Heilsversprechen im Verhältnis zur realen Bedeutung der tatsächlich immensen Fortschritte der Grundlagenforschung aus dem Ruder.

Die Aushebelung Darwins: Tuning für die Eliten?

Was wird uns nicht alles täglich versprochen beziehungsweise angedroht. – Etwa zu den neuen Möglichkeiten, Nachkommen zu „produzieren". Die immensen Fortschritte der Reproduktionsmedizin führten zu einer Fülle von Diagnosemöglichkeiten, die es erlauben, Föten mit Erbkrankheiten oder Behinderung nicht zur Welt bringen zu müssen; und die Genschere bietet heute schon die Möglichkeit zur Optimierung der Nachkommen. Was technisch machbar ist, wird auch gemacht, entsprechende Grenzen wurden in China bereits überschritten. Mit einiger Sicherheit steht uns der genmanipulierte Mensch ins Haus. Ob solche Manipulationen immer zur „Optimierung" bestimmter Leistungen führen werden, bleibt aufgrund der vielfältigen Wirkungen der meisten Gene dahingestellt. Die Manipulation eines einzigen Gens bedeutet das Drehen an vielen Entwicklungsschrauben, deren Zusammenwirken bei Weitem noch nicht verstanden wird.

Genetische Manipulationen betreffen nicht nur die Zellen des Körpers, sondern greifen über die Keimzellen in den evolutionären Prozess ein.

Nicht auszuschließen, dass Menschen ihre eigene evolutive Veränderung zumindest bald mitbestimmen werden. Aber wohl nur in geringem Ausmaß, denn es bleibt unwahrscheinlich, dass Genmanipulationen in absehbarer Zeit zum Standard für alle werden.

Theoretisch ist auch die völlige Entkopplung der Vermehrung von den sexuellen Beziehungen zwischen den Menschen denkbar, aber auch in diesem Fall ist es unwahrscheinlich, dass dies je zur Realität für eine Mehrheit wird. Noch zweifelhafter: ob es je möglich sein wird, so lange zu leben, wie man will. Am Fadenwurm *Caenorhabditis elegans*, am Süßwasserpolyp *Hydra* und anderen Modellsystemen für die Unsterblichkeitsforschung arbeitet man in diversen Labors weltweit, besonders intensiv im Silicon Valley. Ein Schelm, wer dabei vermutet, dass es letztlich dabei nicht um Geschäft und um Privilegien für einige wenige geht. Die Überwindung des Todes wäre jedenfalls ein Gipfel der Selbstermächtigung der Menschen, der mit dem Ausschalten aller genetisch unterlegten Krankheiten und der genetischen Optimierung von Körper und Geist durch die Genschere einherginge. Im großen Maßstab angewandt, wäre damit die weitere Darwin'sche Evolution ausgehebelt – oder zumindest marginalisiert. Das Potenzial dazu zeichnet sich ab. Unwahrscheinlich allerdings, dass es für die gesamte Menschheit je relevant wird.

Zweifel sind angebracht, ob solche Technologien jemals nennenswert im Sinne des Gemeinwohls angewandt würden.

Es wäre ja auch denkbar, Genome in Richtung geringerem Eigennutz zu manipulieren; aber das wird nicht einmal diskutiert. Wahrscheinlich werden sich betuchte Personen und Klans mithilfe neuer genetischer Techniken Vorteile über andere verschaffen, wie das im Verlauf der Menschheitsgeschichte regelhaft geschah. Schon heute spaltet die Menschheit in zwei Lager: in wenige (Super-)Reiche und sehr viele mäßig Wohlhabende und Arme. Diese Kluft könnte sich in Zukunft auch genetisch manifestieren: Eine Minderheit wird sich die eigene genetische Optimierung in Richtung Gesundheit und Unsterblichkeit leisten können, während sich die Genetik der großen Mehrheit immer noch nach den Darwin'schen Prinzipien gestaltet. Die neuen Pharaonen stehen vor der Tür! Eine spannende Perspektive, denn die Vertreibung aus dem Paradies erfolgte bekanntlich, nachdem der Mensch vom Baum der Erkenntnis genascht hatte.

Die Unsterblichkeit blieb im abendländischen Grundmythos bislang Gott vorbehalten.

Die neuen genetischen Technologien verleihen den vorchristlichen Ideen der Vergöttlichung des Menschen einmal mehr Aktualität. Demnach wäre die Definition für „göttliches Wesen", dass es nicht (mehr) der Darwin'schen Evolution unterworfen ist. Diese Möglichkeit liegt heute nur noch einen Steinwurf entfernt.

Mentales und kognitives Enhancement, also die Verbesserung der geistig-seelischen Leitungsfähigkeit und Belastbarkeit, wird schon lange praktiziert: durch Sport, Yoga, neuerdings durch Ritalin oder andere Drogen. Allerdings gelingt es dadurch bestenfalls zu optimieren, was bereits vorhanden ist. Oder den altersbedingten Verlust von Nervenzellen und Gehirnvolumen hintanzuhalten, etwa durch Ausdauersport bis ins hohe Alter. Technische Hilfsmittel zur Verbesserung geistiger Leistungen in Form von ins Gehirn eingepflanzten Chips und Elektroden sind kaum in Sicht, obwohl Unternehmer wie Elon Musk in Zukunft viel darin investieren werden. Mensch-Maschine-Schnittstellen zur Linderung neurologischer Probleme gibt es bereits. „Hirnschrittmacher" können beispielsweise die Symptome der Parkinson-Erkrankung lindern und machen Betroffene unabhängiger von Medikamenten.

Intelligenz, künstlich erzeugt

An der Grenze zum „echten" Transhumanismus, also zur organischen Verbindung von Mensch und Maschine, steht die künstliche Intelligenz (KI) und ihr Einsatz bei Robotern, mit zukünftigen Schnittstellen zum Gehirn. Kaum ein Lebensbereich, der ohne KI auskommt: Sie steckt in Rasen- und Staubsaugerrobotern ebenso wie in Autos, ermöglicht Firmen und Staaten, uns zu durchleuchten und zu manipulieren. In der Wissenschaft Tätigen – und allen, die sich davon etwas versprechen – hilft sie, mit „Big Data" zurechtzukommen. Die KI erlaubt es, die typisch menschliche Irrationalität zu überwinden; doch die Diagnose- und Entscheidungsprozesse, die sie übernimmt, können nur so gut sein wie die Algorithmen dahinter. Und die sind – wenn nicht durch eine übergeordnete Ebene von KI geschaffen – menschengemacht.

Durch KI getroffene Entscheidungen sind also nicht notwendigerweise objektiv oder unfehlbar. Sie reproduzieren, was in ihre Algorithmen hineingepackt wurde.

Sie können genauso vorurteilsbehaftet oder rassistisch sein wie reale Personen; allerdings standardisiert und systematisch, ohne Stimmungsschwankungen zu unterliegen.

Der Ausdruck „KI" verspricht zu viel. Intelligent sind die Vernetzungen in großen Datenmengen, die damit möglich werden. In den Algorithmen und ihrer Verwendung in neuronalen Netzen, von denen man im Grunde nicht weiß, was sie tun, gab es seit Jahrzehnten keine großen Fortschritte. Sehr wohl wuchsen aber die vernetzbaren Datenmengen, was KI exzellent und rasch bewerkstelligt. Bleiben wir also bescheiden und sprechen lieber von lernenden Systemen und Programmen. Um die Leistungen von wenigen Kubikmillimetern menschlicher Großhirnrinde zu simulieren, benötigen heutige Großrechner übrigens Stunden bis Tage – bei immensem Energieaufwand. Es kann daher keine Rede davon sein, dass Denken oder gar Bewusstsein bald mithilfe von KI und Computern simulierbar sein wird. Das liegt in ebenso ferner Zukunft wie ein Leben der Menschheit auf dem Mars.

Unser Gehirn benötigt übrigens für seine gesamten, unfassbar komplexen Leistungen etwa 30 Watt. – Das ist intelligent!

Digitalisierung und soziale Medien versprachen ursprünglich Transparenz und eine weltweite, echte Demokratisierung. Allerdings verlieh die Verbindung von Digitalisierung, KI und einer maßgeschneiderten Hardware in Form von Smartphones und dem Internet der Dinge der Rede von der „Weltherrschaft der Konzerne" ungeahnte Substanz. Daten abzusaugen ist das zentrale Geschäftsmodell von Social-Media-Konzernen wie Google oder Facebook. Wenn Wissen Macht ist, haben diese Konzerne mittlerweile viel davon angehäuft. Von 2014 bis 2017 steigerte Facebook seine jährlichen Forschungsausgaben von 2,7 auf 7,8 Milliarden $, Tendenz stark steigend. Damit investiert dieser Konzern allein mehr in die Forschung als der Jahresetat für Grundlagenforschung von Deutschland und Frankreich gemeinsam ausmacht. Die EU investiert mit etwa 14 Milliarden Euro jährlich gerade einmal so viel in die Wissenschaft wie der Google-Konzern. Diese Konzerne ziehen darüber hinaus die besten Köpfe ab, nichts von ihren Ergebnissen wird publiziert. Der Großteil der Wissenschaft wird weltweit bereits privat finanziert, und die Ergebnisse stehen der Allgemeinheit nicht zur Verfügung: Mehr denn je ist Wissen Macht. Folgerichtig plant Facebook auch eine eigene Weltwährung; verständlich, dass sich die Politik dagegen wehrt, denn eine private Leitwährung bedeutet eine weitere erhebliche Verlagerung der Macht weg von den politischen Strukturen.

Man muss sich nicht paranoid wähnen, wenn einen das Gefühl beschleicht, diesen Konzernen ginge es weniger um das Wohl der Menschheit als um Macht – die alte Geschichte seit dem Sesshaftwerden. Dieser Eindruck erhärtet sich, wenn CEOs wie Mark Zuckerberg bei diversen parlamentarischen Hearings zu beiden Seiten des Atlantiks ebenso systematisch wie ungestraft Vernebelung betreiben. Menschen, die über ihre Endgeräte und Apps online gehen, geben Selbstbestimmung ab; Regierungen beobachten diese Machtverschiebung in Richtung privater Konzerne misstrauisch und hilflos. Einen anderen Weg geht China, das sich der neuen technologischen Möglichkeiten zur totalen Kontrolle des eigenen Staatsvolks bedient. Spätestens mit dem Smartphone sind Menschen gläserne Wesen geworden. Schöne neue Welt!

Mittels KI werden Menschen bald vollautomatisch auf den Mars fliegen. Was sie dort tun sollen, ist allerdings eine andere Frage.

Unsere mentalen Einstellungen und Universalien sind an ein Leben auf der Erde und die alten ökologischen Zusammenhänge angepasst. Weil Menschen biophil sind, erfordert die dauerhafte Besiedelung eines anderen Planeten, dass dort großflächig erdähnliche Bedingungen herrschen, auch was die Natur betrifft. Denn für eine zukünftige Besiedlung die mentalen Voreinstellungen entsprechend anzupassen, ist kaum vorstellbar. Neben den psychischen Komponenten liegt das Hauptproblem langer Aufenthalte im Weltraum auch im Zurechtkommen mit der Schwerelosigkeit und der hohen kosmischen Strahlenbelastung. Ersteres kann man lösen, aber um mit der Strahlenbelastung zurechtzukommen, müssten die Reparaturmechanismen der DNA bei den Weltraumsiedlern erst genetisch nachgerüstet werden. Klingt nicht nach einer allzu raschen Besiedlung. Auch wenn die Gedanken vieler Menschen bereits zum Mars fliegen – gestorben wird noch lange auf der Erde.

Ist Technik die Lösung?

Für alle Umweltprobleme werden technische Lösungen vorgeschlagen. Fossile Brennstoffe kann man durch aus Sonnenenergie hergestellten Wasserstoff ersetzen und das Energieproblem der Erde durch riesige Solarkraftwerke auf dem Mond, deren Ausbeute dann auf die Erde gebeamt wird. China arbeitet bereits daran. Erbkrankheiten und menschliche Schwächen wird man durch Optimierung der Genetik in den Griff bekommen, und wenn zu ebener Erde zu wenig Platz für den Gemüseanbau ist oder Klimawandel und degradierte Böden ihn nicht mehr zulassen, wird eben in Stockwerken oder höchst effizient mittels Nährlösung auf Steinwolle gezogen. – Keine Utopie, das wird im industriellen Maßstab bereits produziert und machte die Niederlande zu einem der größten Gemüseexporteure weltweit. Gewebeproben aussterbender Arten werden tiefgefroren, und sobald wieder geeigneter Lebensraum zur Verfügung steht, sollen diese durch Klonen wiederauferstehen. Das Stickstoffproblem ließe sich lösen, indem man menschlichen Urin sammelt und den darin enthaltenen Stickstoff wiedergewinnt usw. –

An originellen Vorschlägen mangelt es wahrlich nicht.

Seit Jahrzehnten wird der Wohlstand von einer immer dünner werdenden Mittelschicht abgezogen. Die schon längst nötige Erhöhung der Treibstoffpreise trifft deren Mobilität ins Mark und wird – von oben verordnet – nicht hingenommen. Autoritär und arrogant versuchte man dies in Frankreich, mit dem Ergebnis, dass die „Gelbwesten" beinahe die Regierung Macron gestürzt hätten. Die mächtige Fluglndustrie verhindert weiterhin die längst fällige Besteuerung des Treibstoffs, in Allianz mit jenen, die zu Hause zwar die Welt durch Mülltrennung retten, auf den Malediven-Urlaub oder das Shopping-Wochenende in New York aber nicht verzichten wollen. Obwohl man um den gewaltigen ökologischen Fußabdruck weiß, den man hinterlässt. – Und man wählt weiterhin Parteien, die zwar die Umwelt retten wollen, aber immer noch gegen CO_2-Steuern auftreten und versprechen, dass sich nichts ändern wird. Warum ist das so?

Eine triviale Frage, weiß doch jeder, dass Menschen Gewohnheitstiere sind. – Und vielleicht ist es auch eine menschliche Universalie, dass bevorstehende Veränderungen mehr Angst als Lust bereiten; besonders wenn es sich um Einschränkungen handelt.

Mobilität war immer schon ein menschliches Grundbedürfnis.

Seit dem Sesshaftwerden sperrt man jene, die gegen Regeln verstoßen, ein. Das zieht sie nicht nur aus dem Verkehr, sondern wird als schwere Strafe empfunden, weil es die Bewegungsfreiheit und die Freiheit, soziale Kontakte zu pflegen, betrifft. Beides berührt menschliche Universalien: die Grundbedürfnisse nach Mobilität und Kommunikation.

Alle Technologien, die eine rasche Massenverbreitung fanden, nutzen diese menschliche Anlage: Automobil und Flugzeug, in den letzten Jahren das Smartphone. Was fast alle Menschen haben wollen, weil es ihren evolutionär entwickelten Voreinstellungen entspricht, kann in großen Stückzahlen günstig produziert werden und beschert der Industrie fette Gewinne. Da die Wirtschaft bekanntlich wir alle sind, haben auch alle etwas davon. Aber: „There is no free lunch", wie man in den USA sagt. Im Bereich der Mobilität liegen die Kosten in der Umweltproblematik, die nicht nur die Verursacher, sondern die gesamte Biosphäre belastet. Und die Kosten der digitalen Revolution und des Smartphones tragen primär die Nutzer selbst, indem sie im großen Stil Daten an jene Unternehmen abliefern, deren Apps die Kommunikation so unglaublich erleichtern und vermehren. Indirekt tragen diese Kosten auch die staatlichen Gemeinschaften, die dadurch in Blasen zerfallen und sich weg von der Gemeinwohlorientierung entwickeln. Dem steht zwar der Nutzen einer intensiveren sozialen Vernetzung gegenüber, doch diese verläuft sensorisch einseitig und erlaubt Distanz zum Gegenüber. Vielleicht erklärt genau das den Erfolg der Sozialen Medien: Man kann eine Beziehung via SMS oder WhatsApp beenden, ohne sich der emotionalen Betroffenheit des Gegenübers aussetzen zu müssen. So führten die digitale Revolution und die Sozialen Medien zur Neuordnung der Nähe- und Distanzregulation; durchaus im Sinne des Individuums.

Vorhandene Vorlieben – und ihr Nutzen

In der Biologie nennt man das Nutzen bereits vorhandener artspezifischer Vorlieben „sensory exploitation". So ist die Lieblingsfarbe fast aller Primaten (und darüber hinaus der meisten fruchtfressenden Tiere) Rot. Mit dieser Farbe zeigen viele reife Früchte an, dass sie gefressen werden wollen, damit ihre Samen verbreitet werden. Andererseits sind sie rot, weil das die Lieblingsfarbe der Primaten ist, alles klar? Die Katze beißt sich in den Schwanz, aber das ist Evolution: kompliziert und nicht immer logisch. Man erklärt sich mit dieser Vorliebe auch die rote Färbung der Brunstschwellung der Primatenweibchen – und die Farbe der meisten Lippenstifte. Die roten Lippen der Frauen und die roten Bäckchen von Äpfeln und Kindern finden Menschen also aus ähnlichen Gründen attraktiv, und zwar deswegen, weil die Präferenz dafür schon lange vor der Erfindung des Lippenstifts vorhanden war.

Ähnlich verhält es sich mit Automobil, Flugzeug und, ganz besonders, dem Smartphone. Sie erfüllen die menschlichen Grundbedürfnisse nach Mobilität und Kommunikation in einem Ausmaß, das Suchtpotenzial birgt.

Daher müssen alle erwähnten Zukunftsszenarien, -hoffnungen und -phantasien den Filtern der menschlichen Anlagen genügen.

Tun sie das nicht, haben sie keine Chance oder sind mit erheblichen Kosten in Form physischer und psychischer Probleme verbunden, wie am Beispiel der zunehmenden Naturentfremdung der Mehrheit der in der Stadt lebenden Menschen ersichtlich wird.

Der „Neue Mensch" wird immer wieder von Utopisten und Ideologen erfunden und regelmäßig von Vertreterinnen und Vertretern der Sozialwissenschaft und Politik sowie in Lifestyle-Magazinen ausgerufen. Aber im Grunde gibt es ihn nicht: weder heute noch morgen, und auch nicht übermorgen. Grund dafür sind die evolutionär konservativen menschlichen Universalien, welche – in einem zwar weiten und individuell sehr variablen Rahmen – die ökologischen und sozialen Reaktionen bestimmen. Sicher, die Art des Aufwachsens kann einen hoch empathischen und sozialen Menschen schaffen, oder aber, auf der Basis des identischen Genotyps, ein distanziertes, selbstbezogenes Individuum. Diese gravierenden Unterschiede in der Orientierung gegenüber der Umwelt können epigenetisch und durch soziale Tradierung an nachfolgende Generationen weitergegeben werden. Damit werden aber bloß die Freiräume der Reaktionsnorm genutzt, der „Neue Mensch" entsteht damit nicht.

Die menschliche „Selbstdomestikation"

Die einzig nennenswerte evolutionäre mentale Veränderung von Menschen mag im Laufe der letzten paar zehntausend Jahre durch „Selbstdomestikation" erfolgt sein: im Sinne der Selektion auf Nettsein, vermehrte gruppeninterne Kooperationsbereitschaft und soziale Kompetenz. Das ist keinesfalls gut belegt, aber (immerhin) eine plausible Hypothese. Trifft sie zu, wurde damit die Bereitschaft eingeschränkt, angepasst auf Veränderungen der Zukunft zu reagieren. Denn mit einer verstärkten sozialen Orientierung steigen Regelbezogenheit, Gruppenzusammenhalt und -konformität. Das Verbindende und die Identität von Gruppen, die Bereitschaft, Zusammengehörigkeit vor Objektivität und Fairness anderen gegenüber zu stellen, nehmen damit zu. Das geht mit Experimenten zur Manipulation der Wahrnehmung konform: Der durch ein Bild laufende Gorilla wird nach entsprechendem sozialen Priming von Testpersonen nicht wahrgenommen:

Soziale Konformität schlägt in der Regel die eigene Wahrnehmung.

Es kommt noch schlimmer: Stanley Milgram, Psychologe der Yale Universität, wollte überprüfen, ob auch seine Landsleute aus Autoritätshörigkeit prinzipiell zu jener Unmenschlichkeit bereit wären, wie sie während des Zweiten Weltkriegs die Schergen des Nazi-Regimes demonstrierten. Bei seinen in den 1960ern durchgeführten Versuchen wurde den Probanden vorgegaukelt, es gehe darum, wie sich Bestrafung auf den Lernerfolg auswirkt. Für eine falsche Antwort folgte ein Stromstoß, den die eigentlichen Probanden den ihnen nicht sichtbaren Versuchspersonen auf Anweisung des Versuchsleiters zu erteilen hatten; und zwar in steigender Stromstärke – bis in lebensgefährliche Bereiche. Jedem Stromstoß folgte ein markerschütternder Schrei. Das war natürlich alles gestellt. Der überwiegende Teil der Probanden gehorchte unabhängig von Geschlecht und Alter, obwohl ihnen die vorgeblichen Versuchspersonen leidtaten. Dieser Versuch wurde in ähnlicher Form in unterschiedlichen Ländern mit dem immer gleichen Ergebnis wiederholt: Autoritätshörigkeit schlägt Empathie immer und überall um Längen – unabhängig von Geschlecht, Alter und Kultur. Autoritätshörigkeit als tief verwurzelte menschliche Universalie? Keine schlechten Voraussetzungen für das immer neue Entstehen autoritärer Herrschaftssysteme, die zu überwinden nur auf Basis einer robusten demokratischen Organisation denkbar wäre.

Die Eroberung neuer, auch evolutionärer Welten wird durch den mentalen Zwang zur Konformität und das Prinzip eingeschränkt, dass Autoritätshörigkeit vor kritischem Denken geht.

Keine gute Nachricht, wenn es um demokratische Erneuerung und die Rettung der Biosphäre geht, was bekanntlich zusammengehört. Weltweit geht die Schere in der Verteilung von Einkommen und Macht weiter auf. Lobbyisten und immer weniger Leute bestimmen über eine Mehrheit abhängiger Menschen. Die menschlichen Universalien des Konformitätszwanges und der Autoritätshörigkeit erleichtern zwar Veränderungen von oben, aber ob diese primär dem Gemeinwohl, dem Überleben der Biosphäre dienen, bleibt zu bezweifeln. Herrschende nutzen die Massen zum eigenen Vorteil, daran hat sich seit dem Sesshaftwerden nichts geändert. Alexander der Große, Google, Facebook oder Trump: Egal in welchen ideologischen (oder religiösen) Systemen – Menschen funktionieren immer als Menschen, daher konvergieren die sozialen, Kommunikations- und Machtstrukturen in solchen Verbänden.

Weltweit geht es politisch zurzeit deutlich in Richtung oligarcher Manipulations- und Ausbeutungssysteme. Eine weitere Oligarchisierung bei gleichzeitiger Verschlechterung der ökologischen Lage der Biosphäre wird die Lebensbedingungen von immer mehr Leuten verschlechtern und immer mehr das Leben kosten.

Zwar ist nicht abzusehen, dass „die Menschheit" aussterben wird, nicht einmal als Folge eines immer noch möglichen Atomkrieges.

Die Klans der Reichen und Schönen werden noch lange komfortabel auf ihren Inseln überleben. Ich hoffe, damit profund falsch zu liegen; wäre ich ein gläubiger Mensch, würde ich dafür beten, dass sich die humanistischen Prinzipien der Aufklärung weltweit durchsetzen, dass sich die Vernunft im Lösen drängender Umweltprobleme durchsetzt, in der Wirtschaft und in den persönlichen Lebensstilen, menschliche Universalien hin oder her. Im Moment bleiben das fromme Wünsche, die allerdings mit der Natur individueller Menschen prinzipiell möglich scheinen.

Resümee

Auf der Erde werden 2050 etwa zehn Milliarden Menschen leben. Dies bedeutet, dass es jene Naturumwelt, in der die Menschen entstanden sind und die bis heute in Resten – und vom Menschen bereits stark modifiziert – existiert, kaum mehr geben wird. Ein sich veränderndes Klima, eine durch menschengemachte Substanzen und Strukturen bestimmte physikalische Umwelt und immer städtischere Lebensräume geben die zukünftigen Selektionsbedingungen vor. Bis zu einem gewissen Grad werden Menschen sich anatomisch und physiologisch an diese zivilisatorisch veränderte Umwelt anpassen, kaum aber mental. Und Menschen werden stärker als bisher genetisch „auseinanderfallen", weil das Ausmaß an Verfügbarkeit medizinischer Leistungen bereits heute eine zentrale Selektionsbedingung darstellt. Entgegenwirken wird dieser genetischen Differenzierung zumindest theoretisch eine zunehmende Intensität der Wanderbewegungen, die auch für den Genfluss zwischen den Populationen sorgt. Dennoch wird eine nennenswerte globale Durchmischung nicht stattfinden, denn Menschen verpaaren sich immer schon und tun dies auch heute noch vorzugsweise innerhalb der eigenen Kultur und sozioökonomischen Schicht. An dieser erzkonservativen menschlichen Universalie wird sich auch in Zukunft wenig ändern.

Das große menschliche Gehirn und die mentalen Einstellungen und Anpassungen, die es generiert, sind evolutionär vor allem im sozialen Zusammenhang entstanden. Dies erlaubt konkrete Vorhersagen, was zukünftige Anpassungen vor dem Hintergrund der zu erwartenden sozio-politischen Veränderungen betrifft. Heute bleibt unklar, ob die in den letzten tausenden Jahren erfolgte Zunahme von Größe und Leistungsfähigkeit einfach weitergehen wird. Kaum vorherzusagen, ob die Gehirne der Menschen in wenigen hundert Jahren von heute 1300 auf 1500 Kubikzentimeter aufgerüstet sein werden und die Intensität der Verschaltungen und der

Informationsverarbeitung noch weiter gesteigert werden kann. Manches spricht dagegen:

Die Zunahmen mentaler Störungen vor allem in städtischen Milieus deuten darauf hin, dass das menschliche Gehirn und die Psyche aufgrund der Leistungssteigerungen in der Vergangenheit an Resilienz verloren haben.

Sie sind also weniger widerstandsfähig gegenüber Stressoren und Veränderungen ihrer Lebensbedingungen. Weitere Steigerungen in Größe und Leistung würden diesen Trend noch beschleunigen: Je mehr Leistung eine Maschine bringt, desto störungsanfälliger wird sie. Gesellschaften werden also immer mehr in „Maintenance" investieren müssen. Der Markt für Psychologie und Coaching wird weiter stark wachsen.

Möglich also, dass die Evolution des menschlichen Gehirns langsam an ihre systemischen Grenzen stößt. Jedenfalls ist dieses Gehirn, im Gegensatz etwa zu den Gehirnen früher Säugetiere, hochspezialisiert. Dies erlaubt die Vorhersage, dass aus dem heutigen menschlichen Gehirn in evolutionärer Sicht keine wesentlichen Neuerungen mehr kommen werden. In der Evolution entstandenes Spezialistentum – egal welcher Art – funktioniert eine Zeit lang bei relativ konstanten Umweltbedingungen sehr erfolgreich, wie man an den Menschen sieht. Aber wenn sich die Umweltbedingungen verändern, können sich Spezialisten nur schwer daran anpassen; sie sterben aus und neue Arten und Spezialisierungen entstehen aus generalisierten Arten. Möglich, dass wir mit dem Anstieg mentaler Probleme in einer sich rapide verändernden Welt bereits erste Symptome dafür sehen.

Es gibt insgesamt wenig Grund für Optimismus.

Auf Basis welchen Wissens sollten wir etwa annehmen, dass Menschen sich rasch an die immer schneller von ihnen selbst produzierten Veränderungen der ökologischen, zivilisatorischen und sozialen Umwelt anpassen können? Die konservativen Muster der Gehirnevolution und die notorisch konservativen mentalen Einstellungen, die – weil sozial entstanden – ja einen Gutteil der menschlichen Universalien unterlegen, sind dabei kaum hilfreich. Es gibt auch wenig Grund anzunehmen, dass Menschen, die sich in den letzten 10 000 Jahren in ihren mentalen Anlagen und Universalien kaum verändert haben, dies in den kommenden paar hundert Jahren schaffen werden. Wahrscheinlich sind wir durch „Selbstdomestikation" über die Jahrtausende gruppenintern kooperativer geworden, aber auch aggressionsbereiter gegenüber „anderen". Denn zu diesem mentalen Komplex gehört neben einem erhöhten Gruppenzusammenhalt auch eine verstärkte Autoritätshörigkeit.

Nicht unwahrscheinlich, dass sich diese Entwicklung fortsetzt. Sie würde von den zunehmend autoritären und oligarchen politischen Strukturen weltweit begünstigt.

Kritische Geister werden es in Zukunft immer schwerer haben; im Sinne der eigenen Prosperität wird es zunehmend von Vorteil sein, angepasst, gruppenkonform und im Einklang mit der Macht zu leben.

Schon heute ist in China individuelle Prosperität an gesellschaftliches Wohlverhalten und an die Unterwerfung unter staatliche Autoritäten gebunden. Je mehr Menschen es auf der Welt gibt und je autoritärer gesellschaftliche Systeme werden, desto stärker werden auch die menschlichen Universalien der Gruppenkonformität und der Hörigkeit gegenüber Autoritäten zum Ausdruck kommen. In der immer weiteren Verbesserung dieser Passung gibt es evolutionär noch erheblich Luft nach oben.

Die technischen Möglichkeiten zur Verbesserung der Denkfähigkeit und des Wissenserwerbs sowie zur genetischen Optimierung werden – bedingt durch steigende Ungleichheit – einer immer dünneren Schicht wohlhabender, gebildeter, sich immer stärker gesellschaftlich abkapselnder Eliten vorbehalten bleiben. Diese werden den Zugang zum Einsatz der KI in allen Lebensbereichen monopolisieren, sie werden nahezu beliebig über Neuro-Enhancement mittels Drogen und Mensch-Maschinen-Schnittstellen verfügen, und zu genetischen Optimierungen; die Genschere ist ja heute schon Realität. Wer Zugang zu diesen Technologien hat, kann nicht nur die eigene Krankheitsanfälligkeit oder Leistungsfähigkeit, sondern auch die der Nachkommen optimieren.

Die Entstehung genetischer Eliten könnte unmittelbar vor der Tür stehen. Selbst das Zurückdrängen – oder Ausschalten – der Sterblichkeit wird greifbar.

Höchst unwahrscheinlich allerdings, dass diese geringe Anzahl von Privilegierten, denen das Abkoppeln von der Darwin'schen Evolution möglich sein wird, ihre neuen Potenziale zum Allgemeinwohl oder zur Rettung der Biosphäre und „der Menschheit" einsetzen werden. – Warum auch? Gemeinwohlorientierung wurde von den bislang Herrschenden und Superreichen bestenfalls selektiv eingesetzt. Und die neuen Eliten werden sich auch genetisch von der Mehrheit abheben: besser und gottähnlich. Kein Anlass, sich mit einer Mehrheit gemein zu machen oder zu solidarisieren, von der man sich auch genetisch immer weiter entfernt – sozioökonomisch sowieso! Den Reichen und Mächtigen ging es während der letzten 10 000 Jahre vor allem um den Machterhalt. Nichts deutet darauf hin, dass sich daran in Zukunft viel ändern wird.

Keine guten Nachrichten und Aussichten also. Höchst unwahrscheinlich aus moderner naturwissenschaftlicher Perspektive, dass sich der heutige Mensch zum „wahren", durch und durch humanen Menschen entwickeln wird, wie Konrad Lorenz und andere Idealisten noch annahmen. Wahrscheinlicher werden Ungleichheiten weiter zunehmen. Im profitablen Absaugen von Daten durch digitale Konzerne und in deren gigantischen Forschungsinvestitionen ist diese Entwicklung zu spüren.

In der Folge könnten klar und stabil geschichtete Gesellschaften entstehen, wie wir sie von den sozialen Insekten kennen.

Die Mehrheit wird in einer Art mentalem Konfuzianismus motiviert sein, für einen bescheidenen Wohlstand für die Anderen und „die da oben" zu arbeiten, welche wiederum „die da unten" mittels Zuckerbrot, vor allem aber mittels Überwachung, Manipulation und nötigenfalls blanker Gewalt in dieser Rolle halten. Im Gegensatz zu den sozialen Insekten ist aber zu erwarten, dass die dünne Schicht der Herrschenden sich auch genetisch und in ihren perfektionierten Merkmalen von der Masse abhebt. – Klingt gruselig, vor allem wenn man die Möglichkeit bedenkt, dass diese Supermenschen sehr langlebig, wenn nicht sogar unsterblich sein werden. Der Masse wird dies nicht nur nicht zugänglich sein, es wird ihr auch aktiv vorenthalten bleiben. Eine sterbliche „Arbeiterklasse" und eine unsterbliche Herrscherkaste also, die damit gottähnlichen Status erlangt. Dies würde biologisch die Aufspaltung der Menschheit in zumindest zwei Unterarten bedeuten; für eine solche Menschheit der zwei Welten und der zwei Geschwindigkeiten gibt es klare Anzeichen.

Bitte entspannen, denn Prognosen können auch falsch sein – hoffentlich sind sie es!

Allerdings erscheint auf Basis von Daten und bisherigen Entwicklungen dieses doch ziemlich düstere Szenario wesentlich wahrscheinlicher, als dass sich die Erde zunehmend mit Demokratie überzieht, die pure Einsicht die Herrschenden dazu bringt, nur noch im Sinne des Gemeinwohls zu wirken, dass technische Entwicklungen alle ökologischen und anderen Probleme lösen – und zwar für alle Menschen –, dass die Ungleichheit geringer wird und es weiterhin entscheidende Fortschritte in Richtung Bildung, Wissen, Wohlstand und Gesundheit für alle geben wird ...

Wann dieses düstere Szenario eintreffen wird? Hoffentlich nie! Aber wir leben in einer Zeit der Weichenstellungen.

Sollte das Erstarken des Nationalismus und der Abstieg des Multilateralismus, der Spuk von Trump & Co, bald vorüber sein, würde man eine international effektive Klimapolitik machen, auf Zusammenarbeit bei zentralen Problemen pochen und es gelingen, die Machtpolitik von privaten Konzerne und Lobbyisten einzudämmen, könnte es noch eine Weile weitergehen wie bisher. Weder bin ich ein geborener Pessimist noch soll dieses Buch Alarmismus verbreiten. Aber als Naturwissenschaftler ist man dem Realismus verpflichtet. China ging schon ein Stück des Weges in Richtung des skizzierten Szenarios. Als zunehmend dominierender Partner der westlichen Staaten wird es die vorhergesagte Entwicklung katalysieren. Geht es ökologisch und politisch weiter wie gehabt, kann das gezeichnete Szenario einer sich genetisch und funktionell in Klassen und Unterarten aufspaltenden Gesellschaft in wenigen Generationen zur Realität werden.

George Orwells „1984" wurde 1949, im Jahr seines Erscheinens, interessiert auf-, aber nicht sehr ernst genommen. Heute hat die Wirklichkeit Orwells Visionen bei Weitem überflügelt. Und wenn ein Verrückter doch noch eine Wasserstoffbombe zündet, sind die Karten und Prognosevoraussetzungen sowieso neu gemischt. Das würde entweder die Spaltung der Menschheit in eine Masse an Leidtragenden und wenige gut Überlebende beschleunigen oder als weltweite Katastrophe die menschliche Empathie und Solidarität reaktivieren. Aber ich will mir nicht vorstellen, dass es eine Bombe braucht, um die Menschheit und ihren Umgang mit sich und der Biosphäre auf Spur zu halten.

Anhang

Glossar

adaptiv: angepasst oder anpassend an das ökologische/ soziale Umfeld einer Art oder eines Individuums, im Sinne einer positiven Auswirkung auf die *evolutionäre Fitness*; es kann evolutionäre oder individuelle Anpassung gemeint sein.

adaptive Radiation: differenzierende Artbildung; von einer relativ unspezialisierten Art ausgehende Bildung spezialisierterer Arten, an unterschiedliche *ökologische* Gegebenheiten *angepasst.*

Affekte: kurzzeitige Gefühlsaufwallung; in der *Bio-Psychologie* oft verwendet, um unbewusste Gefühle von den bewusst werdenden *Emotionen* zu unterscheiden.

Affektlogik: Begriff von *Luc Ciompi*; auf den Funktionen des Gehirns beruhende Theorie zum Zusammenwirken von Fühlen und Denken im Gehirn.

Agency Detector: hier: der unbewusste mentale Mechanismus, Lebendiges von toter Materie zu unterscheiden.

AIDS: Acquired Immune Deficiency Syndrome: durch den *HI-Virus* hervorgerufene Symptomatik.

Allele: Varianten eines *Gens*; bewirken unterschiedliche Ausprägungen des dem Gen entsprechenden *Merkmals* im Phänotyp eines Individuums.

Altruismus: uneigennütziges Handeln zum Nutzen anderer. Für *Charles Darwin* noch ein evolutionäres Paradoxon, bietet die moderne Verhaltensbiologie unterschiedliche Erklärungen.

altruistischer Impuls: Begriff von *Frans de Waal*; „instinktive" Hilfsreaktion auf die Notlage eines anderen; beruht nicht auf bewusstem Denken und wird auch von sozial komplexen Tieren gezeigt.

Allantois: embryonale Harnblase bei den Amnioten; einigen Reptilien, Vögeln und Säugetieren.

Alleinstellungsmerkmal: Merkmal, das eine *taxonomische* Gruppe (Art, Familie, Stamm) mit keiner anderer Gruppe teilt, etwa die menschliche Symbolsprache. Aufgrund der Kontinuierlichkeit mit den Fähigkeiten anderer Arten auch ein Beispiel dafür, dass Alleinstellungsmerkmale nicht unbedingt diskret-qualitativ sein müssen; eine hinreichende quantitative Differenzierung reicht aus.

alternative Strategie: in der evolutionären Biologie gebrauchter Begriff für alternatives Verhalten, das Individuen zusätzlichen Fortpflanzungserfolg bringen kann, z. B. Seitensprünge in *monogamen* Systemen.

Aminosäuren (AS): elementare Bausteine der Proteine; chemische Verbindungen mit einer Aminogruppe und einer Karbonsäuregruppe. 20 natürliche AS bauen die Strukturen der Zellen und Körper unter Steuerung durch *DNA* bzw. RNA auf.

Amnion, Amnioten: embryonale Fruchtblase; evolutionäre *Schlüsselinnovation* bei den *Amnioten* (Reptilien, Vögel, Säugetiere), die sie in der Vermehrung unabhängig von Wasser macht.

Amphibien: aus Fischen hervorgegangener Stamm von Landwirbeltieren mit den Untergruppen Schwanzlurche, Blindwühlen und Frösche; zur Vermehrung immer noch an Wasser gebunden; aus ursprünglichen Formen entwickelten sich die *Reptilien.*

Androgene: männliche *Steroidhormone*, vorwiegend in Eierstöcken, Hoden und Nebennieren gebildet; bewirken die Ausbildung sekundärer männlicher Geschlechtsmerkmale.

angeboren: steht für Eigenschaften, die bei der Geburt angelegt sind; auch im Sinn von „vollständig genetisch determiniertes" Merkmal verwendet. Da alle Eigenschaften lebender Systeme im Zusammenwirken zwischen Umwelt und Genen entstehen, gibt es diese nicht – weswegen der Begriff in der modernen Biologie vermieden werden sollte.

angeborener Schulmeister (auch: „innate Schoolmarm"): von *Konrad Lorenz* für erbliche Aufmerksamkeitsstruktur gebrauchter Begriff; macht Lernen *adaptiv* und erklärt, warum es über die Entwicklung hindurch bestimmte Lernfähigkeiten und Lernfenster gibt. *Peter Marler* prägte dafür den Begriff „instinct to learn".

Angststörung: übersteigerte Ängste, im Gegensatz zu Furcht nicht auf bestimmte Auslöser gerichtet; auslöserbezogene Phobien sind daher Furchtstörungen; Furcht und Angst beruhen aber auf weitgehend identischen zentralen Mechanismen; immer verbunden mit aktivierten Stress-Systemen.

Animismus: steht hier für ein spirituelles System, das auf dem Glauben an die Beseeltheit von Natur und Mensch beruht. Wahrscheinlich eine der ursprünglichsten Formen von Spiritualität.

Anthropomorphismus, -zentrismus: „Vermenschlichung" aller relevanten Subjekte und Objekte, vor allem der anderen Tiere, einschließlich Zuordnung menschlicher mentaler Eigenschaften; menschenzentrierte Weltsicht.

Anthropozän: Vorschlag zur Benennung des jüngsten *Erdzeitalters*, in dem die menschlichen Aktivitäten maßgeblich die biologischen, geologischen und atmosphärischen Prozesse auf der Erde bestimmen; Beginn noch strittig, Vorschläge reichen von 1610 bis 1945.

Archaeopteryx: Übergangsform zwischen *Dinosauriern* und *Vögeln*; befiedert, aber mit noch vielen Reptilmerkmalen und bezahntem Schnabel; gefunden im Solnhofener Plattenkalk; lebte im späteren Erdmittelalter vor ca. 150 Mio. Jahren.

Arenabalz(-system): Männchen einer Art stellen sich als Gruppe auf begrenztem Raum durch Balzdarbietungen dar; Weibchen wählen nach bestimmten Kriterien, kopulieren mit einem der Männchen und ziehen ihren Nachwuchs alleine auf; besonders häufig bei Vögeln, z. B. Birkhuhn. Männchen sind in diesem System reine Samenspender.

Art, biologische: *taxonomische* Einheit mit einem Maximum an gemeinsamen Eigenschaften; Individuen pflanzen sich miteinander fort, meist *sexuell*.

Asperger-Syndrom: beschrieben von *Hans Asperger*; mit sozialen Eigenheiten und *stereotypem* Verhalten verbundene

Form des Autismus, manchmal mit Hoch- und Inselbegabung einhergehend.

Atavismus: Wiederauftreten bereits verschwundener Merkmale aus der Stammesgeschichte.

Attachment: mit *John Bowlby* und der Bindungstheorie verbunden; präziser als der deutsche Begriff *Bindung*. Man versteht heute darunter den physiologischen *Bindungsmechanismus* plus das *„interne Arbeitsmodell"*, die primäre *mentale* soziale *Repräsentation*.

Augenbrauengruß: rasches, reflexartiges Hochziehen der Augenbrauen beim Zusammentreffen einander bekannter Menschen; von *Irenäus Eibl-Eibesfeldt* als Beispiel für eine *Erbkoordination* beschrieben.

Axiom: Grundannahme in theoretischen Systemen, nicht begründet oder empirisch abgeleitet.

Aunjetitzer Kultur: frühbronzezeitliche mitteleuropäische Kultur, vor ca. 4 000 Jahren aus den *Glockenbecher-* und *Schnurkeramikkulturen* hervorgegangen; vgl. *Himmelsscheibe von Nebra*.

Auslegerkanu: schlankes Kanu mit meist rechtsseitigem Ausleger gegen Kippen, auch hochseetüchtig; vor ca. 5 000 Jahren am südchinesischen Meer entwickelt; ermöglichte die rasche Besiedelung des pazifischen Raums mithilfe von Navigatoren, die große Reisekanus ohne Kompass über tausende Kilometer offenes Meer geradlinig steuern können.

Australopithecus: vor ca. 4–2 Millionen Jahren in Afrika lebende Gattung der Menschenartigen.

Bandscheibe: Zwischenwirbelscheibe, verbindet aufeinanderfolgende Wirbelkörper; aus *kollagenem Bindegewebe*. Ihr gallertiger Kern ist der stammes- und individualgeschichtliche Rest der *Chorda*, des primären Achsenstabes der *Chordatiere*.

Basenpaar: zwei gegenüberliegende, komplementäre Moleküle in der DNA-Doppelhelix, die durch Wasserstoffbrückenbindungen zusammengehalten werden. Guanin oder Adenin verbinden sich mit Cytosin, Thymin oder Uracil zu einem Paar; Grundlage für die Verdoppelbarkeit des *DNA*-Stranges.

Bauplan: Grundkonstruktion einer Gruppe von Lebewesen; größte Bauplan-Vielfalt im Erdaltertum; seitdem Abnahme zugunsten einer höheren gruppeninternen Formenvielfalt.

Beimännchen: investieren eher in Hodengröße denn in Revierverteidigung oder Körpergröße, wie territoriale

Männchen das tun; bleiben oft in Weibchenmimikry nahe am Laichplatz und üben beim Ablaichen *Spermakonkurrenz* aus; etwa bei Lippfischen oder Buntbarschen.

Big Data: Datenmengen, die zu groß, zu komplex, zu schnelllebig oder zu schwach strukturiert sind, um sie mit manuellen oder herkömmlichen Methoden der Datenverarbeitung auszuwerten.

Big Five: stehen für die fünf Dimensionen der Persönlichkeitsstruktur beim Menschen (emotionale Stabilität, Extraversion, Offenheit, soziale Verträglichkeit, Sorgfalt); durch *Robert R. McCrae* und *Paul Costa* entwickeltes empirisches System, durch Zuordnung von Eigenschaften Persönlichkeitsstruktur zu erfassen.

Bindung, Bindungsmechanismus: gewährleistet durch *Bindungsverhalten* die Nähe zwischen Individuen, etwa zwischen Kind und Mutter oder zwischen Geschlechtspartnern. Bindung wird durch Aktivierung des *Oxytocin*systems unterstützt und erlangt durch die mentale Repräsentation von Beziehung spezifische Bedeutung (Bindung plus mentale Repräsentation = *Attachment*).

Bindungsmuster: von *John Bowlby* et al. definiert (sicher, unsicher-vermeidend, -ambivalent, desorganisiert); beruhen auf der in frühkindlichem Stadium mit primären Betreuungspersonen gemachten Erfahrung, formen die Erwartungshaltung für die weiteren sozialen Beziehungen im Leben (vgl. *Attachment*).

Bindungsverhalten: *Verhaltenssystem* zum Aufrechterhalten oder Wiederherstellen der räumlichen Nähe zwischen Bindungspartnern, plus zugehöriges Motivationssystem (Trennungsschmerz).

Biologicum: seit 2014 im Oktober von der Konrad Lorenz Forschungsstelle/Universität Wien in Grünau/Almtal abgehaltenes dreitägiges evolutionsbiologisch-biopsychologisches Seminar zu den grundlegenden Fragen des (menschlichen) Lebens.

Biologische/philosophische Anthropologie: Naturwissenschaft vom Menschen bzw. Versuch einer rationalen Erfassung der *Conditio humana* auf empirischer Basis, jenseits metaphysischer Ansätze; mit *Immanuel Kant* beginnend zahlreiche Proponenten, Blütezeit ab den 1920er Jahren.

Biologismus: Vulgärinterpretation bzw. bewusst oder unbewusst ideologisch missbrauchtes Ergebnis biologischer Forschung.

Biophilie: menschliche *Universalie* der „Liebe zur Natur";

Begriff ursprünglich von *Erich Fromm*, wurde von *Edward Wilson* popularisiert.

Bio-Psychologie: Erklärung psychologisch-mentaler Phänomene auf Basis biologisch-physiologischer Mechanismen.

Biosphäre: Raum mit lebenden Wesen; gemeint sind gewöhnlich die belebten Zonen der Erde.

Birkhuhn: *Lyrurus tetrix*; Hühnervogel gebirgiger Landschaften Eurasiens; tarnfarbige Weibchen, prächtige Männchen, *Arenabalz*.

Bonobo, Zwergschimpanse: *Pan paniscus*; südlich des Kongo vorkommende Schwesterart des *Schimpansen* mit grundlegend unterschiedlichem Sozialsystem; engster genetisch-*taxonomischer* Verwandter von *Homo sapiens*, Trennung vor ca. 5 Mio. Jahren.

Brehms Tierleben: 10-bändiges Werk von *Alfred Brehm* (ab 1876) mit Monographien einer Fülle von Tierarten; stand bis ins späte 20. Jahrhundert in fast jedem Wohnzimmer im deutschsprachigen Raum.

Buchreligionen: gemeint sind meist Judentum, Christentum und Islam, die sich alle auf das Alte Testament berufen.

C14-Methode: Möglichkeit zur Datierung von bis zu 50 000 Jahre altem organischem Material auf Basis des Zerfalls des radioaktiven C_{14}-Kohlenstoffisotops.

Chemotaxis: Orientierung und zielgerichtete Bewegung entlang eines chemischen *Gradienten*.

Cholesterin: $C_{27}H_{46}O$; auf Ringstrukturen beruhende organische, fettlösliche Verbindung; wichtiger Bestandteil von Zellen und deren Membranen, Ausgangsstoff der Synthese aller *Steroidhormone*.

Chorda dorsalis: Achsenstab der *Chordaten*, ausgesteift durch Turgeszenz (Innendruck), wird später in der *Stammesgeschichte* durch die *Wirbelsäule* ersetzt.

Chordatiere, Chordaten: durch *Chorda*/Achsenstab, Neuralrohr und *Kiemendarm* charakterisierter Stamm des Tierreichs, Schwestergruppe der Stachelhäuter; von Seescheiden bis Mensch, umfasst also auch alle *Wirbeltiere*.

Chromatin: Material, aus dem die *Chromosomen* bestehen; Desoxyribonukleinsäure (*DNA*) plus strukturgebende und regulierende Proteine, vorwiegend *Histone*.

Chromosomen: Aus *Chromatin* bestehende Packungseinheiten zur Weitergabe der *Erbinformation* während der Kern- bzw. Zellteilung. Menschen haben 46 davon.

Columella („Säulchen"): aus Teilen des Hyoidbogens entstandenes Gehörknöchelchen der *Amphibien, Reptilien* und *Vögel*.

Conditio humana: Umstände des Menschseins und der Natur des Menschen, Gegenstand fast aller Wissenschaften: Philosophie, Anthropologie, Sozial- und Naturwissenschaften.

CRISPR/Cas-Technologie („Genschere"): molekularbiologische Methode, um *DNA* gezielt zu schneiden oder zu verändern; CRISPR steht für „Clustered Regularly Interspaced Short Palindromic Repeats", also Abschnitte sich wiederholender *DNA* (dienen eigentlich zur Verhinderung des Eindringens fremden Erbguts); Cas ist der Name des DNA-schneidenden Enzyms.

Cyborg: Mischwesen aus lebendem Individuum und technischen Teilen bzw. Maschine.

Darwin'sches Kontinuum: Alle körperlichen, physiologischen, Verhaltens- und mentalen Merkmale der Menschen sind in der Evolution entstanden und daher kontinuierlich mit den *homologen* Merkmalen anderer Tiere. Es finden sich daher unter den *menschlichen Universalien* kaum *Alleinstellungsmerkmale*.

Denisova-Mensch: genetisch eine Art „östlicher *Neandertaler*", lebte bis vor 50 000 Jahren im Altai-Gebirge und zuvor über Nordasien verbreitet; Gene flossen auch in östliche *Homo-sapiens*-Populationen, wenige Zahn- und Kieferfunde in Russland und China.

Devon: mittlere Periode des *Erdaltertums*/Paläozoikums vor 419–359 Mio. Jahren.

Diabetes, Typ II: Funktionsverlust der Insulinzellen der Bauchspeicheldrüse durch Lebensstil (chronisch erhöhter Blutzuckerspiegel durch Fehlernährung oder dauernden Stress).

Dinosaurier: artenreiche Reptiliengruppe; existierte vor ca. 235–66 Mio. Jahren; dominierte die Lebensräume zu Land, im Wasser und in der Luft. *Vögel* sind direkte Nachfolger.

DNA, ancient: Desoxyribonukleinsäure; Kette aus vielen Nukleotiden zusammensetzt; Träger der *Erbinformation* des Lebendigen; stabiles Molekül, kann hunderttausend

Jahre in Knochen erhalten bleiben; am besten im Felsenbein des menschlichen Schädels.

Domestikationssyndrom, Darwin'sches: bei den meisten Arten *domestizierter* Tiere auftretende Merkmalskombination aus scheckigem Fell, kürzerer Schnauze, kleineren Zähne, Hängeohren etc.; wahrscheinlich durch Selektion auf Zahmheit bedingt.

Dyade: zwei zusammengehörende Individuen, z. B. Geschlechts- und Sozialpartner oder *Elter*-Kind.

Eizelle: unbewegliche weibliche Keim- oder Geschlechtszelle mit einem *Chromosomensatz*, weil in der *Reifeteilung* gebildet.

Elter: Einzahl von Eltern; in der Biologie verwendet, um auszudrücken, dass es sich um einen der beiden handelt, um Geschlechtsspezifikation zu vermeiden.

Emotionen: bewusste Affekte; grundlegende *neuro-psychologische* Systeme, die Individuen im Sinne evolutionärer Strategien motivieren, Grundlage für soziale Kommunikation; primäre Emotionen teilen Menschen nach *Jaak Panksepp* mit anderen Tieren.

Emotionale Ansteckung: Stimmungsübertragung; opto-motorischer Reflex: Ausdruck der Emotionen anderer bewirkt ähnliche Gestimmtheit beim Empfänger; vermittelt über *Spiegelneuronen*.

Empathie: Einfühlen und Eindenken in andere, Perspektivenübernahme; emotionale Ansteckung als Grundlage, aber an echter Empathie sind Formen der *Kognition* beteiligt.

Entwicklungsbiologie: erforscht die *Individualentwicklung* aus der *Zygote*, als „Evo-Devo" (evolutionary developmental biology; evolutionäre E.) in enger Verbindung mit *Evolution*.

Epigenetik: erforscht den Einfluss der Umwelt auf *Genexpression* und Merkmalsausbildung.

Epigenom: umweltbedingte, reversible chemische Veränderungen des *Chromatins*, der *DNA* und der *Histonproteine*, welche die *Genexpression* verändern bzw. steuern.

Epithelzellen: Deckzellen, die nach außen abgrenzen, z. B. Haut oder Auskleidung der Blutgefäße.

Erbkoordination: Von *Konrad Lorenz* gebrauchter Begriff für „*angeborene*" Verhaltensweisen.

Erbmaterial, Erbinformation: Abfolge der Basenpaare in

der *DNA*-Doppelhelix; enthält grundlegende art- und individuenspezifische Informationen zur Steuerung von Entwicklung und Merkmalen.

Erdaltertum: Paläozoikum, stammesgeschichtliche Frühgeschichte; vor etwa 540–250 Mio. Jahren, unterteilt in Kambrium, Ordovizium, *Silur, Devon*, Karbon und Perm.

Eskimos: Bezeichnung für die Indigenen der Arktis mit kolonialistischem Beigeschmack; heute: *Inuit*.

Ethologie: Wissenschaft vom Verhalten, oft synonym für die eher mechanistische, „klassische" Richtung von *Konrad Lorenz* und *Niko Tinbergen*; nicht zu verwechseln mit „Ethnologie" (Völkerkunde); umfassender ist der Begriff „Verhaltensbiologie".

eusozial: auch in anatomische Kasten gegliederte Gesellschaft, z. B. Ameisenstaaten mit Königin, Arbeiterinnen, Soldatinnen etc.

Evolution: Entstehung und Wandel des Lebendigen, der biologischen *Arten*.

Evolutionstheorie: wissenschaftliche Vorstellung, wie *Evolution* funktioniert, geht auf *Charles Darwin* und andere zurück.

evolutionär stabile Strategie (ESS): evoluierte Phänomene, die über Generationen stabil bleiben, weil sie einem positiven *Selektions*druck unterliegen, z. B. *Attachment*verhalten.

evolutionäre Ästhetik: *menschliche Universalie*; Bevorzugung parkartig gegliederter Landschaften mit Wasserflächen etc. Daher wollen Menschen in „grünen" Städten leben. Solche Qualitäten des Lebensraumes beeinflussen die *Resilienz* positiv gegenüber psychischen Problemen.

evolutionäre Funktionen: Strukturen, Mechanismen und Verhalten, die sich auf *Fitness* auswirken.

evolutionäre Geschichte: Entwicklung von Merkmalen über die Stammesgeschichte; herleitbar aus Fossilbelegen und vergleichender Biologie, heute auch über die moderne Genetik.

Exekutive Funktionen: auf *Akira Miyake* zurückgehendes *neuropsychologisches* Konstrukt; Syndrom an Eigenschaften, welche die individuelle Lebens- und Sozialfähigkeit bestimmen – einschließlich Impulskontrolle, Zielsetzung, strategisches Handeln etc.; Zentrum: *Stirnhirn*.

F1-Kreuzung: Ersteinkreuzung zweier genetisch getrennter Linien; aufgrund der Regeln der Mendel'schen Vererbung sind F1-Nachkommen in ihren Merkmalen homogener als F2-Nachkommen.

Federn (der *Vögel***)**: entstehen – wie die *homologen Haare* der *Säugetiere* – bereits bei den *Dinosauriern*: zunächst zur Wärmeisolation aus Einstülpungen der Oberhaut; Ursprung *Reptilien*schuppe.

Feminisierung/Verweiblichung der Gesellschaft: von manchen wahrgenommener, langsamer Prozess der gesellschaftlichen Veränderung im Zuge der zunehmenden Bedeutung von Frauen; etwa Abnahme männlich-patriarchaler Codes auch in der Sprache.

Fische: taxonomisch heterogene, im Wasser lebende Wirbeltiere mit Kiemen und Flossen; weit voneinander entfernte Verwandtschaftsgruppen wie die Knorpel- und *Knochenfische*.

Fitness, evolutionäre: Angepasstheit; mit der Zahl der wieder reproduktiv erfolgreichen Nachkommen eines Individuums als „Währung"; nicht mit der umgangssprachlichen körperlichen Fitness zu verwechseln.

Five Factor Inventory (FFI): von *Paul Costa* und *Robert R. McCrae* entwickeltes merkmalstheoretisches System; erlaubt die Erhebung der Persönlichkeitsstruktur von Menschen entlang von fünf Dimensionen: Emotionskontrolle, Extraversion, Offenheit, Verträglichkeit und Sorgfalt.

Flimmerhärchen, Zilien: Geißeln; Zellorganellen in der Außenmembran, die einzellige Organismen antreiben und in Flimmerepithelien Stoffe wie Schleim transportieren.

FOXP2 (Gen): kodiert das FOXP2-Protein, offenbar an der menschlichen Sprachfähigkeit beteiligt.

Framing: Einbettung von Ereignissen in einen meist sprachlichen Kontext, der die Deutung beeinflusst (z. B. „halb volles" oder „halb leeres" Glas).

Freier Wille: postulierte Fähigkeit von Menschen, Entscheidungen „frei" treffen zu können; unterschiedlichste Definitionen, spielt heute noch eine Rolle in der Frage der Straffähigkeit, nicht aber in der *Neuropsychologie*.

Frühgeschichte: meist die Zeit in der Entwicklung einer Kultur mit ersten schriftlichen Zeugnissen.

Fürsorge: Art der Betreuung, die Bindungspartnern – meist Kleinkindern – angediehen wird. Qualität der

Fürsorge spiegelt das individuelle *Bindungs-* bzw. *Attachmentmuster* wider.

Ganter: Bezeichnung für die männliche Gans.

Geburtsreihenfolge: ob erst- oder zweitgeboren beeinflusst nach *Frank Sulloway* maßgeblich *Persönlichkeits*ausprägung und Kreativität.

Geist: auch in den Geisteswissenschaften uneinheitlich gebrauchter Begriff; in den Naturwissenschaften oft für kognitive und mentale Mechanismen und Leistungen.

Gelbwesten: Protestbewegung in Frankreich ab Ende 2018; Proponenten als Erkennungszeichen mit gelben Warnwesten; Ausgangspunkt: geplante höhere Besteuerung fossiler Kraftstoffe.

Gen: Abschnitt auf der *DNA*, der für eine bestimmte Eigenschaft kodiert; in der Regel *pleiotrop*; d. h. ein bestimmtes Gen bestimmt eine Reihe von Eigenschaften gemeinsam mit anderen Genen.

Genetisch erblich: Weitergabe von Eigenschaften durch den genetischen Code der *DNA*.

Genexpression: Umsetzung des genetischen Codes der *DNA* in Proteine.

Genfamilie: Gruppe von *Genen*, die für einen bestimmten Funktionskreis kodieren; am größten sind davon jene, die für Geruchsrezeptoren bzw. das Immunsystem kodieren.

Genom, Genotyp: Gesamtheit der *Gene* bzw. der Erbinformation eines Individuums.

Genschere: vgl. *CRISPR/Cas-Technologie*.

Geruchsbulbus: *Bulbus olfactorius*; am Vorderhirn sitzender, vorderster Teil des *Wirbeltier*gehirns, in dem Axone der Rezeptorzellen entsprechend ihrer chemischen Spezifität in glomeruläre Strukturen umgeschaltet werden, weshalb der Geruchsbulbus chemotopisch organisiert ist.

Gliazellen: Zellen im Nervengewebe, die sich strukturell und funktionell von Nervenzellen abgrenzen lassen.

Glockenbecherkultur: nach der Form der Keramik benannte südwest- und mitteleuropäische Kultur am Ende des *Neolithicums*; ca. 4 000–3 000 Jahre vor unserer Zeit.

Gnathostomata: „Kiefermündler"; alle *Wirbeltiere* mit echten, also aus *Kiemenbögen*, entstandenen *Kiefern*.

Göbekli Tepe: früheste bekannte steinzeitliche *Megalith-Kultstätte* im Hochland von Anatolien; Beginn der Nutzung vor 12 000 Jahren, als *Jäger und Sammler* dort Kreise aus teils gigantischen behauenen Steinblöcken erbauten.

Gössel: Bezeichnung für junge Gans bzw. Gänseküken.

Gradient: Vektor, der den Anstieg oder Abfall einer veränderlichen Größe angibt.

Graswurzelbewegung: gesellschaftliche oder politische Initiative, die aus der Basis der Bevölkerung entsteht.

Graugans: *Anser anser*; gehört mit den Enten und Schwänen zur Familie der Entenvögel; durch *Konrad Lorenz* bekannt geworden als Forschungsmodell für *komplexes Sozialleben*.

Großhirn: Endhirn, Telencephalon, Cerebrum; Dach des *Prosencephalon*, das bei *Säugetieren* vom *Kortex* gebildet wird.

Großmutter-Hypothese: Im Gegensatz zu anderen Arten beenden Menschenfrauen in der Menopause ihre Vermehrungsfähigkeit, um dann noch einige Jahrzehnte zu leben. Könnte als *Anpassung* entstanden sein, um sich um die Enkelkinder zu kümmern.

Haare: die *Säugetiere* entstehen wie die *homologen Federn* der Vögel zur Wärmeisolation aus Einstülpungen der Oberhaut; Ursprung: *Reptilien*schuppen.

Habituation: Gewöhnungslernen zum Ausblenden unwichtiger Reize.

Haeckel'sche Regel: auch „biogenetische Grundregel", wonach die *Individualentwicklung* die *Stammesgeschichte* rekapituliert, zum Beispiel die Kiemenspalten der frühen Embryonalentwicklung bei Säugetieren oder das starke Interesse von Babys an Tieren .

Hammer, Amboss und Steigbügel: drei Gehörknöchelchen im Mittelohr der *Säugetiere*, die als Schalldruckverstärker vom Trommelfell an das Innenohr funktionieren, am besten im mittleren Frequenzbereich. Hammer und Amboss sind als *Alleinstellungsmerkmal* der Säugetiere aus Elementen des *primären Kiefergelenks* entstanden. Den Steigbügel gibt es als „Säulchen" schon bei anderen landlebenden Wirbeltieren (entstanden aus dem *Hyoidbogen*).

Hanuman-Languren: *Semnopithecus entellus*; indische, mit Meerkatzen verwandte Schlankaffen; spielten bei der Erforschung des *Infantizids* bei *Säugetieren* eine Rolle.

heterodontes Gebiss: wörtlich: „verschiedenzähnig"; *Alleinstellungsmerkmal* der *Säugetiere*: Schneidezähne (*Incisivi*), Eckzähne (*Canini*) und Mahlzähne (*Praemolare, Molare*)

Heroenperiode der Bronzezeit: gesellschaftlicher Entwicklungsabschnitt, in dem die Krieger mit ihren (Prunk-)Waffen bestattet wurden; Vorstufe zu Systemen von Alleinherrschaf.

Himmelsscheibe von Nebra: 4 100 Jahre alte kreisförmige Bronzeplatte mit Einlagen aus Gold; älteste bekannte Himmelsdarstellung; ca. 500 Jahre in Gebrauch, mehrfach umgearbeitet, vor 3 500 Jahren vergraben; *Aunjetitzer Kultur*, frühe Bronzezeit Mitteleuropas.

Histon-Proteine: basische Eiweiße im Zellkern; als Teil des *Chromatins* an der Verpackung der *DNA* und der Steuerung der *Genexpression* beteiligt.

HIV, HI-Virus: der Erreger von *AIDS*.

holometaboler Lebenszyklus: bei allen Insekten, die sich von Ei über Larve und Puppe zum geflügelten Adulttier (Imago) entwickeln, z. B. Käfer oder Bienen; Gegensatz: „hemimetabole" Insekten (entwickeln sich vom Ei in mehreren Häutungen direkt zur Imago, z. B. Wanzen).

Hominidae: Menschenaffen; Familie der *Primaten* mit den Gattungen Gorilla, Mensch, Orang-Utan und Schimpanse; heute acht lebende Arten.

Homo erectus: vor ca. 2 Mio. Jahren in Afrika entstandene Menschenart; vor ca. 700 000 Jahren von dort ausgewandert, ausgestorben; wahrscheinlich Stammform von *Homo sapiens*, *Neandertaler* und *Denisova-Mensch*.

Homo habilis: ausgestorbene Art der Gattung *Homo*; Funde aus ostafrikanischen Gesteinsschichten.

Homo ludens: wörtlich: „der spielende Mensch"; Erklärungsmodell, nach dem der Mensch kulturelle Fähigkeiten vor allem über das Spiel entwickelt.

Homo oeconomicus: Der rationale Mensch sollte sich entsprechend der *Spieltheorie* in der Wirtschaft als Nutzenmaximierer verhalten, oft, aber nicht immer der Fall.

Homo philosophicus: der logisch denkende Mensch; „idealer Denker".

Homo sapiens (sapiens): der „weise" Mensch; einzige biologische Menschenart, die bis heute überlebt hat; Entstehung vor einigen 100 000 Jahren vor allem in Ostafrika; heute fast 8 Mrd. Individuen; eine der erfolgreichsten, invasivsten Tierarten.

Homöothermie: regulierte, meist konstante Körpertemperatur, vor allem bei *Amnioten*.

Homunculus: kleiner/künstlicher Mensch; hier gebraucht im Sinne der Repräsentation des menschlichen Körpers auf der *Kortex*oberfläche.

Hospitalismus: hier gebraucht für soziale und andere Entwicklungsstörungen von Kindern, verursacht durch ungenügende Betreuung in früheren Pflegeinstitutionen und Krankenhäusern; tritt auch bei Tieren in Gefangenschaft auf.

hudern: vogelkundlicher Fachbegriff für das Schützen von Nestlingen vor Witterungseinflüssen.

Humanethologie: erforscht das menschliche Verhalten im *evolutionären* Rahmen; Begründer: *Irenäus Eibl-Eibesfeldt*.

Hunde: entstanden im Laufe der letzten 35 000 Jahre aus *Wölfen* durch die Anpassung an ein Leben mit Menschen (*Domestikation*).

Hyoidbogen: vgl. *Zungenbeinbogen*.

hyostyl: Aufhängung des Kiefers am Schädel, auch mittels *Hyoidbogen*; etwa beim Weißen Hai.

Implizite versus explizite mentale Prozesse: automatische/unbewusste Mechanismen (z. B. *agency detection*) versus bewusstes Denken und Fühlen.

Individualentwicklung: *Ontogenie*; beginnt mit der Bildung der *Zygote* und endet mit dem Tod; Merkmalsausbildung im Wechselspiel zwischen *Genen* und Umwelt.

Induktionsproblem: von *David Hume* formuliertes, über Statistik und Wahrscheinlichkeit bewältigbares Dilemma der aristotelischen *induktiv-deduktiven* Methode der Naturwissenschaften im Zusammenhang mit der Möglichkeit, aus Stichproben zutreffende Aussagen zu generieren.

Induktiv-deduktiv: Spiralprozess der Erarbeitung wissenschaftlicher Erkenntnisse zwischen der auf empirischen Befunden beruhenden Theoriebildung (Deduktion) und dadurch wieder generierten Fragestellungen für weitere empirische Untersuchungen (Induktion).

indoeuropäisch: heute neutraler und korrekter Ausdruck für das ideologisch belastete „indogermanisch" (ethnische und sprachliche Zugehörigkeit).

Infantizid: Kindstötung.

Instinkt: Reiz-Reaktionskomplex, der *Reflexe* bzw. *Erbkoordinationen* einschließt; evolutionär angelegte Verhaltensweisen und -komplexe, die bei Bedarf abgerufen werden können; von den *Vitalisten* metaphysisch gebraucht, kam der Instinktbegriff vorübergehend fachlich in Verruf.

Internes Arbeitsmodell: „Internal Working Model" (IWM); *John Bowlbys* primäre soziale Repräsentation, die in Kleinkindern aus Erfahrung mit der Qualität der erfahrenen Betreuung entsteht; zentrales Element der *Attachment*theorie.

Internet der Dinge (IdD), „Internet of Things" (IoT): Sammelbegriff für Technologien, die es ermöglichen, physische und virtuelle Gegenstände miteinander zu vernetzen; auch Interaktion zwischen Menschen und elektronischen Systemen.

intrinsisch: etwa *Motivation*; Handeln aus eigenem Antrieb.

Inuit: Selbstbezeichnung der Indigenen im arktischen Zentral- und Nordostkanada, in Nordalaska sowie auf Grönland.

IQ: Intelligenzquotient; diverse Testmetoden dienen zur Feststellung der „generellen Intelligenz" von Menschen; umstritten, weil auch bildungs- und kulturabhängig.

Jäger und Sammler: sozioökonomisches Stadium früher steinzeitlicher Menschen ohne nennenswerte Produktion und Speicherung von Waren und Vorräten; flache gesellschaftliche Hierarchien, meist animistische Spiritualität.

Jungfernzeugung: Entwicklung von Eiern ohne Beteiligung der männlichen Erbinformation; verbreitet bei *Fischen*, *Amphibien* und *Reptilien*, kaum bei *Vögeln* und (mit einer Ausnahme) nicht bei *Säugetieren*.

Kategorischer Imperativ: grundlegendes Prinzip der *Ethik* nach *Immanuel Kant*: „Handle nur nach derjenigen Maxime, durch die du zugleich wollen kannst, dass sie ein allgemeines Gesetz werde."

Kausalität: Ursachenbeziehung; wissenschaftlich gewöhnlich nur experimentell ergründbar.

Keimbahn: Entstehung der *Keimzellen* über die Generation: Verschmelzung von *Ei*- und *Samenzelle* zur *Zygote*, dort entstehen Keimdrüsen, darin wieder *Keimzellen*; geht auf *August Weismann* zurück, der auf die Trennung von Keim- und somatischen Zellen hinwies.

Keimzellen: *Eier* und *Spermien*; gehen im Gegensatz zu den *diploiden* (zwei Chromosomensätze) Zellen des Körpers aus der Reifeteilung hervor; sind *haploid* (ein Chromosomensatz).

Keramik (Schnur-, Band-, Glockenbecherkeramik): Marker vorbronzezeitlicher eurasischer Kulturen.

Kiefer (echte, primäre, sekundäre): aus dem funktionell ersten *Kiemenbogen* des Kiemendarms der *Chordaten* entstanden; bei den *Säugetieren* werden die primären Elemente des Kiefers und seines Gelenks durch sekundäre Elemente aus Hautknochen ersetzt.

Kiefermäuler: vgl. *Gnathostomata*.

Kiemenbogen: knorpelige Aussteifungen des *Kiemendarms* der *Chordaten*, aus denen die *echten Kiefer* der *Gnathostomen* entstanden.

Kiemendarm: vorderster, knorpelig ausgesteifter Abschnitt des Vorderdarms der *Chordatiere*.

Kleinhirn: *Rhombencephalon*; hochredundant gebaute neuronale Struktur für die unwillkürliche Steuerung und Taktung der Körpermotorik.

Kleinhirnige Säugetiere: Die Oberfläche ihres *Neokortex* liegt im Gegensatz zu den *großhirnigen* Säugetieren nicht in Falten.

Knochenfische: Im Gegensatz zu den Knorpelfischen (Haie, Rochen, Chimären) kann ihr Skelett verknöchern. Große *adaptive Radiationen* als Chondrosteer des *Erdaltertums*, Holosteer des *Erdmittelalters* und Teleosteer der *Erdneuzeit*.

Kognition: je nach Definition alle Vorgänge im Gehirn oder nur die „höheren" mentalen Prozesse, zusätzlich zu den *implizit-reflexiven Prozessen*; oft nur als explizites/bewusstes Denken.

kollagenes Bindegewebe: straffes, nicht elastisches, faseriges Bindegewebe aus dem Strukturprotein Kollagen; bedeutet „leimbildend", früher wurde daraus durch Kochen Knochenleim hergestellt.

Komplexes Sozialleben: meist *kooperatives* Zusammenleben zwischen Individuen, mit langzeitlich wertvollen Beziehungen. Beruht entweder auf einfachen Regeln, wie die *Superorganismen* der sozialen Insekten, oder auf hochentwickelter *Kognition*, vlg. auch *Social-Brain-Hypothese*.

Konditionierung: Lernen durch Erfahrung, grundlegende Lernform aller Tiere; *Pawlow'sche* Konditionierung: Assoziation eines neuen Reizes mit einer existierenden Verhaltensweise (*Reflex, Erbkoordination*); operante Konditionierung: Lernen durch Versuch und Irrtum.

Konkurrenz: um begrenzte Ressourcen, auf individueller oder Gruppenebene; wichtiger Einflussfaktor für evolutionäre *Fitness*.

Konrad Lorenz Forschungsstelle, Grünau: Feldstation zur Erforschung des Sozialverhaltens von *Vögeln* (Gänse, Raben, Waldrapp) auf Boden der Herzog von Cumberland Stiftung; gegründet 1973 von *Konrad Lorenz*, 1990 von der Universität Wien übernommen, seit 2011 Core Facility der Universität Wien.

Kooperation: Zusammenarbeit, meist innerhalb der eigenen Gruppe, zum wechselseitigen Vorteil; soziale Form der *Konkurrenz* mit „den Anderen".

Konstrukt: gedanklich-theoretisches Konzept, z. B. zur Erklärung von mentalen Phänomenen; nicht notwendigerweise im Sinne der *„vier Tinbergen'schen Ebenen"*; z. B. *„Exekutive Funktionen"*.

Kortisol: glukokortikoides *Steroidhormon* mit zentraler Rolle im Energiestoffwechsel und Stressgeschehen.

Krypten: Einfaltungen; etwa jene des Gebärmutterhalses, die u. a. zur Speicherung von Sperma dienen können.

Kumpantiere: etwa Hunde, Katzen oder Pferde, zu denen man soziale Beziehungen pflegt; partnerschaftlicher als *„Pet"*, eindeutiger als „Haus- oder Heimtier".

Labyrinthzähner: *Labyrinthodontia*; Panzerlurche, erste amphibienartige Landwirbeltiere, vom mittleren *Erdaltertum* (400 Mio. Jahre) bis ins spätere *Erdmittelalter* (120 Mio. Jahre).

Laktosetoleranz: Anpassung an Milchkonsum bei Rinderkulturen durch erhöhte Produktion des Enzyms Laktase zur Verdauung des Milchzuckers; Beispiel für evolutive Anpassung von Menschen.

Lanzettfischchen: *Branchiostoma, Amphioxus*; Modell für ursprünglich einfaches *Chordatier*.

Lerndisposition: Anlage dafür, was gelernt werden kann (und was nicht); *„angeborener Lehrmeister"* von *Konrad Lorenz*, „instinct to learn" von *Peter Marler*.

Limbisches System: aus Anteilen des *Vorderhirns*, vorwiegend für *Affekte/Emotionen* zuständig; integraler Teil jeder Entscheidungsfindung durch das *Stirnhirn*.

Linné'sches System: nach *Carl von Linné*; binäre Benennung *biologischer Arten* in lateinischer Sprache, welche die *stammesgeschichtlichen* Verwandtschaftsbeziehungen abbildet; etwa *Homo sapiens*, wobei „Homo" das *Genus* bezeichnet (sozusagen der Familienname), „sapiens" die *Art*.

Lungenfische: *Dipnoi*; Schwimmblase als Lunge; *Knochenfische* mit sechs heute lebenden Arten in Afrika, Südamerika und Australien; mit Land*wirbeltieren* und Quastenflossern verwandt.

major histocompatibility complex (MHC): eine der größten *Genfamilien* der *Wirbeltiere*, kodieren die Proteine für Immunerkennung; sekundär auch Basis für individuellen Körpergeruch.

Mammut: zusammenfassender Begriff für ausgestorbene, an Kältesteppen angepasste, mit dem indischen Elefanten verwandte Arten; wurden beginnend vor 35 000 Jahren in Eurasien vom *Homo sapiens* gejagt, starben vor ca. 4 000 Jahren in Sibirien aus.

Mastodonten: vor allem auf dem amerikanischen Kontinent verbreitete Rüsseltiere mit Stoßzähnen im Unterkiefer, starben parallel zur Besiedlung des Kontinents durch den Menschen aus.

Megalithisches Heiligtum: von der Steinzeit bis in die Bronzezeit errichtete Kultstätten aus teils riesigen Steinblöcken, z. B. *Göbekli Tepe* in Anatolien.

Menopause: Ausbleiben der Menstruation, Ende der aktiv reproduktiven Lebensphase von Frauen.

mentale Mechanismen: geistige Voreinstellungen und Ressourcen, um mit Herausforderungen zurechtzukommen, z. B. *Emotionen* und *Bewusstsein*.

Mentalisieren: Zuordnung mentaler Eigenschaften auf Basis der Selbsterfahrung.

mentale Repräsentation: Vorstellungen und Bewertungen der relevanten Dinge und Zusammenhänge in der individuellen *Umwelt*, oft in episodischer Form (was, mit wem, wann, wo ...).

Mensch-Tier-Beziehung: alle Interaktionsfelder zwischen Menschen und anderen Tieren, vor allem mit Wild-, Nutz- und *Kumpantieren*.

Methylierung: Mechanismus der *epigenetischen* Veränderung der *DNA*: Durch die Enzyme *DNA*-Methyltransferasen werden Methylgruppen an bestimmten Stellen der *DNA* angelagert, wodurch die *Genexpression* verändert wird .

Mikrobiom: Gesamtheit der Mikroorganismen der Erde; im engeren Sinn jene, die Menschen und andere Organismen besiedeln: auf Haut, Schleimhäuten und Darm; teils symbiontisch; bei gesunden Menschen ca. 100 Bio. fremde Zellen am und im Körper.

missing link: noch fehlende Übergangsform zwischen *stammesgeschichtlichen* Vor- und Nachfahren.

Mitochondrien: „Kraftwerke" der Zelle; bilden unter Sauerstoffverbrauch Adenosintriphospat (ATP) aus Adenodiphosphat (ADP), den Treibstoff der Zellen.

Mittelhirn: vorderer Teil des *Stammhirns*, zwischen *Zwischen-* und Rautenhirn; Dach: *Tectum opticum*; visuell-multimodale Verarbeitung bei niederen *Wirbeltieren*; Bedeutung nimmt bei *Amnioten* zugunsten des *Vorderhirns* ab.

Monogamie (soziale, sexuelle): exklusive Beziehung zu einem einzigen Partner.

Motivation: Handlungsantrieb.

Mutation: spontane, dauerhafte Veränderung in der Abfolge des genetischen Codes, also der Basenpaare.

mütterliche Effekte: durch mütterliche Hormone *in utero* oder im Ei bei den Nachkommen verursachte, *epigenetische* Merkmalsausprägung; z. B. verschieben mütterliche *Androgene* die *Persönlichkeit* von Nachkommen meist in Richtung *proaktiv*.

Natur des Menschen: vgl. *Conditio humana*, im Buch als evolutionär-biologische Grundverfasstheit verstanden.

Natur-Kultur, Nature-Nurture: dichotome Betrachtungsweise der Entstehung von Merkmalen zwischen „angeboren" und erlernt; heute nicht mehr aktuell, da alle Merkmale im Zusammenwirken zwischen Genen und Umwelt entstehen.

Nature Deficit Syndrome: von *Richard Louv* beschriebenes Syndrom bei naturfern aufwachsenden Kindern, welches im Wesentlichen in suboptimalen *Exekutiven Funktionen* besteht.

Neandertaler: *Homo neanderthalensis* oder *Homo sapiens neanderthalensis*; entwickelte sich in Europa aus einer Abspaltung vor ca. 900 000 Jahren aus gemeinsamen Vorfahren mit dem *Homo sapiens*; vor ca. 120 000–60 000 Jahren wieder mit manchem *Homo sapiens* und Denisova-Mensch genetisch vermischt.

Neokortex: das geschichtete, moderne, multimodal verarbeitende *Vorderhirn*dach der *Säugetiere*.

Neoliberalismus: eigentlich dritter Weg zwischen Kommunismus und Kapitalismus, Grundlage auch der sozialen Marktwirtschaft; heute sehr breit gebraucht, auch als Synonym und abwertende Bezeichnung für einen neuen Wirtschaftsliberalismus.

Neolithikum: Übergang zum *Sesshaftwerden*, beginnend vor ca. 12 000 Jahren; Gegenstände aus Keramik, Textilien, Holz etc., aber noch nicht aus Metall.

Neolithische Revolution: Aufkommen erzeugender Wirtschaftsweisen und der Vorratshaltung mit der *Sesshaftigkeit* im *Neolithikum*, verbunden mit gravierenden gesellschaftlichen Veränderungen.

Neotänie: Eintritt der Geschlechtsreife bereits im Larven- oder Jugendstadium.

Neunaugen, Petromyzontidae: wie die *Schleimaale* zu den *Rundmäulern* gehörende, *kiefer*lose lebende Fossilien in Süßwasser und küstennahen, gemäßigt-kalten Zonen; oft filtrierende Larven und parasitische Adulttiere an anderen Fischen.

(Neuro-)Enhancement: Einnahme psychoaktiver Substanzen zur Verbesserung von (geistigen) Leistungen.

Neuropsychologie: Teil der biologischen Psychologie, die sich mit den Wechselwirkungen zwischen den Prozessen in Gehirn und Psyche beschäftigt.

Neurolinguistisches Programmieren (NLP): Kommunikations- und Manipulationstechnik.

Nischenkonstruktion: *Ökologische* Nischen, also das, was von einem Organismus an Umweltfaktoren gebraucht und genutzt wird, existieren nicht einfach, sie werden vielmehr durch die Nutzung konstruiert, oft unter Beeinflussung und Umgestaltung der Umwelt.

Nofretete: Hauptgemahlin und Mitregentin des ägyptischen Königs Echnaton, vor 3 400 Jahren.

Nudging: subtile, oft verbale Manipulation, um Leute zu erwünschtem Verhalten zu bewegen.

Ontogenie: *Individualentwicklung.*

Ökosystem: Netzwerk der Organismen eines Lebensraumes (Habitat, Biotop), ihrer Interaktionen untereinander und mit der physikalischen Umwelt;

quantifizierbar etwa über Analyse von Nährstoff-und Energieströmen.

Ökosystemdienstleistungen: Nutzenstiftungen bzw. Vorteile, die Menschen von Ökosystemen beziehen; aufstrebender Forschungszweig; Ausdruck der zunehmenden Vereinnahmung und Materialisierung der Natur durch den Menschen.

Optimal Foraging, optimale Nahrungswahl: auf der *Spieltheorie* beruhendes Theoriegebäude; in Optimalitätsmodellen wird Effizienz im Umgang mit Ressourcen als grundlegender evolutionärer Mechanismus untersucht; Verhaltensbiologie, Archäologie, Ethnologie etc.

optisches Dach: *Tectum opticum* der Fische und Vögel, *kortex*ähnlich geschichtetes Verarbeitungszentrum für den visuellen Input und andere Modalitäten.

organismische Biologie: beschäftigt sich im Gegensatz zur Zell- und Molekularbiologie mit ganzen Organismen, deren Lebensweise, Evolution etc.

Östrogene: Steroid- und wichtigste weibliche Sexualhormone; gebildet in Eierstöcken, Follikeln, Gelbkörpern und Nebennierenrinde.

Östrus: Eisprung, ein Ei wird für die Befruchtung verfügbar; östrisch: sich im Eisprung befindlich.

Östrusverheimlichung: soziobiologisches Konzept; für Menschen angenommene weibliche Strategie, den Eisprung vor männlichen Partnern zu verbergen, um diese längerfristig sexuell an sich zu binden.

Oxytocin: Griechisch für: „leichte Geburt"; im *Zwischenhirn* gebildetes, in der Hypophyse gespeichertes Peptidhormon aus 9 Aminosäuren, löst Wehen und Michfluss aus und unterstützt soziale *Bindung*.

Paläo-Eskimos: arktische Jäger und Sammler; zogen vor ca. 5000 Jahren von Sibirien nach Nordamerika, hinterließen bis heute starke Spuren in der indigenen Bevölkerung Nordamerikas.

Paläolithikum: Altsteinzeit; ältester und längster Abschnitt der Steinzeit.

Paläozoikum: vgl. *Erdaltertum*.

Panzerfische: Placoderma; ausgestorbene, stark gepanzerte, kiefertragende Fischähnliche, lebten im *Silur* und Devon, vor ca. 420–360 Mio. Jahren.

Patriarchat: von Vätern und Männern und ihren Verhaltensweisen geprägte Sozialsysteme; Beginn ca. mit *Sesshaftwerden* und *neolithischer Revolution*.

Persönlichkeit: individuell lebenslang relativ gleichbleibender Verhaltensstil, mit Herausforderungen umzugehen; Hauptdimension bei Menschen und anderen Tieren „proaktiv-reaktiv", vgl. auch „*Big Five*".

Phänotyp: Gesamtheit der anatomischen, Verhaltens- etc. Merkmale eines Individuums. Entsteht durch Wechselwirkungen zwischen *Genen* und Umwelt in der *Ontogenie*.

Philander: umherflatternder, meist promisker, für Frauen attraktiver Männertyp; Soziobiologen diskutieren eine Differenzierung von Männern in Versorger- und Philandertyp.

Plazenta: aus Verzahnung zwischen dem Gewebe des Embryos und der mütterlichen Gebärmutter gebildetes Nährgewebe; bei *Säugetieren*, aber auch bei in manchen anderen Tiergruppen wie Haien.

Plakode: Areale der embryonalen Oberhaut, aus denen sich später Organe entwickeln, etwa Teile des Auges und Ohres, *Haare* oder *Federn*.

Pleiotropie: Beeinflussung mehrerer Merkmale durch ein einziges *Gen*.

Polyandrie: Sozial- bzw. Sexualsystem; ein Weibchen mit mehreren männlichen Partnern, fließender Übergang zur *Promiskuität*; in menschlichen Gesellschaften selten verwirklicht.

Polygynie: ein Mann mit mehreren Weibchen; Haremssystem, beim Menschen häufig in *patriarchal* organisierten Gesellschaften; oft Übergang *Monogamie-Polygamie*.

Pongidae: „Menschenaffen"; veraltetes *Primaten*taxon, die den *Homo sapiens* nicht miteinschloss.

Präadaption: „Voranpassung"; z. B. entstanden die Federn der *Saurier* zur Thermoisolation, wurden aber später, am Weg zu den *Vögeln*, zum Fliegen eingesetzt.

Präfrontaler Kortex: vgl. *Stirnhirn*.

Präkambrium: Zeitalter von der Entstehung der Erde vor ca. 4.56 Mrd. Jahren bis zur Entwicklung komplexer Lebensformen zu Beginn des *Kambriums* vor ca. 540 Mio. Jahren.

Primaten: „Herrentiere"; umfassen Feuchtnasen*primaten* (*Strepsirrhini*) und Trockennasenprimaten (*Haplorrhini*), wobei Letztere Menschenaffen (*Hominidae*) und Menschen (*Homo sapiens*) miteinschließen.

Primatologie: Wissenschaft von den *Primaten*.

proaktiv (-reaktiv): Kontinuum der Verteilung des grundlegenden *Persönlichkeits*merkmals (forsch-zurückhaltend) bei allen Tieren, einschließlich Mensch.

Profitabilität: Energiegewinn pro Zeiteinheit, Einheit: Joule (J).

Promiskuität: sexuelle „Freizügigkeit" als Ergebnis gering ausgeprägter Partnerwahl oder -präferenz.

„Rasse": genetisch homogene Population; ideologisch aufgeladenes Konstrukt, das heute für den Menschen auch aus sachlichen Gründen nicht mehr verwendet werden sollte. Immer schon verhinderte die dynamische Ausbreitung der Menschen die Bildung von Populationen, für die ein biologischer Rassebegriff zutreffen würde.

Ratio: hier für Vernunft, also sachlich-logisches Denken.

Reaktionsnorm: 1909 von *Richard Woltereck* geprägter Begriff, meint die auf Basis eines *Genotyps* mögliche Variabilität des *Phänotyps*.

Red Queen Hypothese: 1973 von *Leigh Van Valen* vorgeschlagenes Prinzip. Erklärt, warum *Sexualität* trotz ihrer Kosten eine *evolutionär stabile Strategie* darstellt, durch Anpassung an Parasiten und eine variable Umwelt; Begriff von der „Herz-Königin" bei „Alice im Wunderland" entlehnt.

Reflex: unwillkürliche, *adaptive* Reaktion auf Umweltreiz; sensorischer Input wird im *Rückenmark* auf motorische Neurone umgeschaltet, die eine Verhaltensreaktion, zunächst ohne Mitwirkung des motorischen *Kortex* im Gehirn, bewirken.

Reduktionismus: hier für die methodische Notwendigkeit in den Naturwissenschaften, valide Experimente an einfachen Systemen durchzuführen; unter Veränderung einer einzigen Variable.

Reifeteilung, Meiose: Durch eine besondere Zellteilung entstehen aus diploiden Zellen (zwei *Chromosomen*sätze) haploide *Keim-* bzw. *Geschlechtszellen* (ein *Chromosomensatz*), *Ei-* und *Samenzelle*, durch deren Vereinigung wiederum eine diploide *Zygote* gebildet wird.

Rekombination: Neukombination/Neuordnung von Erb-

material, etwa bei der Verschmelzung von *Ei-* und *Samenzelle* zur *Zygote*, aber auch in anderen Kontexten.

Reproduktionspotenzial: maximal mögliche Zahl von Nachkommen über die Lebenszeit.

Reproduktiver Imperativ: evolutionäres Primat individuellen *Reproduktionserfolgs*, vgl. *Fitness*.

Reptilien: beschuppte, wechselwarme Landwirbeltiere; „erfanden" das *Amnioten*ei; 11 000 Arten.

Resilienz: Widerstandsfähigkeit, Krisen ohne nachhaltige Schäden zu bewältigen.

Retina: Sinnes- und Nervenzellschicht im Auge; vorgeschobener Teil des Zwischenhirns.

rough and tumble play: typische Spielform von Knaben, während Mädchen eher zu Rollenspielen neigen.

Rückenmark: aus Neuralleiste und -rohr entstandener Teil des *Zentralen Nervensystems*, das von der *Wirbelsäule* ummantelt wird; sensorische Reize werden in Motorik umgeschaltet und an das Gehirn gemeldet; motorisch autonom was *Reflexe* betrifft, sonst unter Kontrolle des Gehirns.

Rundmäuler, Cyclostomata: ursprüngliche, fischartige *Wirbeltiere*, noch ohne echte *Kiefer*; lebende Fossilien, mit *Schleimaalen* und *Neunaugen* als heute noch lebende Vertreter.

Samenzelle, Spermium: bewegliche männliche *Geschlechtszelle* mit einem *Chromosomensatz*, angetrieben von einer Geißel; in der *Reifeteilung* gebildet, schwimmt zum *Ei* und bildet mit diesem nach der Verschmelzung eine *Zygote* mit zwei *Chromosomen*sätzen.

Säugetiere: aus *Reptilien* entstandene, *homöotherme* Landwirbeltiere mit stabilem Schädel, *heterodontem* Gebiss, drei *Gehörknöchelchen*, *Plazenta* etc.

Schimpanse, gewöhnlicher: *Pan troglodytes*: nördlich des Kongo vorkommender, engster genetisch-*taxonomischer* Verwandter der Menschen, Trennung vor etwa 5 Millionen Jahren.

Schleimaale, Myxinidae: wie die *Neunaugen* zu den *Rundmäulern* gehörende kieferlose Urfische; an allen Meersküsten, tiefer als 30 m.

Schlüsselinnovationen: evolutionäre Neuerungen, die im Sinne einer *Präadaption* wiederum neue evolutive Möglichkeiten schaffen; z. B. die Entstehung eines sekundären Kiefergelenks, stabilen Schädels und heterodonten Gebisses an der Basis der Säugetiere.

Sehzellen: Zapfen, Stäbchen: primäre Sinneszellen in der Retina, deren Außenglieder in Membranstapeln geschichtet Sehpigment enthalten, dessen Anregung durch Lichtquanten in elektrische Membranaktivität umgewandelt wird. Zapfen dienen dem Farbsehen, Stäbchen dem Sehen bei Dämmerung und in der Nacht.

Selbstdomestikation: Zu Zeiten von *Konrad Lorenz* meinte man damit die genetische und daher auch soziale „Degeneration" von Menschen durch die Zivilisationsumgebung; sachlich nicht haltbar. Heute meint man damit die zehntausende Jahre währende *Selektion* auf „Nettsein" bzw. Kooperieren, was zum *Darwin*'schen *Domestikationssyndrom* führt.

Selektion, natürliche, sexuelle, Gruppen-, Individual-, Domestikation: „Auslese"; einer der zentralen Darwin'schen Mechanismen der Evolution. Die Variabilität von Genotypen in Interaktion mit einer bestimmten Umwelt führt zu individuellen Unterschieden im Reproduktionserfolg, was die Frequenzen der *Allele* in den Populationen der Folgegenerationen verändert. Geschieht durch Effizienz im Umgang mit Ressourcen und Raubfeinden (natürliche), durch Partnerwahl (sexuelle) in intra- und intersexueller Konkurrenz oder im Zusammenleben mit Menschen (Domestikation); Einheit der Selektion ist meistens das Individuum, bei sozial komplexen Arten auch die Gruppe.

Sesshaftwerden: Übergang vom *Jäger-und-Sammlerdasein* zu Ackerbau und Viehzucht, verbunden mit der *„neolithischen Revolution"*.

Sexualisierung: Fokussierung auf bzw. Hervorheben geschlechtlicher Aspekte, z. B. die Präsentation des weiblichen Körpers in der Werbung.

Sexy Son Hypothese: soziobiologisches Konzept, wonach Weibchen/Frauen (auch monogame bei *Seitensprüngen*) unbewusst attraktive, polygyne Männchen (*Philander*) wählen, weil sich damit die Chance erhöht, dass ebensolche Söhne sie zur Großmüttern vieler Enkel machen.

Sichelzellenanämie: erbliche Erkrankung der roten Blutkörperchen.

Skala-naturae-Denken: auf Aristoteles zurückgehende, letztlich *animistische* Idee der abgestuften Beseeltheit der Natur (wenig in der unbelebten Natur, am meisten beim Menschen); wurde immer wieder auf Vorstellungen einer teleologischen (zielgerichteten) *Evolution* übertragen, mit dem Menschen als „Krone der Schöpfung".

Social Brain Hypothese: von *Robin Dunbar* an *Primaten* festgestellter Zusammenhang zwischen Größe des *Vorderhirns* und der Komplexität der sozialen Organisation. Dass soziale Komplexität ein Treiber/Kontext für größere/leistungsfähige Gehirne ist, ist heute wissenschaftlicher Mainstream.

soziale Unterstützung: verschiedene Formen und beteiligte Mechanismen, andere zu unterstützen: von der emotionalen Unterstützung (Trösten) über den aktiven Beistand in Auseinandersetzungen bis zum bewussten Spenden für Menschen in Not.

soziales Lernen: Lernen im sozialen Kontext; verschiedene Formen und beteiligte Mechanismen, von der über *Spiegelneuronen* vermittelten emotionalen Ansteckung und Imitation über sozial vermitteltes Interesse bis zur Emulation, dem ergebnisorientiert sinnvollen Nachahmen.

Spermakonkurrenz: Speziell bei promisken Arten Konkurrieren über die Menge des abgegebenen Spermas um Vaterschaft. Bei Arten, bei denen Spermakonkurrenz als *Konkurrenz*strategie zur *Vaterschaftssicherung* eine Rolle spielt, gibt es meist sehr große Hoden.

Spiegelneurone: von der Gruppe um *Giacomo Rizzolatti* entdeckte Nervenzellen im prämotorischen *Kortex*; werden aktiv, wenn eine bestimmte Bewegung ausgeführt wird, aber auch beim Zusehen, wenn andere die Bewegung ausführen; wahrscheinlich an Imitationslernen, emotionaler Ansteckung und Gruppensynchronisation beteiligt.

Spieltheorie: mathematische Theorie zur Modellierung rationalen/optimalen Entscheidungsverhaltens; viele Anwendungen, u. a. stellt sie die „Nullhypothese" zur Erforschung „irrationalen Verhaltens"; Basis für die *„Optimal-Foraging*-Theorie".

Spiritualität: viele Bedeutungen, hier: die spezifisch menschliche Neigung zur *Transzendenz*, zum Glauben an das Übernatürliche; auch Besinnung auf die Wurzeln, das Wesentliche ...

Stammesgeschichte: evolutiv-genetische Entwicklung des Lebens, Wandel und Vervielfältigung von Arten über die Zeit, von der prokaryoten Zelle bis zu heute lebenden Arten von Menschen, Tieren und Pilzen.

Stammhirn: direkt dem *Rückenmark* nach vorne folgender Hirnteil; Sitz lebenserhaltender Funktionen.

Stereotypie: Verhalten, das immer in gleicher Form gezeigt wird, etwa die artspezifischen *Erbkoordinationen*. Pathologische Stereotypien können durch ungenügende Haltungsbedingungen verursacht werden, vgl. *Hospitalismus*.

Steroidhormone: aus *Cholesterin* gebildete Hormone, Kortikoide und Geschlechtshormone; steuern als Botenstoffe unter dem Kommando von Gehirn und Hypophyse zentrale Bereiche der Physiologie, des Stressgeschehens und der Sexualität; chemisch stabil, entfalten ihre Wirkung über Rezeptoren in Zellmembran und -kern, diffundieren durch Zellmembrane, werden rasch um- oder abgebaut und ausgeschieden; aufwendig zu synthetisieren und potenziell toxisch/pathogen; von *Amotz Zahavi* in Zusammenhang mit „ehrlichem" Signalisieren gebracht.

Stirnhirn, präfrontaler Kortex: *stammesgeschichtlich* modernster Teil des *Vorderhirn*dachs; Konzept- und soziales Kontrollhirn, in alle Entscheidungen involviert; Bei Säugetieren geschichtete Bauweise (*Kortex*), bei Vögeln parallele Entwicklung des funktionsgleichen „*Nidopallium caudolaterale*".

strahlflossige Fische: fast alle Fischarten mit Ausnahme der Fleischflosser und Haie/Rochen seit dem *Erdaltertum*; heute etwa 30 000 Arten, die Hälfte aller *Wirbeltiere*.

Strange Situation Test (SST): von *Mary Ainsworth*: zeigt *Bindungsverhalten* bei Kleinkindern/Hunden; dient zur Klassifizierung von *Bindung*stypen.

Strategie: in der Biologie für Anlagen, wie Individuen sich gemäß langzeitlichen evolutionären Funktionen verhalten, z. B. *Monogamie*, Seitensprung etc.; vgl. *Taktik*.

Stressmechanismen/Stressgeschehen: *stammesgeschichtlich* alte mentale und physiologische Systeme; erlauben es, mit den Herausforderungen des Lebens zurechtzukommen (Hitze, Kälte, Fressfeinde, soziales Umfeld), z. B. „sympatho-adrenerges System, Hypothalamo-Hypophysen-Nebennierenachse.

Superorganismus: Population, die meist nach einfachen Regeln und mittels genetisch vereinheitlichter Individuen wie ein einziger Organismus funktioiniert, z. B. eusoziale Insekten.

Tabula Rasa: „leerer Tisch"; oft für den Ausdruck von Lerntheoretikern gebraucht, Menschen kämen als unbeschriebene Blätter, ohne evolutionäre Voreinstellungen zur Welt.

Taktik: in der Biologie die Freiheit, im Rahmen der *Reaktionsnorm* in einer bestimmten Weise vorzugehen (im Gegensatz zu der eher genetisch festgelegten *„Strategie"*).

Tapetum lucidum: lichtreflektierende Schicht aus Guaninkristallen im Augenhintergrund; bewirkt eine höhere Empfindlichkeit bei schwachem Licht. Vor allem bei nachtaktiven Tieren wie *Wölfen*, nicht aber bei *Primaten*.

Tapirfisch, Elefantenrüsselfisch: *Gnathonemus petersii*; schwach elektrischer Fisch mit komplexem Kommunikations- und Verarbeitungssystem für elektrische Reize.

Taxonomie: hierarchische Kassifizierung des Lebendigen nach dem von *Carl von Linné* eingeführten System; bildet evolutionäre/genetische Verwandtschaft ab.

Timberwolf: *Canis lupus lyacon*; große, vor allem waldlebende Unterart des *Wolfs*; Nordamerika.

Totvolumen: Restvolumen der Lunge, das auch im maximal ausgeatmeten Zustand zurückbleibt.

Tragedy of the Commons: „Tragik der Allmende"; Problem der individuellen Übernutzung von Allgemeingut; soziale menschliche Anlage, verursacht letztlich fast alle ökologischen Probleme.

Transzendenz: Überwindung der eigenen Wahrnehmung und Existenz, etwa durch Verwandlung in eine andere Wesenheit, durch Vergeistigung etc.

Ultimatumspiel: auf Basis der *Spieltheorie* entwickelter Ansatz zur Messung der Bereitschaft, auch die Interessen anderer zu berücksichtigen. Ein Spieler bekommt einen bestimmten Geldbetrag, muss ihn aber mit einem anderen teilen und bekommt seinen Anteil nur, wenn dieser annimmt.

UN-Deklaration der Menschenrechte: noch unter dem Eindruck des Zweiten Weltkriegs am 10. Dezember 1948 von der Generalversammlung der Vereinten Nationen in Paris verkündet; im Anspruch allgemeingültig, aber rechtlich nicht bindend.

Universalie, menschliche: Elemente menschlichen Verhaltens, die in allen Kulturen zu finden sind; aus *evolutionärer* Sicht nimmt man dafür eine genetische Basis im Rahmen der *Reaktionsnorm* an.

unmittelbare Ursachen: hier im Sinne von physiologischen Vorgängen verwendet, die Verhalten unmittelbar beeinflussen; etwa Nerven- und *Hormonsystem*.

Vaterschaftssicherung: Strategien zur Sicherung der eigenen Vaterschaft zwischen *Spermakonkurrenz* und *Monopolisieren fertiler Partnerinnen*; einer der wichtigsten Antriebe männlichen Sozialverhaltens.

Verhaltenskosten: Kosten von Verhalten, energetische (Sauerstoffverbrauch) und/oder *Fitness*kosten (Zahl reproduktiv aktiver Nachkommen).

Verhaltenssystem: nach *Robert Hinde*; koordiniertes Inventar von Verhaltensweisen im Dienste einer bestimmten Funktion; z. B. Nahrungsaufnahme, *Attachment*, *Fürsorge* etc.

Verhausschweinung: deftiger Ausdruck von *Konrad Lorenz* für die *Selbstdomestikation* des Menschen.

Vermenschlichen: meist für Zuordnung menschlichen Fühlens und Denkens an andere Tiere; aber auch Dinge unter dem Verdacht, dass dies dem Wesen dieser Tiere nicht entspricht.

Vertebraten: Wirbeltiere; alle *Chordatiere* mit Wirbelsäule.

Vier Tinbergen'sche Ebenen: 1963 von *Niko Tinbergen* aus Anlass des 60. Geburtstages von *Konrad Lorenz* formuliertes Forschungsprogramm der *Ethologie*; gilt für die gesamte *organismische Biologie*. Natürliche (evolutionär) enstandene Merkmale sind zu ihrer Erklärung auf den Ebenen der evolutionären *Fitness* (ultimate Ebene), der *unmittelbaren Mechanismen* (proximate Ebene), der individuellen Entstehung (*Ontogenie*) und der *evolutionären* Geschichte zu untersuchen.

Vierfüßer: Tetrapoden oder Landwirbeltiere: *Amphibien, Reptilien, Vögel* und *Säugetiere*; eigentlich auch die „vierbeinigen Knochenfische", die *Sarcopterygier*, die bereits deutliche Vierfüßerkoordination in der Bewegung ihrer flossentragenden Extremitäten zeigen.

Vitalismus: Bis ins frühe 20. Jahrhundert führten manche Biologen und Philosophen das Leben auf den metphysischen Begriff der „Lebenskraft" zurück. Wird von Naturwissenschaftlern abgelehnt, da alles Leben auf Basis „physiko-chemischer" Vorgänge, also auf materieller Basis, erklärbar sein müsse.

Vögel: aus Sauriern hervorgegangener, *homöothermer* Stamm der *Wirbeltiere*; ca. 18 000 Arten mit bestimmten Skelettmerkmalen; mit Flügeln, Körper mit *Federn* bedeckt.

volatil: unbeständig, sprunghaft.

Vorderhirn, Prosencephalon: blasiges Vorderende des embryonalen Neuralrohrs, das in das *Endhirn/Telencephalon* und *Zwischenhirn/Diencephalon* der adulten *Wirbeltiere* ausdifferenziert.

Waldrapp: *Geronticus eremita*; brütet relativ weit nördlich; auf Trockengebiete spezialisiert; einst weit über

Mittelmeerraum, Nahen Osten und Europa verbreitet, heute Reliktvorkommen in Marokko; Wiederansiedlungsversuche ausgehend von der *Konrad Lorenz Forschungsstelle*/Österreich und dem Jerez Zoo/Andalusien.

Weber'scher Apparat: Grund für das gute Hörvermögen der Karpfenfische und Welse; zu den *Gehörknöchelchen* der *Säugetiere* analoge Kette dreier Rippenelemente, welche die Schwingungen der Schwimmblase auf das Innenohr übertragen.

Wirbelsäule: tragender Achsenstab der Wirbeltiere; evolutionär entstanden durch segmentale Verknöcherung der *Chorda dorsalis*, die bei Säugetieren immer noch als gallertiger Kern der Zwischenwirbelscheiben vorhanden ist.

Wirbeltiere: vgl. *Vertebraten*.

Wölfe: *Canis lupus*; zur Ordnung der *Karnivoren* gehörende Stammform der Hunde; effiziente Beutegreifer mit komplexer, menschenähnlicher sozialer Organisation; weltweit auf der Nordhemisphäre, heute ca. 200 000 Tiere im Freiland, mehrere Unterarten.

Xenophobie, Xenophilie: Freude an bzw. Angst vor Fremden; einst als *menschliche Universalie*, heute differenzierter betrachtet.

Yamnaya: kriegerisch-patriarchale Hirtenkultur, in den Steppen um das Kaspische Meer entstanden; kriegerische Ausbreitung Richtung Europa, aber auch Nordindien vor ca. 7 000 Jahren; wahrscheinlich eine der Quellkulturen für *indoeuropäische* Sprachen.

Zeigegesten: Kleinkinder nutzen Hände und Finger zum Zeigen, oft in Verbindung mit Sprechen, um die Aufmerksamkeit anderer auf etwas zu lenken. *Wölfe* und *Hunde* „zeigen" mit den Schnauzen, sonst ist dieses Kommunikationsverhalten Menschen vorbehalten.

Zellkern: membranumschlossenes Organell der Eukaryotenzelle (Zelle mit „echtem" Zellkern), welche das Genom, also die *DNA*-Doppelstrang samt Proteinen etc. zur Steuerung der *Genexpression* enthält. In *Prokaryotenzellen* (z. B. Bakterien) liegt die *DNA* frei im Cytoplasma.

Zungenbeinbogen: *Hyoidbogen*; aus dem *stammesgeschichtlich* vierten, funktionell zweiten *Kiemenbogen* entsteht zunächst ein Unterstützungsapparat für die *Kiefer*, bei den *Tetrapoden* das Zungenbein sowie Elemente des Kehlkopfes.

Zwischenhirn/Diencephalon: vorderes Auskeilen des *Stammhirns* unter dem *Endhirn*; Sitz der Steuerung basaler Lebens- und Verhaltensfunktionen; über die dem Zwischenhirn anhängende Hypophyse Hauptschnittstelle zwischen Nerven- und Hormonsystem.

Zygote: Zelle mit doppeltem *Chromosomen*satz, entsteht in Verschmelzung von *Ei- und Samenzelle* mit je einem *Chromosomen*satz. Aus der Zygote entsteht in der *Ontogenie* ein neues Individuum.

Personenregister

Ainsworth, Mary: 1913–1999. US-amerikanisch-kanadische Entwicklungspsychologin, gemeinsam mit John Bowlby Begründerin der Bindungstheorie.

Amenhotep III: Pharao der 18. Dynastie, regierte 1388–1351, Vater Echnatons.

Amenhotep IV: s. Echnaton.

Aristoteles: 384–322 v. Chr., griechischer Gelehrter, einflussreichster Philosoph und Naturforscher der abendländischen Geistesgeschichte.

Asperger, Hans: 1906–1980, Wiener Kinderarzt und Heilpädagoge, beschrieb das Asperger-Syndrom.

Assmann, Jan: 1938. Deutscher Ägyptologe und Kulturwissenschaftler, Emeritus der Universität Heidelberg. Theorie des kulturellen Gedächtnisses, des Monotheismus, etc.

Belyaev, Dimitri, K.: 1917–1985. Russischer Genetiker, bekannt für sein „Silberfuchs-Experiment", zeigte, dass Selektion auf Zahmheit zum Darwin'schen Domestikationssyndrom führen kann.

Bowlby, John: 1907–1990. Britischer Kinderpsychiater, Psychotherapeut, entwickelte gemeinsam mit Mary Ainsworth und anderen die Bindungstheorie.

Brehm, Alfred: 1829–1884. Deutscher Naturforscher, Abenteurer und Schriftsteller, war mit seiner Sicht des Wesens von Tieren enorm einflussreich.

Brown, Donald E.: 1934. US-Anthropologe, University of California, bekannt für sein Buch zu menschlichen Universalien (1991).

Canetti, Elias: 1905–1994. Europäischer Schriftsteller und Literaturnobelpreisträger 1981. Hauptwerk „Masse und Macht" (1960) zur Beziehungen zwischen Menschen in der Masse und Herrschaft.

Childe, Gordon: 1892–1957. Australisch-britischer marxistischer Archäologe und Theoretiker. Prägte den Begriff der „neolithischen Revolution".

Ciompi, Luc: 1929. Schweizer Psychiater. Arbeitete zum Zusammenhang zwischen Emotionen und mentalen Störungen, prägte den Begriff der Affektlogik.

Coan, James: 1969. US-Psychologe, University of Virginia, fand ausgeglichene Emotionalität als einen Hauptfaktor für ein langes Leben.

Costa, Paul: 1942. US-Psychologe, Entwickler des Fünf-Faktoren-Modells für Persönlichkeit.

Daisley, Jonathan: ehem. Post-Doc-Forscher an der Konrad Lorenz Forschungsstelle, heute Heritage Environmental Ltd., UK.

Daly, Martin: 1944. Evolutionärer US-Psychologe, McMaster University, forschte zum Risiko eines Aschenputtel-Effekts bei Kindern in Obhut nicht-genetischer Eltern kommen.

Darwin, Charles: 1809-1882. Britischer Naturforscher, einflussreichster Biologe; mit anderen Urheber der gültigen Vorstellung, wie Evolution funktioniert. Wichtigste Werke: „On the origin of species" (1859); „The descent of man" (1871); „The expression of the emotions" (1872).

de Lamarck, Jean-Baptiste: 1744-1829. Französischer Botaniker und Zoologe, bedeutender früher Evolutionstheoretiker.

de Montaigne, Michel: 1533-1592. Französischer Adeliger, Philosoph, Jurist, Humanist. Im Gegensatz zum Descart'schen Dualismus anerkennt er die körperliche Basis für Fühlen und Denken; nahm das Darwin´ sche Kontinuum vorweg.

Descartes, René: 1596 -1650. Einer der wichtigsten Philosophen der Aufklärung, Begründer des Rationalismus, auch des Dualismus zwischen Geist und Materie. Er vertiefte den Graben zwischen dem bewussten Menschen und anderen Tieren, die als Reiz-Reaktionsmaschinen gesehen wurden.

de Waal, Frans: 1948. Niederländisch-US-amerikanischer Verhaltensbiologe., der zeigte, dass andere Tiere den Menschen selbst in komplexen mentalen Prozessen ähnlich sind.

Diamond, Adele: Einflussreiche US-kanadische Neuro- und Entwicklungsbiologin, beschäftigte sich auch mit den Bedingungen der Entwicklung optimaler Exekutiver Funktionen bei Kindern

Diamond, Jared: 1937. US-Evolutionsbiologe und hoch ausgezeichneter Bestsellerautor zur Beziehung zwischen Ökologie und geschichtlichen Entwicklungen.

Dschingis Khan: Mongolischer Großkhan regierte 1206 bis 1227, eroberte ein asiatisches Großreich das im Westen bis ans Schwarze Meer reichte.

Dixon, Dougal: 1947. Britischer Paläontologe und Evolutionsforscher, bekannt geworden mit seinem Fortspinnen der Evolution in seinem Werk „After Man" (London 1981).

Dunbar, Robin: 1947, britischer Psychologe und Evolutionsbiologe, machte die Social-Brain Hypothese bekannt und vertritt den sozialen Ursprung von Sprache.

Echnaton: Regierte 1351-1334, v. Chr. ägyptischer Pharao, herrschte gemeinsam mit Nofretete. Schufen zur Sicherung ihrer Herrschaft den Eingottglauben an Aton in Gestalt der Sonnenscheibe.

Eibl-Eibesfeldt, Irenäus: 1928-2018; bedeutender österreichischer Ethologe, Schüler von Konrad Lorenz, Begründer der Humanethologie.

Einstein, Albert: 1879-1955. Einer der bedeutendsten theoretischen Physiker.

Eisenhower, Dwight D.: 1890-1969. US General, 1953 bis 1961 34. Präsident der USA.

Engemann Jensen, Kristine: Dänische Bio-Informatikerin, forschte an der Bedeutung von „Grün" währen des Aufwachsens.

Erdoğan, Recep Tayyip: 1954. Türkischer Politiker, seit 2014 Präsident der Türkischen Republik.

Erik der Rote Thorvaldsson: 950–1003. Nowegisch-isländischer Besiedler Grönlands.

Foucault, Michel: 1926–1984. Französischer Philosoph, Psychologe, Soziologe; Werk mit starker anthropologischer Relevanz, z.b. zur Beziehung von Wissen und Macht.

Franziskus, Jorge Mario Bergoglio: 1936. Aus Argentinien kommender Papst (2013) aus dem Orden der Jesuiten; bekannt auch für sein Eintreten gegen Umweltzerstörung und soziale Ungleichheit.

Freud, Sigmund: 1856–1939. Österreichischer Neurologe, Begründer der Psychoanalyse, einer der einflussreichsten Geister des 20. Jahrhunderts.

Fromm, Erich: 1900–1980. Deutsch-US-amerikanischer Psychoanalytiker, Philosoph und Sozialpsychologe.

Fukuyama, Francis: 1952. US-amerikanischer Politikwissenschaftler. Beschäftigt sich immer wieder öffentlichkeitswirksam mit gesellschaftlichen (Zukunfts-)Themen.

Gehlen, Arnold: 1904–1976. Deutscher Philosoph, Hauptvertreter der Philosophischen Anthropologie. Sah den Menschen als „Mängelwesen".

Goodall, Jane: 1934; englische Naturforscherin, die von Louis Leakey beauftragt wurde, das Leben wilder Schimpansen zu erforschen. Pionierin verhaltensbiologischer Feldarbeit, Leitfigur des Artenschutzes.

Goethe, Johann Wolfgang, von: 1749–1832. Einer der bedeutendsten deutschen Dichter und Naturforscher.

Gould, Stephen J.: 1941–2002. US-Paläontologe und Evolutionsbiologe und Bestsellerautor.

Groothuis, Ton: 1954. Verhaltensbiologe, Universität Groningen. Bekannt u. a. für Persönlichkeitsforschung.

Haeckel, Ernst: 1834–1919, deutscher Mediziner, Zoologe, Philosoph und Illustrator. Wichtiger vergleichender Anatom und Entwicklungsbiologe, Wegbereiter der Eugenik.

Hakami, Khaled: Sozialanthropologe Univ. Wien, Gesellschaftsstrukturen bei Jägern und Sammlern.

Hamilton, William Donald „Bill": 1936–2000. Englischer Biologe, löste mit dem Prinzip der Verwandtenselektion eines der großen Widersprüche der Evolutionstheorie.

Harlow, Harry Frederick: 1905–1981. US-Psychologe und Verhaltensforscher, forschte an Rhesusaffen zur Auswirkung früher sozialer Deprivation; wichtig auch für Bindungstheorie.

Headey, Bruce: Gesundheitsökonom der Universität Melbourne, AU; Studien zur gesundheitsfördernden Wirkungen des Lebens mit Hunden.

Hinde, Robert: 1923–2016. Einer der bedeutendsten britischen Verhaltensbiologen, verdient etwa durch seine Forschungen zu Bindung und Attachment.

Hume, David: 1711–1776. Schottischer Philosoph, Ökonom und Historiker, Aufklärer und Empirist. Schuf wichtige wissenschaftstheoretische Grundlagen der Naturwissenschaften.

Jablonka, Eva: 1952. Israelische Biologin, Genetikerin und Evolutionstheoretikerin.

Jaspers, Karl T.: 1883–1969. Deutscher Psychiater und Philosoph mit breitem Wirkspektrum. Warnte vor der Ideologisierung wissenschaftlicher Theorien.

Kant, Immanuel: 1724–1804. Deutscher Begründer der modernen Philosophie mit grundlegenden Beiträgen u. a. zu Denken, Vernunft und Ethik (kategorischer Imperativ).

Karl der Große: 747–814. Bedeutendster Karolinger, Erneuerer der antiken Kaiserwürde.

Kellert, Stephen R.: 1944–2016. US-Sozio-Ökologe, der zur Biophilie arbeitete.

Kierkegaard, Sören A.: 1813–1855. Dänischer Philosoph und Theologe.

Krause, Johannes: 1980; deutscher Biochemiker, ancient DNA, seit 2014 Direktor am MPI für Menschheitsgeschichte Jena, forscht zu historischen Infektionskrankheiten und Evolution.

Küng, Hans: 1928. Schweizer Theologe, römisch-katholischer Priester und Autor. Mitbegründer Stiftung Weltethos.

Lehrman, Daniel: 1919–1972. US-amerikanischer Ornithologe und vergleichender Psychologe, initiierte eine fruchtbare Auseinandersetzung mit den Ethologen um den Begriff „angeboren".

Linné, Carl von: 1707–1778. Schwedischer Naturforscher, schuf die Grundlagen der modernen Taxonomie.

Lorenz, Konrad: 1903–1989. Österreichischer Zoologe, Medizin-Nobelpreisträger (1973), einer der Begründer der Ethologie, bzw. Verhaltensbiologie.

Louv, Richard: 1949. US-Publizist, der das „Nature Deficit Syndrome" beschrieb.

Main, Mary: 1943. US-Entwicklungspsychologin, Mitentwicklung der Bindungstheorie.

Marler, Peter R.: 1928–2014. Britisch-US-amerikanischer Neurobiologe und Ethologe.

Maynard Smith, John: 1920–2004. Englischer theoretischer Biologe, Begründer der evolutionären Spieltheorie, Konzept der Evolutionär Stabilen Strategie und andere bahnbrechende Konzepte.

Mayr, Ernst W.: 1904–2005. Deutsch-amerikanischer Biologe, Vertreter der modernen synthetischen Evolutionstheorie.

McGrae, Robert, R.: 1949. US Persönlichkeitspsychologe, entwickelte mit Paul Costa das Fünf-Faktoren-Modell.

Meller, Harald: 1960. Deutscher Prähistoriker. Bekannt durch die Himmelsscheibe von Nebra und dem Buch, dass er darüber mit dem Journalisten Kai Michel schrieb (2018).

Michel, Kai: Deutscher Journalist und Autor, Ko-Autor des Buches zur Himmelsscheibe von Nebra mit Harald Meller.

Milgram, Stanley: 1933–1984. US-Psychologe. Klassische Experimente zur Autoritätshörigkeit.

Mitteröcker, Philipp: Österreichischer theoretischer und Humanevolutionsbiologe, Universität Wien.

Miyake, Akira: US-Psychologe, entwickelte das Konzept der Exekutiven Funktionen.

Morgenstern, Oskar: 1902–1977. Österreichisch-amerikanischer Wirtschaftswissenschaftler, begründete mit John von Neumann die Spieltheorie.

Murdock, George P.: 1897–1985. US-Anthropologe, beschäftigte sich auch mit menschlichen Universalien.

Musk, Elon: 1971. Innovativer US-kanadischer Unternehmer, Elektroautos, Raumfahrt, etc.

Nofretete: Hauptgemahlin und Mitregentin des ägyptischen Königs Echnaton, 14. Jahrhundert v. Chr.

Ogiermann, Jan Martin: deutscher Historiker und Autor, schreibt etwa über die Zukunft (Brandstätter 2019).

Orwell, George: 1903–1950. Englischer Schriftsteller.

Pääbo, Svante: 1955. Schwedischer Mediziner, Begründer der Paläogenetik (ancient DNA).

Panksepp, Jaak: 1943–2017. Estnisch-US Psychologe und Neurobiologie. Pionier des Darwin'schen Kontinuums auch im mentalen Bereich.

Pawlow, Iwan P.: 1849–1936. Russischer Mediziner und Physiologe. Entdeckte den bedingten Reflex.

Pinker, Steven A.: 1954. US-kanadischer Kognitionswissenschaftler, Linguist und Autor.

Popper, Karl R.: 1902–1994. Austro-englischer Philosoph und Wissenschaftstheoretiker.

Portisch, Hugo: 1927. Wichtiger österreichischer Journalist, Zeitgeschichte-Aufklärer.

Putin, Wladimir W.: 1952. Russischer Politiker, langjähriger Ministerpräsident.

Reich, David: 1974. US-Humangenetiker, einer der wichtigsten Paläogenetiker.

Riedl, Rupert: 1925–2005. Österreichischer Zoologe und Evolutionstheoretiker. Hauptproponent der Evolutionären Erkenntnistheorie.

Rizzolatti, Giacomo: 1937. Italienischer Neurobiologe. Erforschte Spiegelneuronen.

Robertson, James: 1911–1988. Schottischer Psychoanalytiker und Sozialarbeiter. Einer der Begründer der Bindungstheorie.

Rousseau, Jean-Jacques: 1712–1778: Genfer Philosoph, Pädagoge und Schriftsteller, einflussreiche Figur der Aufklärung, kulturpessimistisch und romantisch-naturbezogen.

Rudolf IV, der Stifter: 1339–1365. Kreativer Herrscher, gründete u. a. 1365 die Universität Wien.

Russell, Bertrand A. W. R.: 1872. Britischer Philosoph, Mathematiker und Logiker.

Schwabl, Hubert: Deutsch-US-amerikanischer Biologe und Physiologe.

Sigmund, Karl: 1945. Österreichischer Mathematiker, breit orientiert, auch Spieltheorie.

Singer, Peter A. D.: 1946. Australischer Philosoph und Ethiker, Tierrechtler.

Skinner, Frederik B.: 1904–1990. US-Psychologe, Begründer des Radikalen Behaviorismus.

Solomon, Judith: US-Psychologin, mit Mary Main eine der Entwicklerinnen der Bindungstheorie.

Sommer, Volker: 1954. Deutsch-englischer Anthropologe und Primatologe; u. a. Untersuchungen zum Infantizid bei Hanuman-Langruren.

Steffelbauer, Ilja: Militärhistoriker, Universität Wien.

Strasser, Peter: 1950, emeritierter österreichischer Philosoph, Uni Graz.

Sulloway, Frank: US-amerikanischer Psychologe, Persönlichkeitsforscher an der der Univ. California, Berkeley; Geburtsreihenfolge als wichtigsten individuellen Faktor für Entwicklung von Kreativität.

Thaler, Richard H.: 1945. US-Verhaltensökonom; nudging und framing. Wirtschaftsnobelpreis 2017.

Tinbergen, Nikolaas: 1907–1988. Niederländisch-britischer Verhaltensbiologe, Medizin-Nobelpreis 1973 mit Konrad Lorenz und Karl von Frisch.

Trump, Donald J.: 1946. US-Unternehmer und Entertainer, seit 2017 der 45. Präsident der USA.

van Valen, Leigh M.: 1935–2010. US-Evolutionsbiologe.

Vietoris, Leopold: 1891–2002. Österreichischer Mathematiker.

Voland, Eckhart: 1949. Deutscher Human-Soziobiologe und Philosoph.

vom Saal, Frederick: US-Entwicklungsbiologe und Endokrinologe.

von Frisch, Karl: 1886–1982. Deutsch-österreichischer Verhaltensbiologe. 1973 Nobelpreis für Medizin mit Konrad Lorenz und Niko Tinbergen.

von Neumann, John: 1903–1957. Ungarisch-US Mathematiker. Breites Schaffen, auch Spieltheorie.

Wallace, Alfred Russel: 1823–1913. Englischer Naturforscher, entwickelte parallel zu, und in Konkurrenz mit, Charles Darwin die Evolutionstheorie.

Weismann, August: 1834–1914. Deutscher Arzt und Zoologe, bedeutender Evolutionstheoretiker.

Wilkinson, Richard G.: 1943. Britischer Gesundheitswissenschaftler, Ökonom, Epidemiologe; zeigte, dass gesellschaftliche Ungleichheit mit gesundheitlichen Problemen zusammenhängt.

Wilson, Edward O.: 1929. US-Insektenkundler, bedeutender Evolutions- und Soziobiologe.Wilson, Margo: 1942–2009. Kanadische Psychologin und Soziobiologin.

Woltereck, Richard: 1877–1944. Deutscher Zoologe, Hydrologe und Öko-Theoretiker. Schuf den Begriff der Reaktionsnorm.

Zahavi, Amotz: 1928–2017. Israelischer Soziobiologe und Evolutionstheoretiker: Handicap-Prinzip.

Zuckerberg, Mark E.: 1984. US-Unternehmer. Gründer und Vorstandsvorsitzender von Facebook.

Literaturliste

Eine höchst exemplarische Zusammenstellung von wenigen Schlüsselwerken und Forschungspublikationen, die als Hintergrund für dieses Buch den Grundton nachvollziehbar machen und sich auch als weiterführende Literatur eignen.

Adams J, Dixon D 2016. The future is wild. Matrix media

Baker R, Bellis MA 2014. Human Sperm Competition: Copulation, masturbation and infidelity. Hard Nut Books

Beetz A, Uvnäs-Moberg K, Julius H, Kotrschal K 2012. Psychosocial and psychophysiological effects of human-animal interactions: The possible role of oxytocin. Frontiers Psychol. 3: 1–16 doi: 10.3389/fpsyg.2012.00234

Belyaev DK 1972. Destabilizing selection as a factor in domestication. Heredity 70: 301–308

Bowlby J 1969. Attachment and loss, Vol. 1: Attachment. New York: Basic Books

Brown DE 1991. Human Universals. McGraw-Hill

Ciompi L 2016 (4. Aufl.). Die emotionalen Grundlagen des Denkens. Entwurf einer fraktalen Affektlogik. Vandenhoeck & Ruprecht

Coan JA 2011. The social regulation of emotion. In: J. Decety & T. Cacioppo (Eds.): Handbook of Social Neuroscience, NY, Oxford University Press

Costa P, McCrae RR 2012. The Five-Factor Model, Five-Factor theory, and interpersonal psychology. https://www.researchgate.net/publication/286535058. DOI: 10.1002/9781118001868.ch6

Cunningham WA, Zelazo PD 2007. Attitudes and evaluations: a social cognitive neuroscience perspective. TREE 11: 97–104

Daly M, Wilson M 1998. The truth about Cinderella: A Darwinian view of parental love. Weidenfeld & Nicolson

Darwin, C 1859. On the Origin of Species by Means of Natural Selection, or the Preservation of Favoured Races in the Struggle for Life. John Murray

Da Silva Vasconcellos A, Virányi Z, Range F, Ades C, Scheidegger J, Möstl E, Kotrschal K 2016. Training Reduces Stress in Human-Socialised Wolves to the Same Degree as in Dogs. PLoS ONE 11(9): e0162389. doi:10.1371/journal.pone.0162389

Davies NB, Krebs J, West SA 2012. An introduction to behavioural ecology. Wiley-Blackwell

DeLoache JS, Pickard MB, LoBue V 2011. How very young children think about animals. In S. McCune, S.J.A. Griffin, & V. Maholmes (Eds.): How animals affect us: Examining the influences of human-animal interaction on child development and human health. American Psychological Association

Diamond A, Lee K 2011. Interventions shown to aid executive function development in children 4 to 12 years old. Science 333: 959–964

Diamond J 2004.Collapse: How societies choose to fail or succeed. Viking

Dixon D 1981. After man: A zoology of the future. St. Martins Press

Dixon D 1990. Man after man: An anthropology of the future. St. Martins Press

Engemann K, Pedersen CB, Argef L, Tsirogiannis C, Mortensen PB, Svenninga J-C 2019. Residential green space in childhood is associated with lower risk of psychiatric disorders from adolescence into adulthood PNAS www.pnas.org/cgi/doi/10.1073/pnas.1807504116

Evans St B T 2008. Dual-Processing accounts of reasoning, Judgment and social cognition. Ann. Rev. Psychol. 59: 255–7

Fei Hu, I-Ching Lee 2018. Democratic systems increase outgroup tolerance through opinion sharing and voting: An international perspective. Front. Psychol. https://doi.org/10.3389/fpsyg.2018.02151

Friedmann E, Barker SB, Allen KM 2011. Physiological correlates of health benefits from pets. In: P. McCardle, S. McCune, J. A. Griffin & V. Maholmes (Hg.): How Animals Affect Us: Examining the Influence of Human-Animal Interaction on Child Development and Human Health. American Psychological Association

Fukuyama F 2019. Identität. Wie der Verlust der Würde unsere Demokratie gefährdet. Hoffmann und Campe

Goodall J 1986. The chimpanzees of Gombe. Patterns of behaviour. Belknap Harvard University Press

Goodson JL 2005. The vertebrate social behavior network: Evolutionary themes and variations. Horm. Behav. 48: 11–22 doi: 10.1016/j.yhbeh.2005.02.003

Gould SJ, Lewontin RC 1979. The spandrels of San Marco and the panglossian paradigm: A critique of the adaptationist paradigm. Proc. R. Soc. Lond. B 205: 581–598, doi: 10.1098/rspb.1979.0086,

Hamilton WD 1972. Altruism and related phenomena, mainly in social insects. Ann. Rev. Ecol. System. 3: 193–232

Hamilton WD 1975 W.D. Innate social aptitudes of man: an approach from evolutionary genetics. In R. Fox (ed.), Biosoc. Anthropol. Malaby Press,133–53

Harari, YN 2013. Eine kurze Geschichte der Menschheit. DVA

Hare B, Wobber V, Wrangham R 2012. The self-domestication hypothesis: evolution of bonobo psychology is due to selection against aggression. Anim. Behav. 83: 573–585

Headey B, Na F, Zheng, R 2008. Pet dogs benefit owner's health: a "natural experiment" in China. Soc. Indicators Res. 84: 481–493

Jablonka E, Lamb M 2014. Evolution in four dimensions. Genetic, epigenetic, behavioral, and symbolic variation in the history of life. MIT Press

Julius H, Beetz A, Kotrschal K, Turner D, Uvnäs-Moberg K 2014. Bindung zu Tieren. Psychologische und neurobiologische Grundlagen tiergestützter Interventionen. Hogrefe

Kellert SR 1985. Attitudes toward animals: Age-related development among children. Advances in Animal Welfare Science. New York: Springer

Kellert SR, Wilson EO 1993. The biophilia hypothesis. Washington: Islands Press

Koolhaas JM, Bartolomucci A, Buwalda B 2011. Stress revisited: A critical evaluation of the stress concept. Neurosci. Biobehav. Rev. 35, 1291-1301

Kotrschal K, Day J, McCune S, Wedl M 2014. Human and cat personalities: building the bond from both sides. In: D.C. Turner, P. Bateson (Eds.): The Domestic Cat (3rd ed.). Cambridge University Press

Kotrschal K 2012. Wolf, Hund, Mensch. Die Geschichte einer Jahrtausende alten Beziehung. Brandstätter

Kotrschal K 2014. Einfach beste Freunde. Warum Menschen und andere Tiere einander verstehen. Brandstätter

Kotrschal K 2016. Hund-Mensch. Das Geheimnis der Seelenverwandtschaft. Brandstätter

Kotrschal K 2017. Konrad Lorenz. Springer Int. Publishing. J Vonk, TK Shackelford (eds.), Encyclopedia of Animal Cognition and Behavior, DOI 10.1007/978-3-319-47829-6_941-1

Krause J, Trappe T 2019. Die Reise unserer Gene. Eine Geschichte über uns und unsere Gene. Propyläen.

Kruuk H 2008. Hunter and hunted. Cambridge University Press

Living Planet Report WWF 2018. https://wwf.panda.org/knowledge_hub/all_publications/ living_planet_report_2018/

Lorenz K 1966. Das sogenannte Böse. Zur Naturgeschichte der Aggression. Wien: Borotha-Schoeler

Lorenz K 1973. Die acht Todsünden der zivilisierten Menschheit. Wien: Borotha-Schoeler

Lorenz K 1992. Das Russische Manuskript. In A. von Cranach (Ed.), Die Naturwissenschaft vom Menschen. Eine Einführung in die vergleichende Verhaltensforschung. Piper

Louv R 2012. Das Prinzip Natur. Weinheim und Basel: Beltz

Mayr EW 2005. Konzepte der Biologie. Hirzel, Stuttgart

Meller H, Michel K 2018. Die Himmelsscheibe von Nebra. Der Schlüssel zu einer untergegangenen Kultur im Herzen Europas. Propyläen

Müller CA, Schmitt K, Barber AL, Huber L 2015. Dogs can discriminate emotional expressions of human faces. Current Biol. doi: 10.1016/j. cub.2014.12.055

Nurse MS, Grant WJ 2019. I'll see it when I believe it: Motivated numeracy in perceptions of climate change risk. Env. Comm., DOI:10.1080/17524032.2019.1618364

O'Connel LA, Hofmann HA 2011. The vertebrate mesolimbic reward system and social behavior network: A comparative synthesis. J. Comp. Neurol. 519: 3599-3639

Ogiermann J M 2019. Zukunft – Eine Biografie. Vom antiken Orakel zur künstlichen Intelligenz. Brandstätter

Panksepp J 2005. Affective consciousness: Core emotional feelings in animals and humans. Consciousness and Cognition 14: 30–80

Pinker S 2018. Aufklärung jetzt: Für Vernunft, Wissenschaft, Humanismus und Fortschritt. Eine Verteidigung. S. Fischer

Reich D 2018. Who we are and how we got here: Ancient DNA and the new science of the human past. Oxford University Press

Scheiber I, Weiß IBR, Hemetsberger J, Kotrschal K 2013. The social life of Greylag geese. Patterns, mechanisms and evolutionary function in an avian model system. Cambridge University Press

Schneider W 2014. Der Soldat. Ein Nachruf. Eine Weltgeschichte von Helden, Opfern und Bestien. Rowohlt

Sedláĉek T 2012. Die Ökonomie von Gut und Böse. Hanser

Shipman P 2015. The Invaders. How humans and their dogs drove Neanderthals to extinction. Harvard University Press

Sigmund K 1997. Spieltheorie Spielpläne – Zufall, Chaos und Strategien der Evolution. Droemer/Knaur

Solomon J, Beetz A, Schöberl I, Gee N, Kotrschal K 2018. Attachment security in companion dogs: Adaptation of Ainsworth's Strange Situation and classification procedures to dogs and their human caregivers, Attachment & Human Developm., DOI: 10.1080/14616734.2018.1517812

Sommer V, Vasey PL 2016. Homosexual behaviour in animals: An evolutionary perspective. Cambridge University Press

Steffelbauer I 2017. Der Krieg: Von Troja bis zur Drohne. Brandstätter

Sulloway FJ 1997. Born to rebel: Birth order, family dynamics, and creative lives. Random House

Tinbergen N 1963. On aims and methods of ethology. Z. Tierpsychol. 20: 410–433

Urquiza-Haas EG, Kotrschal K 2015. The mind behind anthropomorphic thinking: attribution of mental states to other species. Anim. Behav. 109: 167–176

Voland E 2007. Die Natur des Menschen. Grundkurs Soziobiologie. Beck

Wilkins A, Wrangham RW, Tecumseh Fitch W 2014. The „Domestication syndrome" in mammals: A unified explanation based on neural crest cell behavior and genetics. Genetics 197: 795–808; DOI: 10.1534/genetics.114.165423

Wilkinson R, Pickett K 2009. Gleichheit ist Glück. Warum gerechte Gesellschaften für alle besser sind. Tolkemit bei Zweitausendeins

Wilson E 1975. Sociobiology: The new synthesis. Harvard University Press

Wilson EO 1984. Biophilia. Cambridge: Harvard University Press

Wilson E 2013, Die soziale Eroberung der Erde: Eine biologische Geschichte des Menschen. Beck

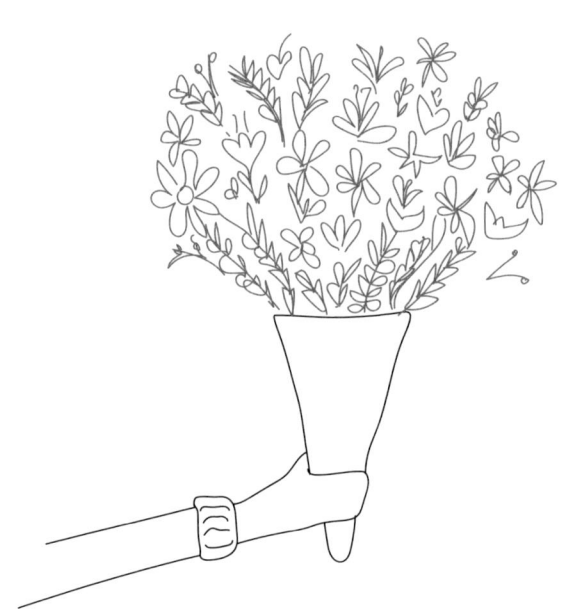

Dank an alle, die mich zu dem Menschen machten, der ich im Moment bin, meiner Familie, meinen akademischen Lehrern und allen meinen inspirierenden Kollegen und Studierenden. Besonders aber den vielen Tieren, die mich über mein Leben so viel über Menschen lehrten.

Impressum

Liebe Leserin, lieber Leser!
Hat Ihnen dieses Buch gefallen? Wollen Sie weitere Informationen zum Thema? Möchten Sie mit dem Autor in Kontakt treten? Wir freuen uns auf Austausch und Anregung!

Christian Brandstätter Verlag GmbH & Co KG
Wickenburggasse 26
1080 Wien
E-Mail: leserbrief@brandstaetterverlag.com
Tel: (0043) 1 5121543256

Wir sagen Danke.
Bleiben wir in Verbindung!

Lassen Sie sich inspirieren!
Gute Geschichten, schöne Geschenkideen auf
www.brandstaetterverlag.com

#geheiminisdesmenschen
#dieevolutiongehtweiter

1. Auflage
Alle Rechte vorbehalten
Copyright © 2019 by Christian Brandstätter Verlag, Wien
Designed in Austria, printed in the EU.

ISBN 978-3-7106-0368-6

Lektorat: Sabine Edith Braun
Korrektorat: Anna Morawetz
Layout, Satz & Illustrationen: Caroline Plank-Bachselten // Buero Blank
Projektleitung Brandstätter Verlag: Ulli Steinwender